"十二五"国家重点图书出版规划项目

INSTRUMENT ACCURACY THEORY

仪器精度理论

● 丁振良 袁 峰 等编著

U0223474

哈爾濱工業大學出版社
HARBIN INSTITUTE OF TECHNOLOGY PRESS

内容简介

本书以误差理论为基础,讨论了测量仪器的精度设计、精度评价和精度实验。具体内容包括:误差的特性及表征方法,测量不确定度的评定及其统计模拟分析方法,测量仪器的计量特性及其评定,测量仪器的量值溯源,提高仪器精度的途径,测量仪器设计、使用和评价中的精度分析与精度实验。

本书可供高等院校相关专业研究生以及从事仪器设计、生产和测试技术的工作人员阅读。

图书在版编目(CIP)数据

仪器精度理论/丁振良,袁峰等编著. —哈尔滨:哈尔滨
工业大学出版社,2015.9
ISBN 978-7-5603-5587-0

Ⅰ.①仪… Ⅱ.①丁… ②袁… Ⅲ.①仪器-精度
Ⅳ.①TH701

中国版本图书馆 CIP 数据核字(2015)第 204255 号

策划编辑　王桂芝
责任编辑　刘　瑶
出版发行　哈尔滨工业大学出版社
社　　址　哈尔滨市南岗区复华四道街 10 号　邮编 150006
传　　真　0451-86414749
网　　址　http://hitpress.hit.edu.cn
印　　刷　哈尔滨市工大节能印刷厂
开　　本　787mm×1092mm　1/16　印张 13　字数 310 千字
版　　次　2015 年 9 月第 1 版　2015 年 9 月第 1 次印刷
书　　号　ISBN 978-7-5603-5587-0
定　　价　28.00 元

前　言

　　仪器科学与技术在现代科学技术、工农业生产、国防建设及社会生活的各领域中占有极其重要的地位。在一定程度上,可以说仪器技术的发展代表了科学技术和工业技术发展的水平。现代科学技术和工业技术的发展为仪器科学技术的发展提供了动力,仪器科学技术得到了飞速的发展。人们对仪器科学与技术的重视与日俱增。

　　测量仪器在设计、生产和使用中,精度具有决定性意义,本书以精度理论为基础讨论仪器的计量特性、量值溯源、精度设计和精度实验。

　　以精度为核心的计量特性参数是评价仪器的基本内容。仪器的精度是仪器的核心价值所在,对于仪器价值具有一票否决的意义。只有满足精度要求的仪器才有使用价值,这是讨论仪器精度的基本意义。

　　本书中"精度"一词的含义,只作一般表述,以精度为主的仪器计量特性的精准描述应由相应的技术参数给出。因此,本书不考虑如一般著述中对精度、精密度、精确度、准确度等词含义的刻意区分,这些词义本书只作为仪器示值可靠性的一种通常的表述,不赋予其具体含义。

　　对于以精度为主的仪器计量特性的描述应考虑如下特点:

　　(1)仪器精度参数评定具有统计特性。测量仪器的误差服从统计规律,一批仪器的计量特性总体上看也具有统计特性,以仪器示值误差为主的精度参数反映仪器工作的可信赖程度,皆以最大允许值为其表征参数,其值按统计方法评价。统计学理论是仪器精度理论的基础,本书以此为基础讨论仪器的精度特性及精度分析,仪器设计、工艺过程及实验的精度设计,仪器的校准不确定度的分析等。

　　(2)测量仪器精度参数体系的同一性。客观上,测量仪器种类繁多,仪器的测量原理、结构特点、测量对象、量程等千差万别,但必须遵循计量学的基本要求。为便于测量仪器在生产、校准、验收、使用中的计量学管理,测量仪器的特性参数应满足基本的计量学要求,不同种类的仪器其参数的定义、评定须保持同一性、共同性。因此,本书特别关注仪器计量特性中的共性问题,而不同的个别仪器的计量特性问题则需要进一步考察相应的技术文件。

　　(3)测量仪器管理的法制性。保持量值统一,这是社会对测量技术的基本要求。测量仪器是保证量值统一的工具,因而具有社会性,为此国家以行政手段对仪器的管理体系赋予法制性,这是仪器计量特性满足量值统一的基本保证。表现为测量仪器受计量管理体系监管,包括测量仪器的生产、销售和使用过程。这一监管以法制文件予以规定,并具有法制效力。因此,本书在讨论仪器精度过程中,也对仪器的法制管理及法制计量学的内容予以关注。

　　(4)测量仪器精度参数评定具有实践性。仪器精度参数的定义及其评定与仪器的使用实践密不可分,虽然仪器的计量特性参数具有共性,但测量仪器千差万别,不同仪器的相应参数的定义与评定仍必须依据具体的实践确定,在设计与使用时的精度分析中,都要根据具体实际情况处理。在这个意义上,精度评定又具有很强的实践性。

(5)测量仪器发展的信息化、智能化。现代科学技术的发展对测量仪器的信息化、智能化提出了越来越高的要求,数字技术和计算机技术的发展为此提供了必要条件。现代的计量仪器借助于数字技术与计算机技术,不同程度地实现了测量过程和数据处理的自动化、智能化。测量结果的数字化,为构建信息化的系统创造了必要的条件。这是现代测量仪器发展的显著特点。本书也关注仪器在信息化、智能化条件下的测量仪器计量特性。

为了更好地理解相应的内容,本书加入了较多的实例,但为叙述的简便,都做了适当的简化,阅读时应予以注意。每章后附有思考与练习供参考,其中一些由实际中抽象出来的练习题也经过简化处理。

本书是作者经多年科研与教学积累,基于历年讲义编写而成的。本书由哈尔滨工业大学仪器科学技术专业从事相应科研与教学工作的同仁编写,丁振良、袁峰主笔,参加编写的有李凯、叶东、陈刚及郭玉波。

限于作者水平,书中难免存在疏漏及不妥之处,敬请读者批评指正。

作　者
2015 年 1 月

目　录

第1章 测量仪器误差构成

以精度参数为核心的计量特性是测量仪器设计、选用时要考虑的首要条件。影响测量仪器计量特性的误差因素很多,分析这些误差的来源、特征、构成及对测量仪器计量特性的影响,对于测量仪器的设计具有关键性意义,对于正确使用测量仪器也有指导意义。

1.1 测量仪器系统结构

测量的过程就是被测量与标准量比较的过程,通过比较给出被测量的测量结果。测量仪器所实现的基本工作过程,如图1.1所示。

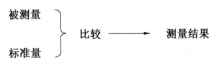

图1.1 测量过程

为实现这一比较,测量仪器应包含被测量输入环节、标准量环节、比较环节、量值转换放大环节、数据处理环节、输出环节、测量控制环节等。其结构框图如图1.2所示。

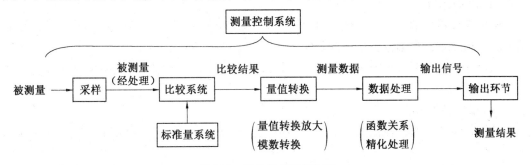

图1.2 测量仪器结构框图

在图1.2所示测量仪器构成框图中,列出了一般的构成环节,不同仪器不尽相同,有些环节不存在,有些环节可能综合在一起,但采样、标准量、比较环节和输出环节则是必不可少的核心环节。

(1)采样环节。

采样环节的功能是采集被测量信号,采样环节在一些较简单的仪器中常与比较环节等融合在一起,没有单独的采样环节。

对于采样环节的要求如下:

①信号采集过程不会影响到被测量。例如,图1.3所示电压表测量电压时,电压表并联于被测支路两端。由此造成了被测支路的分流而使待测电压降低,产生测量误差。为使这一影响控制在允许的限度以内,设计时应保证电压表的内阻足够大,

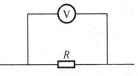

图1.3 电压表测量电压示意图

以使其产生的分流作用可忽略不计。

②信号采集可靠。信号的采集应准确可靠,避免采样误差,更不允许产生错误数据。例如,测温传感器通过热传导采集温度信号时要受到其保护层热传导特性的影响,会使测得温度值产生误差,这就要在设计时考虑传感器传热特性。又如,在动态量的测量中,为使测量仪器响应速度不会歪曲测量结果,要求测量仪器有足够的响应频率。

③进行必要的信号转换和处理。为便于测量比较,有时需要对测量信号做必要的预处理,如转换处理、放大处理、信号筛选等。各种非电量的电测传感器中,都需要将被测量信号转换成电学量,以便进行测量比较和后续处理。在光电测量中,光学镜头将物体形貌在接收屏上形成影像并转换成电信号。

(2)标准量系统。

标准量系统以特定形式给出量值标准,包括单位量标准和细分系统。具体要求如下:

①具有足够的准确度。

②稳定可靠。

③便于进行比较。

④具有较好的经济性。

标准量系统的性能是决定测量仪器计量特性的关键因素,其性能参数常作为指标性参数标示出来。

标准量系统的设计除考虑上述要求外,还要特别注意到与其他环节的配合使用,不可孤立地看待标准量。

(3)比较环节。

比较系统将采集、经处理后的测量信号与标准量系统提供的标准量进行比较,给出比较结果。要求比较过程不损失精度或其影响可忽略不计。

测量比较过程要求被测信号与标准量必须具有可比性,即必须是同一量且具有同一量值比例。

(4)量值转换放大环节。

量值转换环节通常在比较环节之后,有时也在比较环节之前。量值转换环节的功能如下:

①实现量值类型的转换。机械量转换成电学量,如各类测微传感器;电学量变成机械量,如电压表测量结果的电压转变成线圈的机械转动,并由指针的偏转指示出来;光学量转变成电学量,如光电测量中,光信号经光电器件转换成电信号;温度变化转变成电学量变化,如各种电子测温仪等。

②实现量值放大。将量值放大有利于比较、细分,是提高仪器精度的有效措施。

但也有例外,量值转换过程中被测量值缩小,这是由测量系统的特点所决定的。

例如,如图1.4所示,在机器视觉测量中,被测几何图像经物镜成像于光电转换器件上,再将此成像转换为电信号,从而给出被测物体的几何尺寸。实际上,被测物往往远大于光电器件,即物、像构成大比例的缩小关系。这自然降低了仪器的分辨力,损失了精度,这是由测量系统的特点决定的。为提高测量的分辨力,应使物、像比尽可能小,即应使系统的物距与像距比尽可能小。由于受条件限制,这一光学转换常是缩小的。

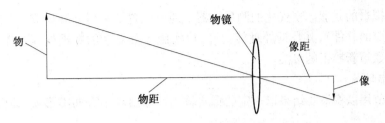

图 1.4　相机成像原理

③实现模数转换。模、数转换是数字化仪器不可缺少的重要环节。数字化不仅便于以后的数据处理,而且除数字处理误差以外,数字化系统不会带来其他误差,有利于提高仪器精度。模数转换要考虑转换精度,转换精度要求决定了所采用的模数转换芯片的位数。

转换芯片的转换位数的选择要恰当,不可少,也不可多。既要保证转换精度,又要具有好的经济性。

（5）数据处理系统。

数据处理系统用于函数关系处理和数据的精化处理。

①函数关系处理。主要处理间接测量问题的函数关系以及各种各样复杂数据处理算法的实施。例如,从图 1.5 所示准直仪原理看到,在测量中,被测角度 α 与光电器件的检测结果 S 按如下关系计算:

$$\alpha = \frac{S}{2L}$$

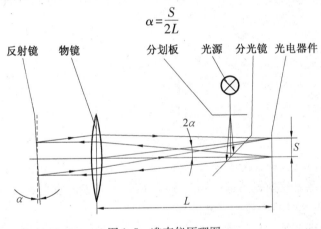

图 1.5　准直仪原理图

仪器的数据处理系统应完成这一处理工作。实际的仪器 $\alpha \sim S$ 的关系为非线性关系,即

$$\tan 2\alpha = \frac{S}{L}$$

即

$$\alpha = \frac{1}{2}\arctan\frac{S}{L}$$

当 α 较大时,为获得精确结果,应按上式非线性结果处理。

②数据精化处理。数据处理系统实施各种处理方法,以最大限度地减少误差影响。例如,仪器多次采样取算术平均值;测量数据的拟合处理;测量结果的误差修正;各种误差补偿算法;数据处理的各种优化算法等。

在一些简单的仪器中并不需要数据处理环节,或因处理要求简单,可借助于简单的技术措施实施模拟量的处理。现代化的测量仪器中通常设置了数据处理环节(即单片机或系统计算机及相应的软件),其数据处理能力强,可实施十分复杂的数据处理工作,并且有对仪器的某些参数重新校正的可能。

(6)输出环节。

输出环节用以将最终结果以一定的形式输出。输出环节有两类形式,即模拟量输出和数字量输出。

具体的方法有:指针式或其他标记形式指示结果;数码显示(包括计算机屏显);记录曲线;模拟或数字信号输出;打印输出(数字或曲线)等。

设计要求:可靠、方便。

(7)测量控制系统。

自动化测量仪器需设置测量控制系统,按设计的测量程序控制测量过程,代替人工操作,控制各环节按预定要求有序地工作。测量控制系统由单片机(或 PC 机)和控制程序组成。

下面给出两个测量系统框图,说明仪器系统构成。

例 1.1　激光测长仪的构成。

激光测长仪的原理如图 1.6 所示。

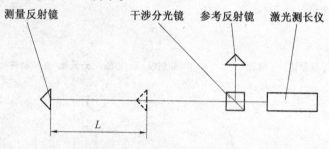

图 1.6　激光测长仪的原理

激光器发出的测量光束经分光镜分为两束光,一束经参考反光镜后返回到分光镜,另一束通过分光镜射入测量反射镜后返回到分光镜,该光束与参考反射镜反射回来的光束产生干涉,干涉场景进入光电器件转换成电信号。

当两路光的光程差为波长的整数倍时,干涉场呈亮景;当两路光的光程差为波长的半波长时,干涉场呈暗景。

在测量过程中,随着测量反射镜的移动,两路光的光程差随之变化,则干涉场出现反复的明暗变化。由此光电转换器给出强弱变化的正弦信号,设信号变化波数为 N,激光波长为 λ,则测量反射镜位移 L 为

$$L = \frac{1}{2} N \lambda$$

激光测长仪的构成框图如图 1.7 所示。

例 1.2　铂电阻测温仪的系统构成。

铂电阻测温仪的工作原理:温度变化引起铂电阻传感器阻值的变化,该变化引起测量电路参数变化,从而给出电压变化信号,该电压信号与标准电压比较得到测量信号,经模数转换和数据处理得到测量结果。

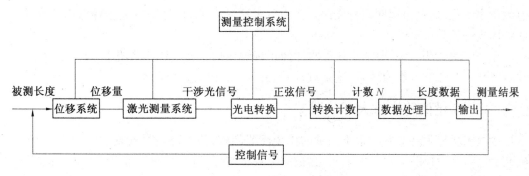

图 1.7　激光测长仪的构成框图

铂电阻测温仪的构成框图如图 1.8 所示。

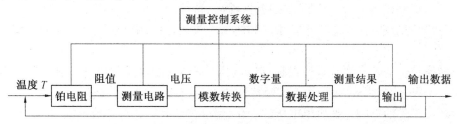

图 1.8　铂电阻测温仪的构成框图

1.2　测量仪器各环节的误差

分析各环节的误差将为完善测量仪器计量特性提供基本条件,对仪器各环节的设计具有指导意义。

以下对各环节的误差因素做一般性讨论,对于具体仪器环节的误差分析则需要针对具体情况进行。

1.2.1　测量信号采集环节误差

测量信号采集环节是测量仪器的第一环节,采集环节应不失真地拾取测量信号。该环节常为传感器,即一次表(测量头)。

该环节产生的误差直接影响到测量结果,影响最大,是仪器的关键环节之一。该环节的误差形式多种多样,可采取的克服采样误差的措施也千差万别。

测量信号采集环节的误差有以下几类:

(1)采样过程改变被测量。

(2)敏感器件特性的非线性。

(3)环节产生的滞后、变动、噪声等。

(4)器件变形、特性变化等。

(5)环节构件的特性校准误差。

例如,用测温传感器测温时,其特性非线性造成的采样误差;由于热传导构成的信号拾取的滞后,使之在测量温度变化时产生滞后误差。这些都是器件特性产生的采样误差。

用电流表测量电流时,要串联接入被测支路,电流表的内阻改变了支路的参数,使被测电流产生变化,这是原理性的采样误差。为克服这一误差,设计中电流表的内阻应充分小,使其影响可忽略不计。

在光电图像测量中,要求系统能将图像正确地成像于光电转换系统中,镜头器件、参数、材料特性等会影响到成像质量,这是设计和工艺性造成的采样误差。

1.2.2　量值转换放大环节误差

量值转换放大环节有时置于测量的比较环节之前,将被测信号转换放大以后再与相应标准量进行测量比较。对于非电量,当被测量直接与标准量比较时,常在测量比较以后设置转换放大环节,将测量比较结果转换成电学量,并进行放大以提高分辨力。

该环节产生的误差包括:

(1)转换特性误差。转换特性的非线性、滞后、特性的变化、不确定性(噪声)等。

(2)量值转换放大比误差。包括生产和使用中放大比的调整误差以及使用中转换放大比的变化等。

(3)转换特性的校准误差。通过标准器具比较测量给出的转换特性,由于标准器具及校准方法的误差,使所得转换特性与实际特性产生差异,导致量值转换误差。

(4)环境条件的影响。如供电电压的变化、温度偏差和变化等造成的漂移。

例如,用铂电阻测温仪测温时,温度变化转变成阻值的变化,经测量电路转变为电压信号,然后送给比较环节,与标准电压比较,给出温度变化值。铂电阻温度特性的校准误差直接影响铂电阻的使用精度。此外,铂电阻的非线性、测量电路的非线性及噪声也是该环节的主要误差。

用应变片测量构件变形时,变形转换成电信号,其特性的非线性、放大比误差和放大比变化,是转换放大环节的主要误差。

在光电测量中,图像经镜组成像后,光电转换器件转换成电信号、光学系统的像差、放大比误差等造成的成像误差、光电器件的敏感性不均匀、像素的坏点、光电器件的驱动电路都可造成转换误差。

用气压计测量气压,膜盒将压力转变为位移,位移经放大机构转换放大,使指针偏转,以度盘为标准指示出压力值,膜盒的特性和传动放大机构的传动误差是转换放大环节的主要误差因素。

1.2.3　标准量系统误差

标准量系统是仪器构成的必备环节,其构成形式、繁简程度各不相同,误差影响也千差万别。标准量误差对测量精度有直接影响,它是影响测量结果的主要误差因素之一。

标准量的精度水平是决定仪器总体精度的关键,它对测量仪器的计量特性具有指标性意义。

标准量系统的误差因素包括:

(1)原理性误差。采用标准量的形式不同,其精度水平也不同,某些形式的标准量设计中就存在误差,这是原理性的误差。

(2)器件、材料特性。器件、构件材料的特性缺欠及不稳定性,造成量值的均匀性和稳定性误差。

（3）工艺误差。包括加工误差和调整误差，这是标准量系统的主要误差因素之一。

（4）细分误差。标准量需要做细分处理时，细分误差是影响测量结果的主要因素之一。

（5）校准误差。当使用校准值时，标准量的校准误差直接影响测量结果，这在高精度的标准量系统中尤为突出。

（6）环境误差。标准量值的保持应有一定的环境条件要求，环境条件的偏差、变化对标准量系统有重大影响，其中温度的影响尤为突出。

例如，光栅式测角仪的圆光栅副为仪器提供了角度标准。细分电路对该角度信号再做细分，以获得高分辨力，圆光栅的刻划误差和安装偏心误差都直接影响到测量结果，这就是工艺误差。

用砝码称量质量时，为获得更高精度，要对砝码进行校准，以给出砝码质量的修正值，显然砝码质量的校准误差直接影响到该砝码的使用精度。

在激光干涉测长中，激光波长 λ 为标准量，波长误差和波长漂移对测量结果有直接影响，标准波长由基准通过校准获得，校准误差便被引入标准量。使用测长仪时，环境条件参数温度 T、气压 P、湿度 f 对空气折射率 n 有直接影响，因此也就影响到了波长值 $\lambda = \dfrac{n_0}{n}\lambda_0$。这里测量的环境条件对测量仪器的标准量有重大影响。

1.2.4　测量比较环节误差

拾取的被测量要与标准量进行比较才能给出测量结果，测量比较环节是测量仪器不可缺少的环节。该环节也处于测量键的前端，对仪器的计量特性也有直接影响。

测量比较环节的误差包括原理性误差、方法误差、器件误差及工艺误差。现考察测长仪的比较环节误差。

图 1.9 所示为测长仪比较测量的原理图。图 1.9（a）所示为并列式测长仪，不符合阿贝原则，当导轨有直线度误差时，滑架沿导轨移动时会产生歪斜，测量显微镜在被测尺和标准尺上移动的距离不同，因而产生比较测量的误差，这就是阿贝误差。该误差与滑架歪斜（由导轨直线度误差引起）误差成一次方关系，影响较大。而图 1.9（b）所示的比较方式为串联方式，符合阿贝原则，滑架沿导轨移动产生歪斜时，测量显微镜在标准尺和被测尺上的位移差异很小，与导轨直线度误差为二次方关系（误差量为微小量，其二次方更为微小），其影响大为减小。测量比较原理不同，产生误差也不同，这是标准量系统的原理性误差。

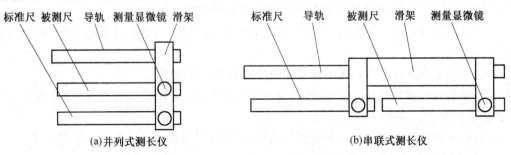

图 1.9　测长仪比较测量的原理

此外，该系统中导轨的直线度误差是比较误差的成因之一，属于工艺误差。瞄准方法可分为光学方法和光电方法,引入的误差是方法误差。系统所选器件的性能特性带来的误差是器件误差。

杆秤称量质量的原理是利用杠杆使被称量的质量与标准砝码相比较得出测量结果,这种比较方式受杠杆刻度等多种因素影响,难以获得高精度的结果。利用天平称量质量,是按等臂杠杆原理工作的,这种比较方式具有良好的对称性,重力加速度、空气浮力等多种微小因素基本不会影响到比较结果,故在高精度的量值传递中都采用天平进行比较测量。可见,测量原理对质量测量的精度具有决定性影响。同样,该系统中也存在器件误差、方法误差及工艺误差。

现考察图 1.10 所示电阻测量中的电桥误差。

在图 1.10(a)电路中,通过测量电阻上的电压 V 和通过的电流 I 可得电阻值 R_c。这种方法受到多种因素的影响,不易实现高精度测量。采用图 1.10(b)所示桥路测量电阻,因其具有对称性,能有效地克服电压波动等因素的影响,故有利于实现高精度测量。

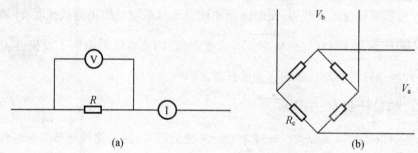

(a)　　　　　　　　　　　　　　　　(b)

图 1.10　电桥测量误差

1.2.5　模数转换误差

为便于数据处理,控制某些误差因素,或为实现自动化,需要将测量信号数字化,通常由数字电路构成。其核心器件是模数转换芯片。

该环节将模拟信号转换成数字信号,转换误差来源主要是模拟转换的位数。

1.2.6　数据处理系统误差

测量信号经模数转换后变成数字量,送入数据处理系统进行处理。实际上,数据处理系统就是计算机(单片机或 PC 机)和处理程序。数据处理的工作包括:

(1)计算测量结果。按预定的(设计的)函数关系、系数、当量实现量值转换,获得测量结果。

(2)实施误差补偿。按校准的修正曲线消除测量的系统误差。

(3)实施各种精化算法。例如,进行算术平均值计算、最小乘法处理、拟合处理及完成各种复杂处理程序,抑制不确定性误差的影响。

(4)对测量结果进行评判。判别测量结果是否合格,给出测量结果的不确定度等。

该环节的误差来源和处理程序如下:

(1)定标或数学模型误差。如量值的定度误差、非线性误差等,是原理性误差,由仪器设计决定。因为这类误差属于系统误差,故有时可通过实验或理论分析得到,然后予以消除。

（2）数据运算及舍入误差。一般计算机的位数是足够的，主要控制有效数字。

（3）误差补偿或特性曲线补偿误差。主要来源于实验校准误差。

（4）算法误差。对于一些复杂的测量问题常需引入某种处理程序，如最小二乘法处理、回归分析、动态数据处理、有限元分析、遗传算法、小波分析、神经网络方法等算法。因各种原因，这些算法都有误差。要控制算法误差需针对具体算法分析处理。

1.2.7　测量结果输出环节误差

在模拟输出中涉及的误差因素较多，如指针式模拟仪表的输出误差有分度盘的刻度误差、安装偏心误差、读数瞄准误差等；打印曲线输出误差有绘图误差、标尺误差等。控制信号输出误差受输出干扰、衰减等方面的影响。

数字量输出只有数字显示误差即量化误差，大小是末位数字的半个单位。

1.2.8　测量控制系统误差

测量控制系统是自动化测量仪器必备的环节，它控制测量仪器按预定程序完成测量过程。测量控制系统包括控制计算机、控制程序、控制电路和控制机构等。

测量控制系统一般不直接影响仪器精度，但控制程序的设计也要考虑仪器的误差，特别是高精度测量、动态测量等情形，设计不当也有可能产生误差。

1.2.9　辅助系统误差

辅助系统包括机体、支架、外罩等，一般不直接影响仪器精度，但有时也会对仪器造成显著影响，如机体的变形、屏蔽性等，仪器设计时也应注意。

1.3　测量仪器的误差构成

按误差性质，仪器误差分为随机误差和系统误差，出现粗大误差是不允许的，应避免。

按来源，仪器误差分为设计过程产生的误差、生产加工中产生的误差及使用中产生的误差。

1.3.1　设计误差

设计过程产生的误差有多种，下面主要介绍原理误差和参数设计误差。

（1）原理误差。

测量原理决定着仪器的基本面貌，在很大程度上决定仪器的计量特性。设计原理的近似，或某种不完善、数学模型的简化、数据处理的简化等都会产生原理性误差。

例 1.3　如图 1.11 所示，按正弦原理测量小角度，当测得相应位移 S，角度可按正弦关系得到

$$\sin \alpha = \frac{S}{L}$$

式中　α——被测角度；

S——正弦臂端位移；

L——正弦臂长。

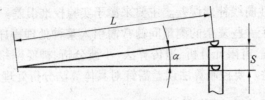

图 1.11　按正弦原理测量小角度的原理误差

当 α 为小角度时，则可将上述关系写成线性化关系，以简化定度工作，即

$$\alpha = \frac{S}{L}$$

此时产生的原理误差为

$$\delta_\alpha = \frac{S}{L} - \arcsin\frac{S}{L}$$

对于具有非线性输入输出特性的仪器，出于定度的方便，常按线性关系规定输入输出关系，由此引入线性化误差，这就是原理误差。大多数传感器都具有非线性特性，线性化产生原理误差是较为普遍的一种情形。

例 1.4　测频法测量电信号频率，如图 1.12 所示。

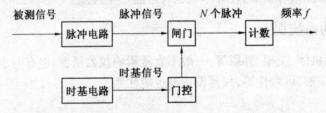

图 1.12　电子计数(器)法测量电信号频率原理框图

被测电信号经脉冲电路形成脉冲信号送入闸门，而时基电路给出的时基信号经门控电路形成脉宽为 T 的控制电平信号送入闸门，在控制信号周期 T 作用下打开闸门使被测脉冲通过闸门。若通过闸门的脉冲数为 N，则被测信号频率为

$$f = \frac{N}{T}$$

对上式进行微分，得误差式为

$$\delta f = \frac{1}{T}\delta N - \frac{N}{T^2}\delta T$$

式中，δT 为时间标准量误差；δN 为计数误差，是该测量方法固有的误差，属原理性误差，$\delta N = \pm 1$。

将误差式写成相对误差式，即

$$\frac{\delta f}{f} = \frac{\delta N}{N} - \frac{\delta T}{T}$$

可见，对于低频信号，在一定的周期 T 内，N 很小，则原理误差 $\delta N/N$ 会很大，因此测频法不适合测量低频信号频率。

（2）参数设计误差。

仪器实际各环节的参数与期望值的差异会使仪器实际的计量性能受到影响,参数的设计误差源于设计方法的缺欠,如参数选取的近似、参数计算中的数字处理误差等。

参数设计误差可通过理论分析和实验分析确定,该项因素引入的误差为系统误差。

1.3.2　工艺误差

工艺误差指生产过程各环节产生的误差,包括加工误差及调整误差,有时生产过程的检测误差也会影响到仪器的精度。

（1）加工误差。

显然,关键件的加工误差会直接影响到仪器的精度,加工误差来源于工艺方法、工艺设备、加工中的检验和调整等,应从误差来源出发控制加工精度。

加工误差的控制要求由设计过程提出。零部件加工精度由加工的允许误差限定,设计中通过误差分析的方法做出规定。

（2）装调误差。

在一定加工精度的前提下,仪器的装配、调整精度是决定仪器精度的决定性因素。对装配、调整精度的要求也在设计中通过误差分析的方法规定。装配、调整也以其最大允许误差限定。

加工的零部件及各种器件装配成整机,需要调整机械系统的位置关系及运动关系;调整光学系统的参数、像差;调整电学系统参数及工作状态等,并且要对机光电系统进行功能、计量特性的综合调整。调整中各环节的误差对仪器精度有重大影响,这是仪器误差的重要组成部分。

例如,在某些机构中,零件间的平行性、垂直性调整,可提高机构的运动精度;轴系间隙调整,可改善轴系精度;调整螺丝付的间隙,可提高导程精度;调整定位销的位置,可提高定位精度等。

光学系统中镜组同心性的装调对控制像差有重要意义;光学镜头轴向位置的调整对其光路特性产生影响,造成计量特性的改变;分光镜、反射镜等各光学件的相互位置的调整都会对误差产生影响。

机光电综合系统放大比的调整、特性曲线调整、信号传递处理及输出调整等产生的误差属于综合性误差。

1.3.3　材料、器件有关的误差

仪器零部件及材料的性能有时也会影响到其计量特性,如材料的刚度影响到受力件的力变形,从而对力变形误差产生影响。材料的线膨胀系数影响到仪器构件受热变形,从而影响构件的尺寸及其他物理性能变化,造成仪器的示值误差和零位漂移。材料的微观变化会造成构件性能的系统性变化,这是造成仪器稳定性误差的主要原因。

采用优质材料是控制仪器误差的基本措施之一,但要付出很高的经济代价。

仪器系统中采用的器件的性能也是影响仪器精度的关键因素之一,特别是关键部位的器件。如采样环节敏感器件的特性及其稳定性、标准量环节器件的性能参数及其稳定性,放大环节的器件参数及其稳定性等都直接关系到测量仪器的性能参数和稳定性。

1.3.4　仪器使用中的误差

测量仪器使用中产生的误差是测量误差的重要组成部分,是影响测量精度的关键因素之一,测量仪器设计中,必须考虑仪器使用中产生的误差。

仪器使用中的误差包括:

(1)校准误差。

使用中仪器的校准误差会直接带入测量结果中,即便完全按设计规定的校准方法,校准误差也无法避免。

(2)调整误差。

使用中的调整,如仪器的零位调整误差及放大比的调整误差。使用中的调整误差也是不可避免的,按规定进行的使用中的调整产生的误差也应作为仪器误差考虑。

(3)环境误差。

使用的环境条件偏差,如温度偏差和变化、电路环境干扰、振动影响、空气环境等会影响测量的精度和稳定性。

(4)操作使用方法误差。

操作使用方法也是影响测量精度的重要因素。

有些使用中的误差应列入仪器误差,作为评定仪器计量特性的考察范围。进行仪器设计时应在精度设计时考虑在内,对仪器的使用方法包括校准、调整及操作做出明确规定,以控制这一误差。

例如,使用仪器时,环境温度偏差会引起仪器示值漂移,这是不可避免的。设计中,规定仪器使用的温度偏差,在这一温度偏差限度内,造成的仪器漂移是允许的,在设计中其影响计入仪器的示值误差中。

目视瞄准读数的仪器,瞄准指针、刻线时会有视差,光学目视仪器中刻线瞄准也会产生误差。在正常的范围内,该项误差应在设计时计入仪器的误差。因为这是由仪器的工作原理决定的。

干涉测量中,空气环境的温度、气压、湿度对测量光波波长有直接影响,在设计允许范围内造成的测量误差应计入测长仪器示值误差中。

1.4　思考与练习

1.1　测量仪器包括哪些环节? 各有何功能?

1.2　测量仪器信号采集环节的误差来自哪些因素? 该环节的误差对于仪器精度有何影响?

1.3　简述测量仪器转换放大环节的误差来源及该项误差对仪器精度的影响。

1.4　简述测量仪器标准量系统的误差来源及该项误差对仪器精度的影响。

1.5　简述测量仪器测量比较环节的误差来源及该项误差对仪器精度的影响。

1.6　简述测量仪器模数转换环节的误差来源及该项误差对仪器精度的影响。

1.7　简述测量仪器数据处理系统的误差来源及该项误差对仪器精度的影响。

1.8　简述测量仪器输出环节的误差来源及该项误差对仪器精度的影响。

1.9　简述测量仪器测量控制系统的误差来源及该项误差对仪器精度的影响。

1.10　简述测量仪器辅助环节的误差来源及该项误差对仪器精度的影响。

1.11　测量仪器的设计误差来源于哪些方面?

1.12　测量仪器的工艺误差有哪些克服措施?

1.13　分析材料与元器件引起的仪器误差。

1.14　分析仪器使用误差对仪器精度的影响。

第2章　测量误差的分析计算

2.1　概　述

按定义,测量误差为测量结果与其真值之差,即

$$\delta y = y - y_0 \tag{2.1}$$

式中　y_0——被测量的真值;

　　　y——被测量的测量结果;

　　　δy——测量误差。

测量误差 δy 由多项误差因素构成,包括测量仪器误差、测量方法误差、测量环境误差和人员误差等。

测量仪器的误差是测量误差的主要组成部分之一,对测量结果精度常具有决定性的影响。但测量精度并不完全取决于测量仪器,还有测量方法等其他误差因素也会影响到测量结果。因此使用高精度的测量仪器并不一定就能获得高精度的结果,这还要取决于仪器的使用方法。

以下测量误差分析计算同样适用于测量仪器的误差分析计算。

测量总误差 δy 是由各误差分量 $\delta x_1, \delta x_2, \cdots, \delta x_n$ 综合作用的结果,可写为

$$\delta y = f(\delta x_1, \delta x_2, \cdots, \delta x_n) \tag{2.2}$$

测量误差分析计算的具体任务有以下两项:

(1)给出各原始误差分量 $\delta x_1, \delta x_2, \cdots, \delta x_n$。

(2)给出误差函数式 $\delta y = f(\delta x_1, \delta x_2, \cdots, \delta x_n)$。

原始误差分量 $\delta x_1, \delta x_2, \cdots, \delta x_n$ 的获得方法有两种,即实验的方法和分析计算的方法。而测量误差函数式 f 则要按误差的定义分析得到。一般误差函数式为非线性函数,利用线性化的方法可获得线性关系的误差式。线性化的误差关系是近似关系式,但一般具有足够的近似度,故总可将误差关系写成线性函数关系。

误差的线性关系式是测量不确定度合成的基础,因此在不确定度分析中,必须给出误差的线性关系式。

本章所述误差的分析计算,原则上适用于任何形式的误差,既适用于系统误差,也适用于随机误差。

测量误差还可以以相对量的形式表示,即可按相对误差表示。按定义,相对误差为

$$\gamma = \frac{\delta y}{y_0} \approx \frac{\delta y}{y} \tag{2.3}$$

相对误差常以百分数表示,即

$$\gamma = \frac{\delta y}{y_0} \times 100\% \approx \frac{\delta y}{y} \times 100\% \tag{2.4}$$

　　相对于相对误差,按式(2.1)定义的误差称为绝对误差。一般来说,在相同的测量条件下,被测量值越大,测量的绝对误差也就越大,测量误差的允许值应随被测量的增大而增大,为此引入相对误差。

　　仪器的误差允许值究竟采用绝对误差还是相对误差,这要视具体情况而定。按相对误差规定,有利于发挥仪器的精度潜力。例如,某测量仪器在测量范围内,规定允许的相对误差为

$$\Gamma = \frac{\Delta y}{y} \times 100\%$$

测量的最大允许误差为

$$\Delta y = y\Gamma$$

当被测量 y 较小时,可保证仪器使用时控制绝对误差 Δy 也较小。其最大绝对误差为

$$\Delta y_{max} = y_{max}\Gamma$$

若按绝对误差规定,则仪器的绝对误差允许值应按全量程中的最大误差规定,即应按 $\Delta y_{max} = y_{max}\Gamma$ 规定其绝对误差允许值,对于较小的被测量的测量误差的控制显然不利。

　　但很多仪器也用绝对误差评价仪器的精度,其前提条件是:或者是在仪器的测量范围内仪器精度与量值大小无关或关系不大;或者是在测量精度的评价中已考虑了被测量值的大小。

2.2　按定义计算误差

　　按定义,测量误差为

$$\delta y = y - y_0$$

设 y 由函数式给出,为

$$y = f(x_1, x_2, \cdots, x_n)$$

若 $x_1, x_2, \cdots, x_n$ 的真值为 $x_{10}, x_{20}, \cdots, x_{n0}$,则 y 的真值可写为

$$y_0 = f(x_{10}, x_{20}, \cdots, x_{n0})$$

于是 y 的误差式可写为

$$\delta y = f(x_1, x_2, \cdots, x_n) - f(x_{10}, x_{20}, \cdots, x_{n0}) \tag{2.5}$$

　　一般的,y 为非线性函数,故 δy 也为非线性函数。

　　误差式(2.5)有如下特点:

　　(1)为准确的误差式。

　　(2)式中含高次项,关系复杂,无规范性。

　　(3)可用于计算随机误差、系统误差。

　　(4)不能用于不确定度合成计算。

　　因此,该方法的应用是有限的。

2.3　误差的线性叠加法则

2.3.1　误差的线性叠加关系

设有测量方程式

$$y = f(x_1, x_2, \cdots, x_n)$$

若已知 $x_1, x_2, \cdots, x_n$，则可按上式求得待求量值 y。

若 $x_1, x_2, \cdots, x_n$ 的误差分别为 $\delta x_1, \delta x_2, \cdots, \delta x_n$，测量值 y 的误差 δy 可对测量方程微分求得

$$dy = \frac{\partial f}{\partial x_1}dx_1 + \frac{\partial f}{\partial x_2}dx_2 + \cdots + \frac{\partial f}{\partial x_n}dx_n$$

将微分量视为误差量，得误差式

$$\delta y = \frac{\partial f}{\partial x_1}\delta x_1 + \frac{\partial f}{\partial x_2}\delta x_2 + \cdots + \frac{\partial f}{\partial x_n}\delta x_n = \sum_{i=1}^{n} \frac{\partial f}{\partial x_i}\delta x_i \qquad (2.6)$$

式(2.6)为线性关系式，这一关系式也可按级数展开式获得。

由于误差量都是微小量，所以用以代替微分量具有足够的精度，因而具有普遍性。将式(2.6)推广为普遍情形，可得误差线性关系的一般表达式为

$$\delta y = a_1\delta x_1 + a_2\delta x_2 + \cdots + a_n\delta x_n = \sum_{i=1}^{n} a_i\delta x_i \qquad (2.7)$$

式中，$a_1, a_2, \cdots, a_n$ 分别为误差 $\delta x_1, \delta x_2, \cdots, \delta x_n$ 的传递系数(或称为灵敏系数)。传递系数可视为原始误差分量折合到总误差的比例系数，它的大小反映了该项误差对总误差的影响能力。

式(2.7)表示测量的总误差可表示为各原始误差的线性代数和，这就是误差的线性叠加法则。误差的线性叠加法则表明各项误差分量对总误差的影响是相互独立的，它们各自独立地传递至总结果，而无相互影响。

测量精度是以不确定度表征的，测量仪器的精度参数也与之相应。误差的线性叠加法则是不确定度合成的基础，因此在精度分析中具有不可替代的作用。

对式(2.7)应做如下说明：

(1)线性叠加法是误差传递计算的近似方法，但因为误差为微小量，所以有足够的近似程度，因而误差的线性关系具有普遍性。

(2)实践上，误差式 $\delta y = \sum_{i=1}^{n} \delta y_i$ 总是能满足的；但有时式(2.7)不能成立，即有些分量不能写成误差与传递系数之积，即 $\delta y_i = a_i\delta x_i$，不过这一情形极少见。

(3)式(2.7)的应用：①分析计算误差，适用于任何性质的误差；②作为不确定度合成的依据。

因此，误差的线性叠加关系具有普遍性，其应用几乎不受限制，广泛地应用于不确定度的合成计算。仅在例2.1所述的特殊情形中例外，其误差的一次项为零，这实属个例，不具有普遍性。

例2.1　测长机测长时测量线倾斜误差如图2.1所示。

假设待测尺寸为 L，当被测件安放倾斜时，实际测量的长度为 l，二者方向有偏差角 θ，则有如下余弦关系：

$$L = l\cos\theta$$

测量误差为

$$\delta l = l - L = l - l\cos\theta \approx \frac{1}{2}l\theta^2$$

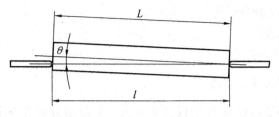

图 2.1　测长机测长时测量线倾斜误差

可见,测量误差 δl 与偏差角 θ 呈非线性关系,δl 的线性分量为 0。若不计二次项 $\frac{1}{2}l\theta^2$,仅按线性关系给出 δl,则传递系数 $a_\theta = 0$,有

$$\delta l = a_\theta \theta = 0$$

因此该项误差不能按线性关系计算。

例 2.1 所述仅是个别的情形,误差的线性传递关系的适用形式是十分宽泛的。因此,可认为误差的线性叠加法则是普遍适用的。

2.3.2　传递系数计算

1. 微分法

若已知测量方程

$$y = f(x_1, x_2, \cdots, x_n)$$

则 $x_1, x_2, \cdots, x_n$ 相应的传递系数可按函数 f 的偏导数求得,即

$$\left.\begin{aligned}
a_1 &= \frac{\partial f}{\partial x_1} \\
a_2 &= \frac{\partial f}{\partial x_2} \\
&\vdots \\
a_n &= \frac{\partial f}{\partial x_n}
\end{aligned}\right\} \qquad (2.8)$$

实施微分法的前提条件是需要建立数学模型——测量方程式,该数学模型反映了被测量与相关参量的函数关系,因而也反映了被测量与误差因素的函数关系。

应当指出,一般所建立的数学模型并不一定包含全部的参量因素,数学模型未涉及的参量相应的误差因素则要另做分析。为使数学模型更有效,应尽可能地将相关的参量因素纳入数学模型。

微分法应用方便,无需其他条件,只要能给出显函数形式的测量方程式,便可实施。微分法给出的传递系数为显函数关系式,便于进行分析计算,这对于精度分析十分有利。微分法的适用范围也十分宽泛,是误差传递计算的基本方法,是测量不确定度的分析、仪器精度设计的基础。

例 2.2　三针法测量螺纹中径的测量结果可表示为

$$d_2 = M - d_0 \left(1 + \frac{1}{\sin\frac{\alpha}{2}}\right) + \frac{p}{2}\cot\frac{\alpha}{2}$$

式中　　M——测长机的测量示值；

　　　　d_0——测针的直径；

　　　　p——被测螺纹的螺距；

　　　　$\dfrac{\alpha}{2}$——被测螺纹牙型半角。

下面给出螺纹中径测量值 d_2 的误差表达式。对测量方程式求全微分，得 d_2 的误差表达式为

$$\delta d_2 = \delta M + \left(1 + \frac{1}{\sin\dfrac{\alpha}{2}}\right)\delta d_0 + \frac{1}{2}\cot\frac{\alpha}{2}\delta p + \left(\frac{d_0}{\sin^2\dfrac{\alpha}{2}}\cos\frac{\alpha}{2} - \frac{p}{2}\csc^2\frac{\alpha}{2}\right)\delta\frac{\alpha}{2}$$

式中　　δM——测长机的测量示值误差；

　　　　δd_0——测针直径误差；

　　　　δp——螺纹螺距误差；

　　　　$\delta\dfrac{\alpha}{2}$——螺纹牙型半角误差。

该误差给出了测量示值误差的关系，为分析精度给出了明确的量值关系。由该式可以看出，在这一测量方法中，测量误差不仅与测量的仪器设备的参数和精度有关，还与被测对象的参数和精度有关，指明了提高测量精度的途径。

2. 几何法

将误差关系表示为几何关系，并做适当的简化和近似替代，可依据该几何关系（平面几何关系或空间几何关系）给出误差的传递系数。

对于几何量和能够转变成几何关系的误差量都可以用几何法分析、计算，给出误差传递系数。必要时，也可做些近似与简化，以获得线性关系，但要考虑这种简化应具有足够的近似程度。

几何法实质上是函数关系的几何表述，虽有其局限性，但在某些情况下具有不可替代的优越性。

有时也常间接利用几何法，先利用几何方法给出误差的函数关系，再利用微分法求得传递系数。

例 2.3　如图 1.5 所示，在准直仪系统中，误差关系如图 2.2 所示，现分析测量误差 δS 引起的角度 α 的测量误差 $\delta\alpha$。

在零位附近，即 $\alpha \approx 0$ 时，可按图 2.2(a)所示关系分析。此时因误差 δS 是微小量，可将其与 $\delta\alpha$ 的对应弧长等同看待，于是有

$$\delta\alpha = \frac{\delta S}{L} = a\delta S$$

即 δS 的传递系数为

$$a = \frac{1}{L}$$

在任意测量位置上，即当 $\alpha \neq 0$ 时，则不能直接按上述方法获得传递系数。此时应按图 2.2(b)所示的几何关系获得相应的函数关系，再利用微分法求得传递系数。由图示关系，得

$$\tan \alpha = \frac{S}{L}$$

改写为

$$\alpha = \arctan \frac{S}{L}$$

按微分法可得误差关系式为

$$\delta\alpha = \frac{L}{L^2+S^2}\delta S$$

即 δS 的传递系数为

$$a_S = \frac{L}{L^2+S^2}$$

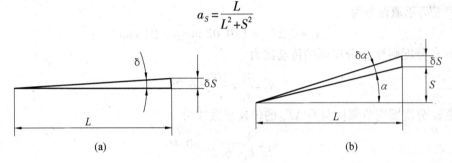

图 2.2　准直仪误差几何图

3. 传动关系法

当已知仪器的量值传动关系时,可按仪器传动关系确定仪器各环节的误差传递关系。如图 2.3 所示的仪器测量传动关系框图,被测量 x 采样输入后,经一系列测量环节输出测量结果 y。设由信号输入至第 i 环节的转换放大比为 k_i,则测量信号由第 i 环节输出后为 $k_i x$,若第 i 环节后有误差 δy_i,折合至输入端应为

$$\delta x_i = \frac{1}{k_i}\delta y_i \tag{2.9}$$

即

$$\delta x_i = a_i \delta y_i$$

式中　a_i——传递系数,$a_i = \dfrac{1}{k_i}$。

测量仪器诸环节量值转换放大关系一般都为线性关系,易于由其传动关系直接获得传递系数。

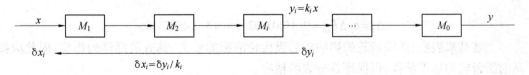

图 2.3　测量仪器传动关系

由上述可见,在仪器测量链中,放大环节之后的误差影响较放大环节前的误差影响小。设计中,仪器各环节量值传动关系应是能够掌握的,因此易于确定误差传递关系,应用较为

方便,也是仪器精度设计时常用的误差分析方法。

例2.4　百分表测量机构传动原理如图 2.4 所示。被测位移使测杆上下移动,通过齿条与小齿轮 z_1 啮合带动其转动,大齿轮 z_2 随动,继之推动中心齿轮 z_3 而使指针转动指示测量值。已知各齿轮齿数分别为 $z_1 = 16$, $z_2 = 100$, $z_3 = 10$,其周节累积误差分别为 $\Delta F_{p1} = 0.02$ mm, $\Delta F_{p2} = 0.03$ mm, $\Delta F_{p3} = 0.02$ mm,分析由此产生的示值误差。

解　由齿轮齿数可知,被测量由测头至齿轮 z_1 分度圆的测量传动比应为

$$k_1 = 1$$

其周节累积误差 ΔF_{p1} 的传递系数为

$$a_1 = \frac{1}{k_1} = \frac{1}{1} = 1$$

引起的示值误差为

$$\Delta_1 = a_1 \Delta F_{p1} = 1 \times 0.02 \text{ mm} = 0.02 \text{ mm}$$

由 z_1 分度圆至 z_2 分度圆的传动比为

$$k_2 = \frac{z_2}{z_1} = \frac{100}{16} = 6.25$$

则齿轮 z_2 分度圆周节累积误差 ΔF_{p2} 的传递系数应为

$$a_2 = \frac{1}{k_2} = \frac{1}{6.25} = 0.16$$

引起的示值误差为

$$\Delta_2 = a_2 \Delta F_{p2} = 0.16 \times 0.03 \text{ mm} = 4.8 \times 10^{-3} \text{ mm}$$

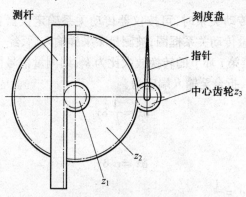

测杆　　　　　　　刻度盘

指针

中心齿轮 z_3

z_2

z_1

图2.4　百分表测量机构传动原理示意图

中心齿轮 z_3 周节累积误差的传递系数应为 $a_3 = a_2 = 0.16$,其对百分表测量示值的影响为

$$\Delta_3 = a_3 \Delta F_{p3} = 0.16 \times 0.02 \text{ mm} = 3.2 \times 10^{-3} \text{ mm}$$

上述结果表明,前级齿轮的影响较后级齿轮的影响要大,具有关键性的影响,因此应提高前级齿轮的加工精度,以保证百分表的精度。

4. 实验法

若按一般方法难以确定误差的传递关系,则可通过实验的方法来确定误差传递关系。

设有测量结果 y,影响量 $x_1, x_2, \cdots, x_n$,通过实验确定误差 δx_i 对 δy_i 的传动关系。设计

实验方法,令 x_i 产生误差 δx_i,而其他影响量 $x_1, x_2, \cdots, x_{i-1}, x_{i+1}, \cdots, x_n$ 保持不变,测量 y 值的变化 δy_i,则 δx_i 的传递系数为

$$a_i = \frac{\delta y_i}{\delta x_i}$$

同理,可获得其他各影响量的传递系数。

实验法是分析误差的基本方法,特别是在一些复杂的量值关系间,实验法常是误差关系分析中唯一可行的方法。

但实验法需要进行周密的设计,需要有足够精度的测量仪器和实验条件,因此实验法实现起来有一定难度。

例 2.5　在测量电压的电路系统中,标准电阻的稳定性误差会使电压测量产生误差。为保证电压测量误差不大于 $\delta V = 10\ \mu\mathrm{V}$,需要确定标准电阻的阻值稳定性要求,现通过试验分析确定。

解　用精密可调电阻置换标准电阻,将电压测量电路放置于精密恒温室,保持试验过程的环境温度恒定不变。调整精密可调电阻,测得其阻值为 $500.002\ \Omega$。此时,以该测量电路测量某标准电压,其测量结果为 $20.002\ 53\ \mathrm{V}$。调整精密可调电阻阻值,测得其阻值为 $500.012\ \Omega$,相应的电压测量示值为 $20.002\ 42\ \mathrm{V}$。则电阻值变化对测量示值的传递系数为

$$a = \frac{\Delta V}{\Delta R} = \frac{V_2 - V_1}{R_2 - R_1} = \frac{20.002\ 42\ \mathrm{V} - 20.002\ 53\ \mathrm{V}}{500.012\ \Omega - 500.002\ \Omega} = \frac{-0.11\ \mathrm{mV}}{10\ \mathrm{m}\Omega} = -0.011\ \mathrm{V}/\Omega$$

由误差关系

$$\delta V = a\delta R$$

有

$$\delta R = \frac{\delta V}{a} = \frac{10 \times 10^{-6}\ \mathrm{V}}{0.01\ \mathrm{V}/\Omega} = 0.001\ \Omega$$

即标准电阻的稳定性误差不大于 $0.001\ \Omega$ 时,可保证系统由标准电阻稳定性误差引起的电压测量的误差不大于 $\delta V = 10\ \mu\mathrm{V}$。

例 2.6　实验分析测长机测长系统中分光镜的温度系数,即系统中分光镜温度改变 1 ℃时,测长机测量示值的变化量。

解　将测长机放置于精密恒温室中,使其免受温度变化的影响。而仅使分光镜以适当的方法放置于温控箱中,可按需要精密控制其温度。

当分光镜温度为 20 ℃ 时,用测长机测量瞄准某一标准量块工作面,得初始示值为 100.000 1 mm;改变分光镜组的温度为 22 ℃,保持其他测量条件不变,读得测长机测量示值为 100.000 4 mm。则镜组的温度误差的传递系数为

$$a_t = \frac{\Delta L}{\Delta t} = \frac{L_2 - L_1}{t_2 - t_1} = \frac{100.000\ 4\ \mathrm{mm} - 100.000\ 1\ \mathrm{mm}}{22\ ℃ - 20\ ℃} = 0.15\ \mu\mathrm{m}/℃$$

该传递系数即为镜组的温度系数。

利用测长机测长时,若温度偏差为 0.8 ℃,则该项误差应为

$$\delta l = a_t \delta t = 0.15\ \mu\mathrm{m}/℃ \times 0.8\ ℃ = 0.12\ \mu\mathrm{m}$$

2.4　矢量分析法

对于向量或能以向量表示的量值关系,其误差关系可利用矢量分析的方法计算。例如,对于一些复杂的空间关系的分析计算,有时矢量分析法具有其他方法无法比拟的方便性,更利于编程计算。

矢量分析法常用于几何光路分析、向量场分析和空间关系分析等。矢量分析的结果最终应以代数方程的形式给出,并且写成线性化的误差式,以便最后做出不确定度的评定。

例如,如图 2.5 所示,xOy 平面为反射镜平面,A 为入射光单位矢量,A' 为反射光单位矢量,N 为法矢。

反射定律可表示为

$$A' = A - 2(N \cdot A)N \tag{2.10}$$

当反射镜绕 y 轴转 θ 角,则法矢 N 转 θ 角为 N',反射光矢量为

$$A'' = A - 2(N' \cdot A)N' \tag{2.11}$$

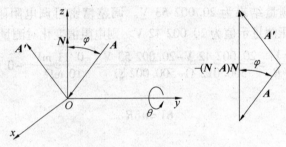

图 2.5　反射光的矢量计算

按图 2.5 所示坐标有

$$A = 0 \times i - \sin \varphi \times j - \cos \varphi \times k$$
$$N' = \sin \theta \times i + 0 \times j + \cos \theta \times k$$

按点乘积关系有

$$(N' \cdot A) = 0 \times \sin \theta - \sin \varphi \times 0 - \cos \varphi \times \cos \theta = -\cos \varphi \cos \theta$$

代入式(2.11),得 A'' 的坐标表达式为

$$A'' = \cos \varphi \cdot \sin 2\theta \times i - \sin \varphi \times j + \cos \varphi \cos 2\theta \times k = x \times i + y \times j + z \times k \tag{2.12}$$

即

$$\left. \begin{array}{l} x = \cos \varphi \sin 2\theta \\ y = -\sin \varphi \\ z = \cos \varphi \cos 2\theta \end{array} \right\} \tag{2.13}$$

则 A'' 的模为

$$|A''| = \sqrt{x^2 + y^2 + z^2} \tag{2.14}$$

将式(2.13)代入式(2.14),得

$$|A''| = \sqrt{\cos^2\varphi \sin^2 2\theta + \sin^2\varphi + \cos^2\varphi \cos^2 2\theta} \tag{2.15}$$

设 α, β, γ 分别为 A'' 与 x, y, z 轴的夹角,则有

$$\left.\begin{array}{l} \cos \alpha = \dfrac{x}{\sqrt{x^2+y^2+z^2}} \\[3mm] \cos \beta = \dfrac{y}{\sqrt{x^2+y^2+z^2}} \\[3mm] \cos \gamma = \dfrac{z}{\sqrt{x^2+y^2+z^2}} \end{array}\right\} \tag{2.16}$$

写成显函数形式有

$$\alpha = \arccos\left(\dfrac{x}{\sqrt{x^2+y^2+z^2}}\right)$$

$$\beta = \arccos\left(\dfrac{y}{\sqrt{x^2+y^2+z^2}}\right) \tag{2.17}$$

$$\gamma = \arccos\left(\dfrac{z}{\sqrt{x^2+y^2+z^2}}\right)$$

若 φ 有误差 $\delta\varphi$，θ 有误差 $\delta\theta$，则引起的 A'' 的方向角误差为

$$\left.\begin{array}{l} \delta\alpha = \dfrac{\partial \alpha}{\partial \varphi}\delta\varphi + \dfrac{\partial \alpha}{\partial \theta}\delta\theta \\[3mm] \delta\beta = \dfrac{\partial \beta}{\partial \varphi}\delta\varphi + \dfrac{\partial \beta}{\partial \theta}\delta\theta \\[3mm] \delta\gamma = \dfrac{\partial \gamma}{\partial \varphi}\delta\varphi + \dfrac{\partial \gamma}{\partial \theta}\delta\theta \end{array}\right\} \tag{2.18}$$

将式(2.13)、(2.17)代入式(2.18)得方向角的误差线性关系式为

$$\left.\begin{array}{l} \delta\alpha = \dfrac{\sin\varphi\sin 2\theta}{\sqrt{\sin^2\varphi + \cos^2\varphi\cos^2 2\theta}}\delta\varphi + \dfrac{-2\cos\varphi\cos 2\theta}{\sqrt{\sin^2\varphi + \cos^2\varphi\cos^2 2\theta}}\delta\theta \\[3mm] \delta\beta = \delta\varphi \\[3mm] \delta\gamma = \tan\varphi\cos 2\theta\,\delta\varphi + \dfrac{2\cos\varphi\sin 2\theta}{\sqrt{\cos^2\varphi\sin^2 2\theta + \sin^2\varphi}}\delta\theta \end{array}\right\} \tag{2.19}$$

将 φ，θ 的值代入式(2.19)，即可得其误差的具体关系式，该式给出由原始角 φ 的误差 $\delta\varphi$ 和旋转角 θ 误差 $\delta\theta$ 引起的方向角误差 $\delta\alpha$，$\delta\beta$，$\delta\gamma$。

2.5　坐标变换法

平面或空间的坐标位置或坐标运动的分析常用坐标变换法处理，在坐标测量、视觉测量中广为应用。

坐标变换法借助于矩阵运算实现变换，具有矩阵运算法的一切优点，运算过程层次明了，方法简便。

根据坐标变换所得结果，可给出坐标参数的函数关系。为进行不确定度的分析计算，需对所得函数关系线性化，最后给出线性化的误差量值关系。

2.5.1　二维变换

对于平面坐标问题，按二维变换处理，分为二维平移变换和二维旋转变换。

1. 二维平移变换

如图 2.6 所示，xOy 平面内坐标点 $P(x,y)$ 采用齐次坐标系表示为

$$\boldsymbol{B}=\begin{bmatrix} x & y & 1 \end{bmatrix} \tag{2.20}$$

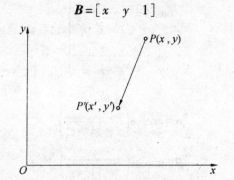

图 2.6　坐标点二维平移变换

点 $P(x,y)$ 在 x 向移动 a，在 y 向移动 b，至点 $P'(x',y')$，其平移变换矩阵为

$$\boldsymbol{K}=\begin{bmatrix} 1 & 0 & 0 \\ 0 & 1 & 0 \\ a & b & 1 \end{bmatrix} \tag{2.21}$$

则新坐标可由平移变换得到

$$\boldsymbol{B}'=\boldsymbol{B}\boldsymbol{K} \tag{2.22}$$

有

$$\boldsymbol{B}'=\begin{bmatrix} x' & y' & 1 \end{bmatrix}=\begin{bmatrix} x & y & 1 \end{bmatrix}\begin{bmatrix} 1 & 0 & 0 \\ 0 & 1 & 0 \\ a & b & 1 \end{bmatrix}=\begin{bmatrix} x+a & y+b & 1 \end{bmatrix} \tag{2.23}$$

即平移后的新坐标为

$$\left.\begin{aligned} x'&=x+a \\ y'&=y+b \end{aligned}\right\} \tag{2.24}$$

误差传递关系式为

$$\left.\begin{aligned} \delta x'&=\delta x+\delta a \\ \delta y'&=\delta y+\delta b \end{aligned}\right\} \tag{2.25}$$

其含义为：新坐标点 P' 的坐标误差为原坐标点 P 的坐标误差与平移误差之和。

2. 以原点为中心的二维旋转变换

如图 2.7 所示，平面点 $P(x,y)$ 绕原点旋转 θ 角，其相应的旋转矩阵为

$$\boldsymbol{H}=\begin{bmatrix} \cos\theta & -\sin\theta \\ \sin\theta & \cos\theta \end{bmatrix} \tag{2.26}$$

设 P 点的坐标阵为

$$\boldsymbol{B}=\begin{bmatrix} x & y \end{bmatrix}$$

则 P 点经旋转后，其坐标变换式为

$$\boldsymbol{B}'=\boldsymbol{B}\boldsymbol{H} \tag{2.27}$$

即

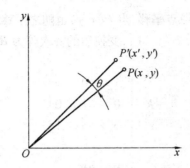

图 2.7　以原点为中心的旋转变换

$$\boldsymbol{B}' = \begin{bmatrix} x' & y' \end{bmatrix} = \begin{bmatrix} x & y \end{bmatrix} \begin{bmatrix} \cos\theta & -\sin\theta \\ \sin\theta & \cos\theta \end{bmatrix} = $$

$$\begin{bmatrix} x\cos\theta + y\sin\theta & -x\sin\theta + y\cos\theta \end{bmatrix}$$

式中,θ 按顺时针为正。

旋转变换后的新坐标为

$$\left. \begin{array}{l} x' = x\cos\theta + y\sin\theta \\ y' = -x\sin\theta + y\cos\theta \end{array} \right\} \tag{2.28}$$

其线性误差关系式可由微分法得到

$$\left. \begin{array}{l} \delta x' = \dfrac{\partial x'}{\partial\theta}\delta\theta + \dfrac{\partial x'}{\partial x}\delta x + \dfrac{\partial x'}{\partial y}\delta y \\[3mm] \delta y' = \dfrac{\partial y'}{\partial\theta}\delta\theta + \dfrac{\partial y'}{\partial x}\delta x + \dfrac{\partial y'}{\partial y}\delta y \end{array} \right\} \tag{2.29}$$

最后可得新坐标的误差式为

$$\left. \begin{array}{l} \delta x' = (-x\sin\theta + y\cos\theta)\delta\theta + \cos\theta\delta x + \sin\theta\delta y \\ \delta y' = (-x\cos\theta - y\sin\theta)\delta\theta - \sin\theta\delta x + \cos\theta\delta y \end{array} \right\} \tag{2.30}$$

即当坐标点 $P(x,y)$ 的坐标 x,y 有误差 $\delta x,\delta y$,旋转角 θ 有误差 $\delta\theta$ 时,则 P 点旋转后的位置 $P(x',y')$ 的坐标误差 $\delta x',\delta y'$ 可由式(2.30)给出。

3. 以任意点为中心的二维旋转变换

设平面 xOy 上点 $P(x,y)$ 以平面内任意一点 $R(x_r,y_r)$ 为中心旋转 θ 角,按坐标变换法确定 P 点的新坐标点 $P^*(x^*,y^*)$,如图 2.8 所示。

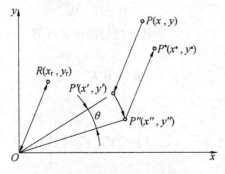

图 2.8　以任意点为中心的旋转变换

（1）旋转中心 $R(x_r, y_r)$ 向原点平移，点 $P(x, y)$ 也随之平移至 $P'(x', y')$。

设 P 点坐标齐次阵为 $\boldsymbol{B} = [x \quad y \quad 1]$，变换后的齐次阵为 $\boldsymbol{B}' = [x' \quad y' \quad 1]$，其坐标平移变换矩阵为

$$\boldsymbol{K} = \begin{bmatrix} 1 & 0 & 0 \\ 0 & 1 & 0 \\ -x_r & -y_r & 1 \end{bmatrix} \tag{2.31}$$

其变换矩阵为

$$\boldsymbol{B}' = \boldsymbol{B}\boldsymbol{K} \tag{2.32}$$

即

$$\boldsymbol{B}' = [x' \quad y' \quad 1] = [x \quad y \quad 1] \begin{bmatrix} 1 & 0 & 0 \\ 0 & 1 & 0 \\ -x_r & -y_r & 1 \end{bmatrix} = [x - x_r \quad y - y_r \quad 1] \tag{2.33}$$

（2）以原点为中心旋转变换，得 P' 点旋转后位置 P''。

P'' 的坐标阵 $\boldsymbol{B}'' = [x'' \quad y'' \quad 1]$，旋转矩阵为

$$\boldsymbol{H} = \begin{bmatrix} \cos\theta & -\sin\theta & 0 \\ \sin\theta & \cos\theta & 0 \\ 0 & 0 & 1 \end{bmatrix} \tag{2.34}$$

旋转变换矩阵为

$$\boldsymbol{B}'' = \boldsymbol{B}'\boldsymbol{H} \tag{2.35}$$

即

$$\boldsymbol{B}'' = [x'' \quad y'' \quad 1] = [x' \quad y' \quad 1] \begin{bmatrix} \cos\theta & -\sin\theta & 0 \\ \sin\theta & \cos\theta & 0 \\ 0 & 0 & 1 \end{bmatrix} =$$

$$[(x - x_r)\cos\theta + (y - y_r)\sin\theta \quad -(x - x_r)\sin\theta + (y - y_r)\cos\theta \quad 1] \tag{2.36}$$

（3）做反向平移变换。

变换矩阵为

$$\boldsymbol{K}' = \begin{bmatrix} 1 & 0 & 0 \\ 0 & 1 & 0 \\ x_r & y_r & 1 \end{bmatrix} \tag{2.37}$$

则平面点 $P(x, y)$ 绕任意点 $R(x_r, y_r)$ 旋转 θ 角后的坐标阵 $\boldsymbol{B}^* = [x^* \quad y^* \quad 1]$ 可按如下变换得到

$$\boldsymbol{B}^* = \boldsymbol{B}''\boldsymbol{K}' \tag{2.38}$$

即

$$\boldsymbol{B}^* = [x^* \quad y^* \quad 1] = [x'' \quad y'' \quad 1] \begin{bmatrix} 1 & 0 & 0 \\ 0 & 1 & 0 \\ x_r & y_r & 1 \end{bmatrix} \tag{2.39}$$

以上变换可写为

$$\boldsymbol{B}^* = \boldsymbol{B}\boldsymbol{K}\boldsymbol{H}\boldsymbol{K}' \tag{2.40}$$

展开式　　$\boldsymbol{B}^* = \begin{bmatrix} x^* & y^* & 1 \end{bmatrix} =$

$$\begin{bmatrix} x & y & 1 \end{bmatrix} \begin{bmatrix} 1 & 0 & 0 \\ 0 & 1 & 0 \\ -x_r & -y_r & 1 \end{bmatrix} \begin{bmatrix} \cos\theta & -\sin\theta & 0 \\ \sin\theta & \cos\theta & 0 \\ 0 & 0 & 1 \end{bmatrix} \begin{bmatrix} 1 & 0 & 0 \\ 0 & 1 & 0 \\ x_r & y_r & 1 \end{bmatrix} =$$

$$\begin{bmatrix} (x-x_r)\cos\theta & -(x-x_r)\sin\theta & \\ +(y-y_r)\sin\theta+x_r & +(y-y_r)\cos\theta+y_r & 1 \end{bmatrix} \tag{2.41}$$

即最终变换后的位置坐标为

$$x^* = (x-x_r)\cos\theta+(y-y_r)\sin\theta+x_r$$

$$y^* = -(x-x_r)\sin\theta+(y-y_r)\cos\theta+y_r$$

如上所述,对所得点 $P^*(x^* \quad y^* \quad 1)$ 的坐标 x^*,y^* 按微分法可得其误差式,有

$$\left. \begin{aligned} \delta x^* &= \begin{bmatrix} -(x-x_r)\sin\theta+(y-y_r)\cos\theta \end{bmatrix}\delta\theta+\cos\theta\delta x+\sin\theta\delta y \\ \delta y^* &= \begin{bmatrix} -(x-x_r)\cos\theta-(y-y_r)\sin\theta \end{bmatrix}\delta\theta-\sin\theta\delta x+\cos\delta y \end{aligned} \right\} \tag{2.42}$$

式(2.42)给出了由原来点的坐标误差 δx 和 δy 及旋转角误差 $\delta\theta$ 所引起的变换后的新位置 P^* 的坐标误差。

2.5.2　三维坐标变换

1. 三维平移坐标变换

空间坐标点 $P(x,y,z)$ 沿坐标轴 x,y,z 分别移动 a,b,c,其变换齐次阵为

$$\boldsymbol{K} = \begin{bmatrix} 1 & 0 & 0 & 0 \\ 0 & 1 & 0 & 0 \\ 0 & 0 & 1 & 0 \\ a & b & c & 1 \end{bmatrix} \tag{2.43}$$

则 P 点平移后的坐标齐次阵 $\boldsymbol{B}' = \begin{bmatrix} x' & y' & z' & 1 \end{bmatrix}$ 可由 $\boldsymbol{B}$ 的平移变换得到

$$\boldsymbol{B}' = \boldsymbol{B}\boldsymbol{K} \tag{2.44}$$

展开得

$$\boldsymbol{B}' = \begin{bmatrix} x' & y' & z' & 1 \end{bmatrix} = \begin{bmatrix} x & y & z & 1 \end{bmatrix} \begin{bmatrix} 1 & 0 & 0 & 0 \\ 0 & 1 & 0 & 0 \\ 0 & 0 & 1 & 0 \\ a & b & c & 1 \end{bmatrix} \tag{2.45}$$

$$\boldsymbol{B}' = \begin{bmatrix} x+a & y+b & z+c & 1 \end{bmatrix}$$

即变换后的点的坐标为

$$\left. \begin{aligned} x' &= x+a \\ y' &= y+b \\ z' &= z+c \end{aligned} \right\} \tag{2.46}$$

误差式为

$$\left. \begin{aligned} \delta x' &= \delta x+\delta a \\ \delta y' &= \delta y+\delta b \\ \delta z' &= \delta z+\delta c \end{aligned} \right\} \tag{2.47}$$

2. 三维坐标旋转变换

空间坐标点 $P(x,y,z)$ 绕坐标轴 x,y,z 分别旋转 α,β,γ 角（转角方向规定为沿坐标轴向原点看,绕轴顺时针旋转为正向）,按旋转变换给出最终点位置坐标 $B^* = [\begin{matrix} x^* & y^* & z^* \end{matrix}]$。

先考虑 P 点绕 x 轴旋转的情形,设 P 点坐标阵 $B = [\begin{matrix} x & y & z \end{matrix}]$,其旋转变换矩阵为

$$H = \begin{bmatrix} 1 & 0 & 0 \\ 0 & \cos\alpha & -\sin\alpha \\ 0 & \sin\alpha & \cos\alpha \end{bmatrix} \qquad (2.48)$$

P 点的新坐标矩阵 $B' = [\begin{matrix} x' & y' & z' \end{matrix}]$ 由下面的变换式给出

$$B' = BH \qquad (2.49)$$

即

$$B' = [\begin{matrix} x' & y' & z' \end{matrix}] = [\begin{matrix} x & y & z \end{matrix}] \begin{bmatrix} 1 & 0 & 0 \\ 0 & \cos\alpha & -\sin\alpha \\ 0 & \sin\alpha & \cos\alpha \end{bmatrix} \qquad (2.50)$$

同理,P 点再绕 y 轴旋转 β 角时,坐标变换矩阵为

$$H' = \begin{bmatrix} \cos\beta & 0 & \sin\beta \\ 0 & 1 & 0 \\ -\sin\beta & 0 & \cos\beta \end{bmatrix} \qquad (2.51)$$

则新坐标矩阵为

$$B'' = B'H' \qquad (2.52)$$

即

$$B'' = [\begin{matrix} x'' & y'' & z'' \end{matrix}] = [\begin{matrix} x' & y' & z' \end{matrix}] \begin{bmatrix} \cos\beta & 0 & \sin\beta \\ 0 & 1 & 0 \\ -\sin\beta & 0 & \cos\beta \end{bmatrix} \qquad (2.53)$$

P 点再绕 z 轴旋转 r 角时,坐标变换矩阵为

$$H'' = \begin{bmatrix} \cos r & -\sin r & 0 \\ \sin r & \cos r & 0 \\ 0 & 0 & 1 \end{bmatrix} \qquad (2.54)$$

变换后的坐标矩阵为

$$B^* = B''H'' \qquad (2.55)$$

即

$$B^* = [\begin{matrix} x^* & y^* & z^* \end{matrix}] = [\begin{matrix} x'' & y'' & z'' \end{matrix}] \begin{bmatrix} \cos r & -\sin r & 0 \\ \sin r & \cos r & 0 \\ 0 & 0 & 1 \end{bmatrix} \qquad (2.56)$$

综合以上各变换式,得

$$B^* = BHH'H'' \qquad (2.57)$$

即

$$B^* = [\begin{matrix} x^* & y^* & z^* \end{matrix}] =$$

$$[x \quad y \quad z] \begin{bmatrix} 1 & 0 & 0 \\ 0 & \cos\alpha & -\sin\alpha \\ 0 & \sin\alpha & \cos\alpha \end{bmatrix} \begin{bmatrix} \cos\beta & 0 & \sin\beta \\ 0 & 1 & 0 \\ -\sin\beta & 0 & \cos\beta \end{bmatrix} \begin{bmatrix} \cos r & -\sin r & 0 \\ \sin r & \cos r & 0 \\ 0 & 0 & 1 \end{bmatrix} \qquad (2.58)$$

得

$$x^* = x\cos\beta\cos\gamma + y\sin\alpha\sin\beta\cos\gamma - z\cos\alpha\sin\beta\cos\gamma + y\cos\alpha\sin\gamma + z\sin\alpha\sin\gamma$$

$$y^* = -x\cos\beta\sin\gamma - y\sin\alpha\sin\beta\sin\gamma + z\cos\alpha\sin\beta\sin\gamma + y\cos\alpha\cos\gamma + z\sin\alpha\cos\gamma$$

$$z^* = x\sin\beta - y\sin\alpha\sin\beta + z\cos\alpha\sin\beta$$

注意,与二维旋转不同,三维旋转变换时,需要考虑旋转顺序,旋转的先后顺序不同,所得结果是不同的。

同样,依据上述坐标变换结果,可获得坐标误差的线性关系式为

$$\left. \begin{aligned} \delta x^* &= \frac{\partial x^*}{\partial \alpha}\delta\alpha + \frac{\partial x^*}{\partial \beta}\delta\beta + \frac{\partial x^*}{\partial r}\delta r \\ \delta y^* &= \frac{\partial y^*}{\partial \alpha}\delta\alpha + \frac{\partial y^*}{\partial \beta}\delta\beta + \frac{\partial y^*}{\partial r}\delta r \\ \delta z^* &= \frac{\partial z^*}{\partial \alpha}\delta\alpha + \frac{\partial z^*}{\partial \beta}\delta\beta + \frac{\partial z^*}{\partial r}\delta r \end{aligned} \right\} \qquad (2.59)$$

设旋转角误差分别为 $\delta\alpha, \delta\beta, \delta\gamma$,由误差式可得新点 $P(x^*, y^*, z^*)$ 的坐标误差为

$$\delta x^* = (y\cos\alpha\sin\beta\cos\gamma + z\sin\alpha\sin\beta\cos\gamma - y\sin\alpha\sin\gamma + z\cos\alpha\sin\gamma)\delta\alpha +$$
$$(x\sin\beta\cos\gamma + y\sin\alpha\cos\beta\cos\gamma - z\cos\alpha\cos\beta\cos\gamma)\delta\beta +$$
$$(-x\cos\beta\sin\gamma - y\sin\alpha\sin\beta\sin\gamma + z\cos\alpha\sin\beta\sin\gamma + y\cos\alpha\cos\gamma + z\sin\alpha\cos\gamma)\delta\gamma$$

$$\delta y^* = (-y\cos\alpha\sin\beta\sin\gamma - z\sin\alpha\sin\beta\sin\gamma - y\sin\alpha\cos\gamma + z\cos\alpha\cos\gamma)\delta\alpha +$$
$$(x\sin\beta\sin\gamma - y\sin\alpha\cos\beta\sin\gamma + z\cos\alpha\cos\beta\sin\gamma)\delta\beta +$$
$$(-x\cos\beta\cos\gamma - y\sin\alpha\sin\beta\cos\gamma + z\cos\alpha\sin\beta\cos\gamma - y\cos\alpha\sin\gamma - z\sin\alpha\sin\gamma)\delta\gamma$$

$$\delta z^* = (-y\cos\alpha\sin\beta - z\sin\alpha\sin\beta)\delta\alpha + (x\cos\beta - y\sin\alpha\cos\beta + z\cos\alpha\cos\beta)\delta\beta$$

2.6　本章小结

(1)测量误差的计算方法有两种,即按定义直接计算和线性叠加法。

(2)按定义直接计算测量误差是准确的计算方法,但其计算式复杂,常为非线性的关系式,只能用于计算已知的误差,不能用于不确定度的分析计算。

(3)线性叠加法利用线性化的方法,将误差式化为线性关系式。线性化的误差式是近似式,但通常与其实际值相差很小,可忽略不计。故线性叠加法在误差分析中具有普遍适用性。

(4)线性叠加法给出的误差关系式是不确定度分析计算的基本依据。

(5)微分法是线性叠加法的基本方法,获得测量方程是实施微分法的前提。

2.7　思考与练习

2.1　测量误差的分析计算有何意义?

2.2 测量误差按定义分为哪几类?

2.3 按定义计算测量误差有何特点?

2.4 简述误差的线性叠加法则。按线性叠加法计算误差有何特点?

2.5 简述计算误差传递系数的微分法及其特点。

2.6 简述计算误差传递系数的几何法及其特点。

2.7 简述按传动关系计算误差传递系数的方法及其特点。

2.8 简述通过实验分析误差传递系数的方法及其特点。

2.9 简述矢量分析法计算误差的方法及其适用性。

2.10 简述坐标法分析计算误差的方法及其适用性。

2.11 测得矩形的长度 x 和宽度 y,则其面积为 $S=xy$,设 x 和 y 的测量误差分别为 δx 与 δy,试给出面积的误差。

2.12 面积的测量方程式为 $S=xy$,设 x 和 y 的名义值分别为 $x=500\ \text{cm}$, $y=400\ \text{cm}$;误差分别为 $\delta x=0.5\ \text{cm}$, $\delta y=0.5\ \text{cm}$,分别按定义和按线性关系给出面积的误差。

2.13 设测速方程式为 $v=\dfrac{s}{t}$,式中 s 与 t 分别为物体运动距离与相应时段的测量值,写出其误差方程式。

2.14 设测量方程式为 $f=\dfrac{N}{T}$,给出其误差方程式。

2.15 设测量方程式为 $y=\dfrac{1}{2}(x_1+x_2)$,给出 y 的误差表达式。

2.16 设测量方程式为 $y=\dfrac{\pi d^2 R}{4h}$,给出 y 的误差表达式。

2.17 机械机构中 A 点的原坐标为 x,y,z,当其绕 x 轴旋转 α,绕 y 轴旋转 β 时,按坐标变换法给出 A 的新坐标的误差表达式。

2.18 设机械机构中 M 点的原坐标为 $x=100\ \text{mm}$, $y=100\ \text{mm}$, $z=200\ \text{mm}$,当其绕 x 轴旋转 $\alpha=5°$,绕 y 轴旋转 $\beta=8°$ 时,按坐标变换法给出 M 的新坐标;设 α 的误差为 $\delta\alpha=5''$, β 的误差为 $\delta\beta=3''$,计算 M 的新坐标的误差。

第3章　测量不确定度的评定

测量不确定度用于表征测量结果的可信赖程度,是表征测量结果或测量方法精度的参数。对于测量仪器的计量特性则需要有多项特征参数去表征,不能像对测量方法那样仅用测量不确定度一项参数表述其精度。

测量不确定度的分析用于分析仪器的校准精度,同时测量不确定度的分析方法和原则同样适用于测量仪器精度参数的分析计算。因而,不确定度的分析研究对仪器精度的分析具有关键性的意义。

3.1　不确定度及其表示方法

3.1.1　测量不确定度的概念

测量不确定度是表征测量方法或测量结果可信赖程度的参数,它反映因存在测量误差而使测量结果具有不确定性的程度。

测量不确定度与测量误差密切相关,测量不确定度的分析计算都是在测量误差分析的基础上做出的。但测量不确定度与测量误差不同,不能混为一谈。

测量误差是每个测量结果与其真值之差的具体值,是统计实验中的一个子样,多项测量误差分量按通常的代数方法合成。

测量不确定度是表征误差分布的参数,对于确定的测量方法,不确定度的值应是确定的值,它是统计实验的参数。因此不确定度分量应按统计方法合成。

我国国家质量监督检验检疫总局在国际标准化组织制定的《测量不确定度表示指南》的基础上制定的国家计量技术规范《测量不确定度及表示方法》(JJF 1059—1999)中,对测量不确定度的表示、评定、合成方法做出了明确的规定。

3.1.2　测量不确定度的表示方法

测量不确定度属于统计学参数范畴,按统计学原理,实验数据的不确定性用实验标准差 s 衡量,以此为基础规定了标准不确定度和扩展不确定度。选择使用标准不确定度或扩展不确定度,应视具体情况而定。

1.以标准不确定度表示

规定标准不确定度 u 为测量的标准差 s,即

$$u=s$$

标准差 s 为实验标准差,即子样标准差,考虑到实验标准差的不确定性,应给出标准不确定度的自由度 v。考虑到各项误差相关性对各项不确定度分量合成的影响,规定了相应的相关系数 ρ。

因此,在用标准不确定度表示测量精度时,除了给出标准不确定度 u 外,还应给出其自

由度 v,有时还要给出两项不确定度分量相应的相关系数 ρ。

2. 以扩展不确定度表示

规定扩展不确定度为

$$U = ku \tag{3.1}$$

式中　k——包含因子(置信系数)。

包含因子 k 与 U 的置信概率 P 相应,因此 k 值是按选定的置信概率确定的,P 与 k 的关系决定于测量误差的分布,当测量误差服从正态分布时,P 与 k 的关系由概率积分表给出。如取 $k=3$,则 $P=99.73\%$;若取 $k=2$,则 $P=95.45\%$。

另一方面,因为 u 是实验标准差,具有不确定性,这也影响到置信概率。这就造成扩展不确定评定的复杂性。

用扩展不确定度表示测量精度时,除要给出自由度 v 等参数外,还要给出包含因子 k 和置信概率 P。即按扩展不确定度评定测量精度时,除给出扩展不确定度 U 的数值外,还应给出辅助参数 k,P,v,ρ 等的数值。

3.1.3　获得不确定度的途径

作为测量系统的一个环节,测量仪器的计量特性会直接影响到测量系统的精度,这种影响以仪器的特性参数表示出来。分析测量系统的精度时,影响测量精度的仪器计量特性参数(直接的或间接的)以不确定度分量的形式计入测量系统的不确定度中。在测量仪器的设计、购买、使用中,获得这些参数的途径可分为如下情形:

(1)实验分析。

通过测量实验获得实验数据,按统计的方法或其他方法估计。

(2)由文件资料引用。

由校准证书、检定证书、产品技术文件、技术标准、规程等文件中引用有关的特性参数,作为测量方法相应的不确定度分量。适用于新购买的仪器及经检定、校准的仪器的精度参数引用。

(3)分析计算与合成。

通过分析、合成计算,可获得某些间接量的不确定度分量。

(4)设计约定。

按设计要求的不确定度作为仪器中的预定参数,用作精度设计的已知参数。

3.2　不确定度分量的估计

测量系统或测量结果的总不确定度是由诸项不确定度分量综合作用的结果,分析计算时一般需要确定各分量的值,再经合成得到总不确定度,因此如何确定不确定度分量是不确定度分析计算的关键问题之一。

不确定度分量的估计方法,按获得方法分为统计的方法(也称 A 类方法)和其他方法(也称 B 类方法)。

按统计学的方法估计不确定度就是通过多次测量实验获得系列测量数据,依据统计学原理处理这些测量数据,给出不确定度。这一方法估计不确定度的前提是需要通过统计实验获得实验数据,即需要获得系列的测量数据。

由统计学原理可知,测量数据越多,所做估计就越可靠,为此总希望获得尽可能多的测量数据。实际上,为估计不确定度所做统计实验次数不可能太多,因此所得不确定度估计的可信赖程度总是受到限制的。

用统计方法估计不确定度通常采用等精度重复测量获得实验数据,这是经常使用的方法。这样获得的不确定度只反映随机误差分量的影响,而不能反映系统误差分量的影响。因此按这一方法获得的不确定度分量只表达测量数据的随机分散性,对于测量仪器,这一随机分散性表征为其重复性误差。

在不等精度测量数据处理及最小二乘法处理中,测量数据的不确定度的估计则另有相应的方法,以下也略作叙述。

3.2.1　利用等精度重复测量数据估计不确定度

为估计某测量方法的测量不确定度,对某量 X 进行多次等精度重复测量,得到系列等精度测量结果 $x_1, x_2, \cdots, x_n$,可按如下几种方法计算测量的不确定度(以下按标准差或标准不确定度讨论)。其中,贝塞尔公式是广泛使用的经典的计算公式。

1. 矩法估计

按定义,标准差为方差(二阶中心矩)的正平方根,而方差为

$$D(\delta) = \int_{-\infty}^{\infty} \delta^2 f(\delta) \, \mathrm{d}\delta \tag{3.2}$$

式中　δ—— 对称分布的测量误差;

$\quad\quad f(\delta)$—— 误差分布密度。

按这一定义,方差应为系列测量数据误差平方的平均值。即当 $n = \infty$ 时,方差可写为

$$D = s^2 = \frac{\sum_{1}^{n} \delta_i^2}{n} \tag{3.3}$$

以残差

$$v_i = x_i - \frac{1}{n} \sum_{1}^{n} x_i \quad (i = 1, 2, \cdots, n)$$

代替误差 δ_i,则有

$$D = s^2 = \frac{\sum_{1}^{n} v_i^2}{n}$$

对该估计量取数学期望,得

$$E(D) = E\left(\frac{\sum_{i=1}^{n} v_i^2}{n}\right) = \frac{n-1}{n} \sigma^2 \tag{3.4}$$

表明方差的这一估计为有偏估计。

标准差(标准不确定度)为方差的正平方根,即

$$u = s = \sqrt{\dfrac{\sum\limits_1^n v_i^2}{n}} \tag{3.5}$$

式(3.5)即为标准差的矩法估计。因为矩法估计中,所做方差是有偏估计,产生了系统偏移,在测量数据较少时,这一影响十分显著。这是矩法估计的基本缺欠,为克服这一缺欠,引入贝塞尔公式。

2. 贝塞尔公式

由式(3.4)可知,估计量

$$D = s^2 = \dfrac{\sum\limits_1^n v_i^2}{n-1}$$

的数学期望为方差 σ^2,故可作为 σ^2 的无偏估计量,即估计量 $\sum\limits_1^n v_i^2 / (n-1)$ 的随机变动中心为测量数据的方差 σ^2。

则测量的标准不确定度可估计为

$$u = s = \sqrt{\dfrac{\sum\limits_1^n v_i^2}{n-1}} \tag{3.6}$$

这就是标准差估计的贝塞尔公式。

标准不确定度的这一估计是有偏的(方差开方后产生系统偏差),即所做估计偏小。当测量数据数目 n 较小时,这一偏差较大。当 n 很小时,可按如下修正式估计,即

$$u = \dfrac{1}{M_n} s = \dfrac{1}{M_n} \sqrt{\dfrac{\sum\limits_1^n v_i^2}{n-1}} \tag{3.7}$$

式中,系数 $1/M_n$ 可按 n 值查表(表3.1)得到。

由于测量数据的数目总是有限的,式(3.6)给出的不确定度估计总具有不确定性,这一不确定性由不确定度估计的标准差表征,有

$$s_u = \dfrac{u}{\sqrt{2(n-1)}} \tag{3.8}$$

由式(3.8)可知,当 n 很小时,s_u 很大(即 u 的分散性很大),u 的可信赖程度很差;当 n 增大 s_u 减小时,由于实践上测量次数不可能很大,故 u 的分散性一般是不容忽视的,即所给不确定度的精度并不高。因此标准不确定度的有效数字的位数不宜太多,一般只取 $1 \sim 2$ 位。

表3.1　修正系数 $1/M_n$ 值

n	2	3	4	5	6	7	8	9	10	15
$1/M_n$	1.253	1.128	1.085	1.064	1.051	1.042	1.036	1.032	1.028	1.018
n	20	25	30	40	50	60	70	80	90	100
$1/M_n$	1.013	1.011	1.009	1.006	1.005	1.004	1.004	1.003	1.003	1.002 5

3. 极差法

极差法是以系列等精度测量数据的极差估计不确定度,即在系列等精度测量数据 x_1, $x_2,\cdots,x_n$ 中,取最大值 x_{max} 及最小值 x_{min} 作统计量

$$W_n = x_{max} - x_{min} \tag{3.9}$$

W_n 称为系列等精度测量数据的极差,测量的标准不确定度可按下式估计,即

$$u = s = \frac{W_n}{d_n} \tag{3.10}$$

对于正态分布,系数 d_n 值按 n 值由表 3.2 查得。

极差法计算简便,有其优点,在某些场合下有实用价值。

表 3.2　系数 d_n 值

n	d_n	$1/d_n$	n	d_n	$1/d_n$	n	d_n	$1/d_n$	n	d_n	$1/d_n$
2	1.128	0.886 2	8	2.847	0.351 2	14	3.407	0.293 5	40	4.322	0.231 4
3	1.693	0.590 8	9	2.970	0.336 7	15	3.472	0.288 0	45	4.415	0.226 5
4	2.059	0.485 7	10	3.078	0.324 9	20	3.735	0.267 7	50	4.598	0.222 3
5	2.326	0.429 9	11	3.173	0.315 2	25	3.931	0.254 4	100	5.025	0.199
6	2.534	0.394 6	12	3.258	0.306 9	30	4.085	0.244 8	200	5.495	0.182
7	2.704	0.369 8	13	3.336	0.299 8	35	4.213	0.237 4	400	5.882	0.170

4. 最大误差法

若多次等精度测量数据为 $x_1,x_2,\cdots,x_n$,其误差分别为 $\delta_1,\delta_2,\cdots,\delta_n$,取其中绝对值最大的误差 $|\delta_i|_{max}$,则测量的标准不确定度可估计为

$$u = s = \frac{1}{K_n}|\delta_i|_{max} \tag{3.11}$$

一般情况下,实际误差难以获得,可按残差计算,设残差 $v_i = x_i - \bar{x}$,则标准不确定度估计式为

$$u = s = \frac{1}{K'_n}|v_i|_{max} \tag{3.12}$$

式中,系数 K_n 或 K'_n 值按 n 值可由表 3.3 查得。

表 3.3　系数 K_n 和 K'_n

n	1	2	3	4	5	6	7	8	9	10	15	20	25	30
$1/K_n$	1.25	0.88	0.75	0.68	0.64	0.61	0.58	0.56	0.55	0.53	0.49	0.46	0.44	0.43
$1/K'_n$		1.77	1.02	0.83	0.74	0.68	0.64	0.61	0.59	0.57	0.51	0.48	0.46	0.44

3.2.2　算术平均值和加权算术平均值的不确定度的统计估计

按统计方法估计算术平均值和加权算术平均值的不确定度,需依据多次测量获得的数据及相应的数据处理方法按统计学原理对其不确定度做出相应的估计。

算术平均值和加权算术平均值不确定度的统计估计只能反映各次测量结果随机变化误差的影响,不能反映各次测量结果中所含恒定不变的系统误差,因此不能按统计估计方法获

得算术平均值和加权算术平均值不确定度的完整表述。算术平均值和加权算术平均值不确定度的完整表述需要按相应的合成方法得到。

1. 算术平均值的不确定度的统计估计

对某量 X 进行多次等精度重复测量,得测量数据 $x_1, x_2, \cdots, x_n$,其算术平均值为

$$\bar{x} = \frac{1}{n} \sum_{i=1}^{n} x_i$$

求方差,得

$$D(\bar{x}) = \sigma_{\bar{x}}^2 = \frac{1}{n^2} \sum_{i=1}^{n} D(x_i) = \frac{1}{n^2} \cdot n\sigma^2 = \frac{\sigma^2}{n}$$

以子样标准差符号带入得

$$s_{\bar{x}} = \frac{s}{\sqrt{n}}$$

以标准不确定度的符号表示,则算术平均值的标准不确定度为

$$u_{\bar{x}} = \frac{u}{\sqrt{n}} \tag{3.13}$$

式中 u—— 测量标准差。

按贝塞尔公式(3.6) 计算,则有

$$u_{\bar{x}} = \sqrt{\frac{\sum_{1}^{n} v_i^2}{n(n-1)}} \tag{3.14}$$

必须指出,式(3.13) 和式(3.14) 给出的标准不确定度是按统计方法给出的,只反映随机误差的影响,而不能反映系统误差的影响,因而给出的不确定度并未全面反映算术平均值的精度。其系统不确定度分量则要另做分析。

式(3.13) 表明算术平均值的标准不确定度为测量不确定度的 $\frac{1}{\sqrt{n}}$,随着测量数据的增加而减小。但受以下因素限制,这一效果是有限的:

(1) 算术平均值的标准不确定度与测量数据数目的平方根成反比,当测量数据的数目增大时,效果的增长渐趋平缓,过多的测量数据对提高精度并不显著。

(2) 式(3.13) 只适用于随机误差,对系统误差无效,算术平均值的系统误差仍保持不变。

2. 加权算术平均值的不确定度的统计估计

对某量 X 进行多次不等精度测量,得测量数据 $x_1, x_2, \cdots, x_n$,其相应的标准不确定度(标准差) 分别为 $u_1, u_2, \cdots, u_n$,各测量数据的权可按下式确定:

$$p_1 : p_2 : \cdots : p_n = \frac{1}{u_1^2} : \frac{1}{u_2^2} : \cdots : \frac{1}{u_n^2} \tag{3.15}$$

则系列测量数据的加权算术平均值为

$$\bar{x}_p = \frac{\sum_{i=1}^{n} p_i x_i}{\sum_{i=1}^{n} p_i}$$

对算术平均值求方差,得

$$D(\bar{x}_p) = \frac{\sum\limits_{i=1}^{n} p_i^2 D(x_i)}{(\sum\limits_{i=1}^{n} p_i)^2}$$

即

$$\sigma_{xp}^2 = \frac{\sum\limits_{i=1}^{n} p_i^2 \sigma_i^2}{(\sum\limits_{i=1}^{n} p_i)^2}$$

按实验标准差的形式写成

$$s_{xp}^2 = \frac{\sum\limits_{i=1}^{n} p_i^2 s_i^2}{(\sum\limits_{i=1}^{n} p_i)^2}$$

由式(3.15)得

$$p_1 s_1^2 = p_2 s_2^2 = \cdots = p_n s_n^2 = s_0^2 \tag{3.16}$$

式中　s_0—— 单位权标准差。

则加权算术平均值的标准差可写为

$$s_{\bar{x}p} = \frac{s_0}{\sqrt{\sum\limits_{i-1}^{n} p_i}} \tag{3.17}$$

其中单位权标准差 s_0 按加权残差平方和给出,即

$$s_0 = \sqrt{\frac{\sum\limits p_i v_i^2}{n-1}} \tag{3.18}$$

加权算术平均值的标准不确定度(标准差)又可写为

$$u = s_{\bar{x}p} = \sqrt{\frac{\sum\limits_{i=1}^{n} p_i v_i^2}{(n-1)\sum\limits_{i=1}^{n} p_i}} \tag{3.19}$$

应注意,式(3.19)是按统计方法给出的,仅反映随机误差的影响,未反映系统误差影响,是不全面的,系统不确定度分量则要另做分析。

3.2.3　最小二乘估计的不确定度的统计估计

在等精度最小二乘法处理中,测量的(或称测量数据 $l_1,l_2,\cdots,l_n$ 的)不确定度按下式估计:

$$u = s = \sqrt{\frac{\sum\limits_1^n v_i^2}{n-t}} \tag{3.20}$$

式中　n——残差方程的数目(测量数据的数目);

　　　t——正规方程的数目;

　　　$v_1, v_2, \cdots, v_n$——测量数据的残差。

最小二乘估计 $x_1, x_2, \cdots, x_t$ 的不确定度按下式给出:

$$\left.\begin{array}{l} u_1 = u\sqrt{d_{11}} \\ u_2 = u\sqrt{d_{22}} \\ \vdots \\ u_n = u\sqrt{d_{tt}} \end{array}\right\} \tag{3.21}$$

式中　u——测量标准差;

　　　$d_{11}, d_{22}, \cdots, d_{tt}$——相应于 $x_1, x_2, \cdots, x_t$ 的系数,由正规方程系数阵构成的方程组解算。

　　设有正规方程

$$\left.\begin{array}{l} [a_1 a_1] x_1 + [a_1 a_2] x_2 + \cdots + [a_1 a_t] x_t = [a_1 l] \\ [a_2 a_1] x_1 + [a_2 a_2] x_2 + \cdots + [a_2 a_t] x_t = [a_2 l] \\ \vdots \\ [a_t a_1] x_1 + [a_t a_2] x_2 + \cdots + [a_t a_t] x_t = [a_t l] \end{array}\right\}$$

式中　$[a_i a_j]$——正规方程式系数;

　　　x_j——最小二乘估计, $j = 1, 2, \cdots, t$;

　　　$l_1, l_2, \cdots, l_n$——测量数据。

　　则可按下列 t 个组方程式分别求得系数 $d_{11}, d_{22}, \cdots, d_{tt}$:

$$\left.\begin{array}{l} [a_1 a_1] d_{11} + [a_1 a_2] d_{12} + \cdots + [a_1 a_t] d_{1t} = 1 \\ [a_2 a_1] d_{11} + [a_2 a_2] d_{12} + \cdots + [a_2 a_t] d_{1t} = 0 \\ \vdots \\ [a_t a_1] d_{11} + [a_t a_2] d_{12} + \cdots + [a_t a_t] d_{1t} = 0 \\ [a_1 a_1] d_{21} + [a_1 a_2] d_{22} + \cdots + [a_1 a_t] d_{2t} = 0 \\ [a_2 a_1] d_{21} + [a_2 a_2] d_{22} + \cdots + [a_t a_t] d_{2t} = 1 \\ \vdots \\ [a_t a_1] d_{21} + [a_t a_2] d_{22} + \cdots + [a_t a_t] d_{2t} = 0 \\ \vdots \\ [a_1 a_1] d_{t1} + [a_1 a_2] d_{t2} + \cdots + [a_1 a_t] d_{tt} = 0 \\ [a_2 a_1] d_{t1} + [a_2 a_2] d_{t2} + \cdots + [a_2 a_t] d_{tt} = 0 \\ \vdots \\ [a_t a_1] d_{t1} + [a_t a_2] d_{t2} + \cdots + [a_t a_t] d_{tt} = 1 \end{array}\right\}$$

　　对于不等精度测量的最小二乘法处理,测量的单位权标准差按加权残差平方和计算,为

$$u_0 = s_0 = \sqrt{\dfrac{\sum_1^n p_i v_i^2}{n - t}} \tag{3.22}$$

式中　　n——残差方程的数目；

　　　　t——正规方程的数目；

　　　　$v_1, v_2, \cdots, v_n$——测量数据的残差。

测量数据标准不确定度

$$u_i = s_i = \sqrt{\dfrac{\sum\limits_{j=1}^{n} p_j v^2}{(n-t)p_i}} \tag{3.23}$$

最小二乘估计 $x_1, x_2, \cdots, x_t$ 的不确定度由下式给出：

$$\left. \begin{aligned} u_{x1} &= u_0\sqrt{d_{11}} \\ u_{x2} &= u_0\sqrt{d_{22}} \\ &\vdots \\ u_{xt} &= u_0\sqrt{d_{tt}} \end{aligned} \right\} \tag{3.24}$$

式中　　u_0——单位权标准差；

　　　　$d_{11}, d_{22}, \cdots, d_{tt}$——相应于 $x_1, x_2, \cdots, x_t$ 的系数，由正规方程系数阵构成的方程组解算。

设有不等精度测量最小二乘法处理的正规方程式

$$\left. \begin{aligned} [pa_1a_1]x_1 + [pa_1a_2]x_2 + \cdots + [pa_1a_t]x_t &= [pa_1l] \\ [pa_2a_1]x_1 + [pa_2a_2]x_2 + \cdots + [pa_2a_t]x_t &= [pa_2l] \\ &\vdots \\ [pa_ta_1]x_1 + [pa_ta_2]x_2 + \cdots + [pa_ta_t]x_t &= [pa_tl] \end{aligned} \right\}$$

式中　　$p_1, p_2, \cdots, p_n$——n 个测量数据的权。

则系数 $d_{11}, d_{22}, \cdots, d_{tt}$ 可分别由下列 t 组方程式求解。

$$\left. \begin{aligned} [pa_1a_1]d_{11} + [pa_1a_2]d_{12} + \cdots + [pa_1a_t]d_{1t} &= 1 \\ [pa_2a_1]d_{11} + [pa_2a_2]d_{12} + \cdots + [pa_2a_t]d_{1t} &= 0 \\ &\vdots \\ [pa_ta_1]d_{11} + [pa_ta_2]d_{12} + \cdots + [pa_ta_t]d_{1t} &= 0 \\ [pa_1a_1]d_{21} + [pa_1a_2]d_{22} + \cdots + [pa_1a_t]d_{2t} &= 0 \\ [pa_2a_1]d_{21} + [pa_2a_2]d_{22} + \cdots + [pa_2a_t]d_{2t} &= 1 \\ &\vdots \\ [pa_ta_1]d_{21} + [pa_ta_2]d_{22} + \cdots + [pa_ta_t]d_{2t} &= 0 \\ &\vdots \\ [pa_1a_1]d_{t1} + [pa_1a_2]d_{t2} + \cdots + [pa_1a_t]d_{tt} &= 0 \\ [pa_2a_1]d_{t1} + [pa_2a_2]d_{t2} + \cdots + [pa_2a_t]d_{tt} &= 0 \\ &\vdots \\ [pa_ta_1]d_{t1} + [pa_ta_2]d_{t2} + \cdots + [pa_ta_t]d_{tt} &= 1 \end{aligned} \right\}$$

同样，不等精度测量最小二乘估计的不确定度估计是按统计方法给出的，只反映随机误差的影响,不能反映系统误差的影响。对于系统不确定度分量需要另外按其他方法分析给出。

3.2.4　按其他方法估计不确定度

其他估计方法是指采用统计方法以外的方法,与统计方法的基本差异在于所做估计不是依赖于统计实验数据并利用统计学原理处理实验数据以获得不确定度估计。这类方法不像统计的方法那样有一个固定的模式,只能就具体实例具体研究。

但有一类较为常用的估计方法是极限误差估计法,按如下步骤进行:

(1)估计误差范围及其可信度。

根据误差作用的机理,估计误差的取值范围 E 及所做估计 E 的可信度 $(1-e)/E$。

(2)计算 E 的自由度。

E 的自由度可表示为(见3.5.2节)

$$v = \frac{k_v^2}{2}\left(\frac{U}{U_v}\right)^2$$

式中　U——扩展不确定度,$U=E$;

　　　U_v——扩展不确定度 U 的扩展不确定度,$U_v = E \cdot e/E = e$

(3)确定误差分布规律 $f(\delta)$,包含因子(置信系数)。

若误差服从正态分布,设定置信概率 P,按自由度 v 查 t 分布表得包含因子 t。

(4)求标准不确定度。

$$u = s = \frac{U}{t} = \frac{E}{t}$$

3.2.5　由相关技术文件引用不确定度数据

为获得测量系统所含各项不确定度分量,除采用上述方法估计外,实际上常从相关的技术文件中引用。

包含不确定度信息的技术文件包括:测量仪器设备的技术资料、校准证书,测量仪器的计量检定规程、校准规范,相关的物理数表等。可由这些文件给出的相关数据,作为不确定度数据引用(直接的或间接的)。

由相关技术文件引用不确定度数据是经常使用的获得不确定度的方法,在实践中这是获得不确定度数据的有效途径之一。要注意,所查阅技术文件的可靠性、数据表述的规范性及数据的适用性。

(1)技术文件的可靠性。

为查找不确定度数据所依据的技术文件必须是权威的、可靠的,所给数据必须是可信赖的。例如,计量技术部门给出的检定证书、校准证书,国家计量部门颁布的计量检定规程、仪器校准规范等。也可引用信誉良好的仪器设备生产企业的技术文件,如产品样本、出厂品质证书等提供的精度数据。

当不能确定所用技术文件的可靠性时,必须采取校准实验等措施予以确认,否则可能引入错误的数据。

(2)数据表述的规范性。

所查阅的技术文件所载数据有时并不符合不确定度的表述规范。

① 规定的参数信息不够。例如,通常的仪器产品样本中,常仅给出参数值,对于评定不确定度的描述参数如包含因子、置信概率、自由度均未做说明。则该项数据引用以后,因信息不足,在不确定度合成时造成困难。

② 规定的数据值不符合不确定度表示规范。通常所查阅的技术文件属于测量仪器技术规范,通常所做规定自成体系,不受不确定度相关标准的约束。时常所引数据并不与不确定度直接等同,需做一定换算,有时甚至难以换算。

例如,仪器示值重复性参数评定中,常以其检定测量数据的极差 $w_n = x_{max} - x_{min}$(系列测量数据中最大值与最小值之差)作为示值重复性数值(详见第 5 章)。该极差与扩展不确定度 ku 不同,应特别注意量值上的差异。

(3)数据的适用性。

仪器技术文件中常载有多个技术参数,如分辨力、重复性、示值误差、稳定性等。对于所研究的测量系统,究竟哪项参数影响测量精度,作为不确定度引入,需要正确选择。

例如,通常的测量系统中,仪器的示值误差是影响测量精度的主要因素,应将仪器的示值误差允许值作为不确定度引入为测量系统的不确定度分量。但对于瞄准、指零系统,其工作仅限于瞄准、指零,不做测量示值使用。此时,仪器的示值误差不影响系统的精度。影响其工作精度的因素仅是仪器的示值重复性,应将示值重复性作为不确定度分量引入。

3.3 标准不确定度的合成

3.3.1 标准不确定度合成的基本关系

标准不确定度的合成关系是不确定度合成计算的基础。标准不确定度合成关系建立的前提条件是误差传递计算具有线性叠加关系。对于非线性的误差关系必须线性化以后才能作为标准不确定度的合成依据。

设有误差线性叠加关系

$$\delta y = \sum_{i=1}^{n} \delta y_i = \sum_{i=1}^{n} a_i \delta x_i$$

对于随机误差,按方差合成方法,将误差线性叠加关系求方差,得标准差的合成关系为

$$s_y = \sqrt{\sum_{i=1}^{n} s_{yi}^2 + 2\sum_{i<j} \rho_{ij} s_{yi} s_{yj}} = \sqrt{\sum_{i=1}^{n} (a_i s_{xi})^2 + 2\sum_{i<j} \rho_{ij} a_i s_{xi} a_j s_{xj}} \qquad (3.25)$$

式中 s_{yi}——δy_i 的标准差;

s_{xi}——δx_i 的标准差;

a_{xi}——δx_i 的传递系数;

ρ_{ij}——δx_i 与 δx_j 的相关系数。

写成标准不确定度的合成关系为

$$u_y = \sqrt{\sum_{i=1}^{n} u_{yi}^2 + 2\sum_{i<j} \rho_{ij} u_{yi} u_{yj}} = \sqrt{\sum_{i=1}^{n} (a_i u_{xi})^2 + 2\sum_{i<j} \rho_{ij} a_i u_{xi} a_j u_{xj}} \qquad (3.26)$$

式中 u_{yi}, u_{yj}——$\delta y_i, \delta y_j$ 的标准不确定度,$i = 1, 2, \cdots, n; j = 1, 2, \cdots, n$,有 $u_{yi} = a_i u_{xi}, u_{yj} = a_j u_{xj}$;

u_{xi}, u_{xj}——$\delta x_i, \delta x_j$ 的标准不确定度，$i = 1, 2, \cdots, n; j = 1, 2, \cdots, n$。

当各项误差互不相关时，$\rho_{ij} = 0$，则

$$u_y = \sqrt{\sum_{i=1}^{n} u_{yi}^2} = \sqrt{\sum_{i=1}^{n} (a_i u_{xi})^2} \tag{3.27}$$

式(3.27)就是标准不确定度合成的方和根法，一般误差间常是不相关的，故式(3.27)是常用的合成关系。

必须说明：

(1)标准不确定度合成关系与误差分布无关。

无论误差服从何种分布，标准不确定度的合成都以方差合成法合成，上述合成关系对任何分布的误差都是适用的。

(2)标准不确定度合成关系也适用于系统分量的合成。

式(3.25)是由随机误差线性关系得到的，但考虑到未定系统误差的两重性，可将未定系统误差看作随机母体的子样，则式(3.25)适用于未定系统误差。

可见，给出的标准不确定度的合成关系并未附加其他条件，其应用条件是很宽泛的，因此它是不确定度合成的基本关系。

3.3.2　算术平均值的标准不确定度合成

对某量 X 进行等精度重复测量，得系列测量数据 $x_1, x_2, \cdots, x_n$，取其算术平均值

$$\bar{x} = \frac{1}{N} \sum_{i=1}^{N} x_i$$

为最终给出结果，现在分析该算术平均值的标准不确定度的合成关系。

由算术平均值原理可知，等精度测量数据的算术平均值的标准差应为测量标准差的 $1/\sqrt{N}$，即

$$s_{\bar{x}r} = \frac{s_{xr}}{\sqrt{N}} \tag{3.28}$$

式中　$s_{\bar{x}r}$——$\bar{x}$ 的随机分量标准差。

但对于 $\bar{x}$ 的系统分量标准差，则不具有这一效果，有

$$s_{\bar{x}s} = s_{xs} \tag{3.29}$$

合成得

$$s_{\bar{x}} = \sqrt{\frac{1}{N} s_{xr}^2 + s_{xs}^2} \tag{3.30}$$

式中　s_{xs}——x 的系统分量标准差；

　　　$s_{\bar{x}s}$——$\bar{x}$ 的系统分量标准差。

写成标准不确定度的合成式

$$u_{\bar{x}} = \sqrt{\frac{1}{N} u_{xr}^2 + u_{xs}^2} \tag{3.31}$$

式中　$u_{\bar{x}}$——算术平均值 $\bar{x}$ 的标准不确定度；

　　　u_{xr}——测量数据 x_i 的标准不确定度随机分量；

u_{xs}——测量数据 x_i 的标准不确定度系统分量；

N——测量数据 x_i 的数目。

若测量数据标准不确定度的随机分量由 n 项分量合成（设各项误差间互不相关），有

$$u_{xr} = \sqrt{\sum_{i=1}^{n} (a_i u_{ri})^2} \tag{3.32}$$

测量数据标准不确定度系统分量是由 m 项分量合成（各项误差间互不相关），有

$$u_{xs} = \sqrt{\sum_{j=1}^{m} (a_j u_{sj})^2} \tag{3.33}$$

则算术平均值的标准不确定度的合成表达式可写为

$$u_{\bar{x}} = \sqrt{\frac{1}{N} \sum_{1}^{n} (a_i u_{ri})^2 + \sum_{1}^{m} (a_j u_{sj})^2} \tag{3.34}$$

上述结果表明，算术平均值的标准不确定度的合成中，必须区分随机分量与系统分量，这与前述的基本合成关系不同。

3.4 按正态分布合成扩展不确定度

3.4.1 按正态分布合成扩展不确定度的基本关系

按扩展不确定度定义，合成的总扩展不确定度可由标准不确定度表示为

$$U_y = k u_y = k \sqrt{\sum_{i=1}^{n} (a_i u_{xi})^2 + 2 \sum_{i<j} \rho_{ij} a_i u_{xi} a_j u_{xj}} \tag{3.35}$$

当各项分量都以扩展不确定度表示，即

$$u_{xi} = \frac{U_{xi}}{k_i} \quad (i = 1, 2, \cdots, n)$$

则有

$$U_y = k \sqrt{\sum_{i=1}^{n} \left(\frac{a_i U_{xi}}{k_i}\right)^2 + 2 \sum_{i<j} \rho_{ij} \frac{a_i U_{xi}}{k_i} \cdot \frac{a_j U_{xj}}{k_j}} \tag{3.36}$$

当各项误差都服从正态分布时，$k_1 = k_2 = \cdots = k$，则

$$U_y = \sqrt{\sum_{i=1}^{n} (a_i U_{xi})^2 + 2 \sum_{i<j} \rho_{ij} a_i U_{xi} a_j U_{xj}} \tag{3.37}$$

当各项误差互不相关时，即 $\rho_{ij} = 0$，则

$$U_y = \sqrt{\sum_{i=1}^{n} (a_i U_{xi})^2} \tag{3.38}$$

式（3.38）即为扩展不确定度合成的方和根法。

注意：按式（3.38）合成时，各项分量 U_{xi} 的置信概率都应相同，因而也与合成的总扩展不确定度的置信概率相同，即 $p_1 = p_2 = \cdots = p_n = p$。因而各项分量及合成的总扩展不确定度的包含因子都相等，即

$$k_1 = k_2 = \cdots = k_n = k$$

3.4.2 按正态分布合成算术平均值的扩展不确定度

算术平均值的扩展不确定度可表示为

$$U_{\bar{x}} = ku_{\bar{x}} = k\sqrt{\frac{1}{N}\sum_{i=1}^{n}(a_i u_{ri})^2 + \sum_{j=1}^{m}(a_j u_{sj})^2} \tag{3.39}$$

设各项分量相应的误差都服从正态分布且互不相关,则有

$$U_{\bar{x}} = \sqrt{\frac{1}{N}\sum_{i=1}^{n}(a_i U_{ri})^2 + \sum_{j=1}^{m}(a_j U_{sj})^2} \tag{3.40}$$

式(3.40)表明,算术平均值扩展不确定度合成中,应区分随机分量与系统分量。

由式(3.40)可知,不确定度合成需要考虑多种因素,包括:

(1)测量误差分量的性质、分布及相互间的相关关系。

(2)各项误差的传递系数。

(3)各不确定度分量表征参数及大小。

(4)数据处理方法。

3.5 按 t 分布评定扩展不确定度

3.5.1 按 t 分布表示扩展不确定度

按正态分布评定扩展不确定度

$$U_P = ku = ks \tag{3.41}$$

式中,包含因子(置信系数)k 与置信概率 P 有确定关系,实际上这一关系可由概率积分表查得。

概率积分表给出的 k-P 关系是基于 s 为理论的均方差做出的,即 s 应为随机母体参数。但实际上,s 为实验标准差,是统计量,具有不确定性。因此,式(3.41)由实验标准差给出的扩展不确定度中,包含因子与置信概率的关系与正态概率积分表给出的关系有一定差异,且 s 的不确定性越大,其差异也越大。这就使按正态分布系数 k 规定的扩展不确定度的置信概率与实际不符。

为克服这一缺欠,当测量误差服从正态分布时,对于实际的子样参数 $u=s$,相应的扩展不确定度应按 t 分布评定,即包含因子应按 t 分布确定。此时扩展不确定度可表示成

$$U_P = ts = tu \tag{3.42}$$

式中,系数 t 按 t 分布确定,由置信概率 P 和自由度 v 查 t 分布表得系数 t。

应特别指出的是,按 t 分布表示扩展不确定仅适用于正态分布误差的情形。

3.5.2 不确定度的自由度及其估计

不确定度的自由度是其所包含的独立变量的数目,这一独立变量的数目等于所含变量数目与约束条件之差。

1. 按统计方法估计的不确定度的自由度

当标准不确定度(标准差)按贝塞尔公式计算时,不确定度的自由度应为

$$v = n - 1 \tag{3.43}$$

式中　n——贝塞尔公式所含变量数目。

残差计算中要用到算术平均值这一约束条件,故写成式(3.43)的自由度式。

对于最小二乘法处理,测量数据的标准不确定度的自由度应为

$$v = n - t \tag{3.44}$$

式中　n——最小二乘估计的标准差计算中所含数据数目;

　　　t——正规方程的数目,即为约束条件的数目。

2. 非统计方法估计的不确定度的自由度

(1)按标准不确定度计算。

由贝塞尔公式计算标准不确定度的标准差

$$s_u = \frac{u}{\sqrt{2(n-1)}}$$

由此所得标准不确定度的自由度为

$$v = n - 1 = \frac{1}{2}\left(\frac{u}{s_u}\right)^2 \tag{3.45}$$

式中　u——标准不确定度;

　　　s_u——标准不确定度的标准差。

(2)按扩展不确定度计算自由度。

由扩展不确度

$$U = ku$$

可得 U 的区间估计(相当于 U 的扩展不确定度)

$$U_U = k_U u_U = k_U s_U$$

式中　$s_U(u_U)$——U 的标准差(标准不确定度)。

而

$$s_U = u_U = k s_u$$

考虑到扩展不确定度与相应的标准不确定度具有相同的自由度,由式(3.45),扩展不确定度的自由度为

$$v = \frac{k_U^2}{2}\left(\frac{U}{U_U}\right)^2 \tag{3.46}$$

式中　U——扩展不确定度;

　　　U_U——扩展不确定度的区间估计;

　　　k_U——U_U 的包含因子(置信系数)。

(3)合成不确定度的自由度(有效自由度)。

合成的不确定度的自由度可由韦－萨公式计算

$$v = \frac{u_c^4}{\sum_{i=1}^{n} \frac{u_i^4}{v_i}} = \frac{u_c^4}{\sum_{i=1}^{n} \frac{(au_{xi})^4}{v_i}} \tag{3.47}$$

式中　u_i——标准不确定度分量,$u_i = a_i u_{xi}, i = 1, 2, \cdots, n$;

　　　v_i——u_i 的自由度;

u_c——合成的标准不确定度,有

$$u_c = \sqrt{\sum_{i=1}^{n} u_i^2} = \sqrt{\sum_{i=1}^{n} (a_i u_{xi})^2}$$

3.5.3　按 t 分布合成扩展不确定度

按 t 分布合成扩展不确定度的关键在于系数 t 的确定,过程较繁,一般可按以下步骤进行。

(1)求各项标准不确定度分量。

当已知扩展不确定度各项分量 $U_{xi}(i=1,2,\cdots,n)$,按 t 分布求相应的标准不确定度分量 $u_{xi}(i=1,2,\cdots,n)$,需先确定 U_{xi} 的区间估计 U_{Uxi} 和置信概率 P_i,于是可估计其自由度为

$$v_i = \frac{k_{Ui}^2}{2}\left(\frac{U_{xi}}{U_{Uxi}}\right)^2$$

由 P_i,v_i 查 t 分布表得 t_{xi},则标准不确定度为

$$u_{xi} = \frac{U_{xi}}{t_{xi}}$$

(2)合成标准不确定度。

按标准不确定度合成的基本关系合成,得总标准不确定度为

$$u_c = \sqrt{\sum_{i=1}^{n} u_i^2} = \sqrt{\sum_{i=1}^{n} (a_i u_{xi})^2}$$

(3)计算有效自由度。

按韦 – 萨公式,合成标准不确定度的自由度为

$$v_c = \frac{u_c^4}{\sum_{i=1}^{n} \dfrac{u_i^4}{v_i}} = \frac{u_c^4}{\sum_{i=1}^{n} \dfrac{(a_i u_{xi})^4}{v_i}}$$

(4)确定置信概率。

扩展不确定度的置信概率 P_c 由具体情况确定,由于要求在最后结果中应给出 P_c 值,故 P_c 的取值不同不会影响评定效果,标准中置信概率规定为两种,即 $P_c = 99\%$ 和 $P_c = 95\%$。

(5)确定包含因子(置信系数)。

由自由度 v_c 和置信概率 P_c 查 t 分布表,得包含因子 t_p。

(6)求扩展不确定度。

$$U_p = t_p u_c$$

(7)给出最终结果。

$$\left.\begin{array}{c} y \pm U_p \\ P_c(\text{或 } t_p) \\ v \end{array}\right\}$$

数据应完整,给出完整的数据是为准确表达测量结果的可信程度,为分析使用提供确切信息。

以上过程可归纳为

$$U_i \xrightarrow{P_i, v_i \rightarrow t_i} u_{xi} = \frac{U_{xi}}{t_i} \rightarrow u_c = \sqrt{\sum_{i=1}^{n} (a_i u_{xi})^2} \xrightarrow{P, v \rightarrow t_P} U_p = t_p u_c$$

3.5.4　按 t 分布合成扩展不确定度实践中的问题

从统计学角度看,按 t 分布合成扩展不确定度方法较按正态分布合成扩展不确定度方法更为缜密,但实践上却存在不容忽视的困难。其中主要的困难是实践上常难以获得完整的相关信息。

目前,除最新的计量技术文件外,一般的技术文件提供的有关不确定度参数常是不完整的,只给出不确定度数值,无自由度、置信概率、包含因子等参数。在按 t 分布合成扩展不确定度时,常要通过人为的推测、假设,给出这些参数的数据。

例如,在某测量问题中,由相关的技术文件可查得不确定度分量 u,但无其他相关参数数据。为给出相应的自由度,根据测量机理,设其标准差为 $s_u = 10\% u$,则按式(3.45),其自由度可估计为

$$v = \frac{1}{2} \left(\frac{u}{s_u} \right)^2 = \frac{1}{2} \left(\frac{u}{u \times 10\%} \right)^2 = 50$$

其中,s_u 值由人为估计所得,受人的主观因素影响大。不同人可得出不同的估值,影响其客观性。

若设 u 的不确定范围为 $15\% u$,则有

$$v = \frac{1}{2} \left(\frac{u}{s_u} \right)^2 = \frac{1}{2} \left(\frac{u}{u \times 15\%} \right)^2 = 22$$

可见其影响之大。

按 t 分布合成扩展不确定度还需要获得不确定度分量的置信概率、包含因子等。同样,在一般的技术文件中也常缺失这些参数。

为了做出完整描述,在按 t 分布合成扩展不确定度时,这些不能直接获得的参数就只好凭现有的测量状况做出直观的判断。这就必然带来主观性的影响,由此造成的影响可能超过 t 分布方法所带来的收益。因此,实践中的这些影响因素必须引起足够的重视,以尽量减小其影响。

3.6　不确定度合成问题小结

不确定度合成问题要点可归结如下。

(1)不确定度合成是采用统计学的方法,即方差合成的方法。因为方差合成方法是基于误差的线性关系,因此误差的线性合成关系是不确定度合成的基础,讨论不确定度合成必定要先获得误差的线性合成关系。

(2)按方差合成关系得到标准不确定度的合成关系,标准不确定度的合成关系是不确定度合成的基本关系,适用条件十分宽泛,没有附加条件。

(3)当给定的不确定度分量为扩展不确定度时,则要按扩展不确定度合成。表面上,扩展不确定度与标准不确定度具有简单的线性关系,但因不确定度与包含因子都是统计学参

数,因而实际上标准不确定度与扩展不确定度之间的关系有其复杂性。故扩展不确定度分量的合成问题也远较标准不确定度的合成要复杂。

(4)扩展不确定度的合成可按正态分布方法合成和按 t 分布方法合成两类方法。按正态分布合成方法简便易行,但略显粗糙。而按 t 分布合成扩展不确定度方法考虑到了不确定度估计的不确定性的影响,从统计学角度看较为精细。但由于实际问题的复杂性,实践上并不能肯定地说按 t 分布合成扩展不确定度方法一定比按正态分布方法合成要优越。它们的应用应视具体情况而定。

(5)当精度分析要求较为严格时,扩展不确定度合成应尽量采用 t 分布合成方法,如量值传递、测量系统校准、仪器检定的计量活动的精度分析中。但该方法过程繁琐,且仅适用于正态分布的情形应用受限制。实践上,客观条件常不能提供所需的完整的参数数据,不得不通过人为的判断给出相应的参数数据。这样就使这一方法的客观性受到影响,这是该方法实施中存在的主要问题。

(6)鉴于按正态分布合成扩展不确定度方法简便易行,效果良好,通常的测量方法的精度分析中采用是适宜的。特别是在测量方法设计的精度分析中,扩展不确定度合成就应采用正态分布方法合成。

(7)测量仪器的精度参数通常为仪器误差的区间估计,相当于扩展不确定度,在仪器设计、检定、使用时的精度分析中,各项参数的合成也应与扩展不确定度的合成方法一致,即按方差合成的原理合成。

如无特别要求,即按正态分布方法合成。

例 3.1　设置信概率为 $P_1 = 95\%$ 的扩展不确定度分量 $U_1 = 2.6$,其不确定度范围为 25%;另一分量 $U_2 = 3s = 3.2$,s 由 20 个数据用贝塞尔公式计算得到,试按 t 分布给出二者合成的置信概率为 $P = 99\%$ 的总扩展不确定度。

解　扩展不确定度分量 U_1 的自由度按式(3.46)为

$$v_1 = \frac{k_U^2}{2} \cdot \frac{U_1^2}{U_U^2} = \frac{3^2}{2} \cdot \frac{2.6^2}{(2.6 \times 25\%)^2} = 72$$

由 $P_1 = 95\%$,$v_1 = 72$,查 t 分布表(表 3.4),得系数 $t_1 = 1.995$。则 U_1 相应的标准不确定度为

$$u_1 = \frac{U_1}{t_1} = \frac{2.6}{1.995} = 1.30$$

扩展不确定度 U_2 的自由度按定义,应为

$$v_2 = 20 - 1 = 19$$

由式 $U_2 = 3s = 3.2$,可得相应的标准不确定度

$$u_2 = s = \frac{U_2}{3} = \frac{3.2}{3} = 1.07$$

合成标准不确定度

$$u_c = \sqrt{u_1^2 + u_2^2} = \sqrt{1.30^2 + 1.07^2} = 1.68$$

其自由度按韦-萨公式有

$$v = \frac{u_c^4}{\sum_{i=1}^{n} \frac{u_i^4}{v_i}} = \frac{u_c^4}{\frac{u_1^4}{v_1} + \frac{u_2^4}{v_2}} = \frac{1.68^4}{\frac{1.30^4}{72} + \frac{1.07^4}{19}} = 74$$

由 $v=74$ 和给定的 $P=99\%$,查 t 分布表,得包含因子

$$t_P=2.644$$

则扩展不确定度可得

$$U_P=t_P u_c=2.644\times1.68=4.44$$

表 3.4　t 分布的临界值 t_α

$$P\,(\,|\,t\,|\,\leqslant t_\alpha)=1-\alpha$$

v\\α	0.10	0.05	0.01	0.002 7	0.001	v\\α	0.10	0.05	0.01	0.002 7	0.001
1	6.314	12.706	63.657	235.80	636.619	20	1.725	2.086	2.845	3.42	3.850
2	2.920	4.303	9.925	19.21	31.598	21	1.721	2.080	2.831	3.40	3.819
3	2.353	3.132	5.841	9.21	12.924	22	1.717	2.074	2.819	3.38	3.792
4	2.132	2.776	4.604	6.62	8.610	23	1.714	2.069	2.807	3.36	3.767
5	2.015	2.571	4.032	5.51	6.859	24	1.711	2.064	2.797	3.34	3.745
6	1.943	2.447	3.707	4.90	5.959	25	1.708	2.060	2.787	3.33	3.725
7	1.895	2.365	3.499	4.53	5.405	26	1.706	2.056	2.779	3.32	3.707
8	1.860	2.306	3.355	4.28	5.041	27	1.703	2.052	2.771	3.30	3.690
9	1.833	2.262	3.250	4.09	4.781	28	1.701	2.048	2.763	3.29	3.674
10	1.812	2.228	3.169	3.96	4.587	29	1.699	2.045	2.756	3.28	3.659
11	1.796	2.201	3.106	3.85	4.437	30	1.697	2.042	2.750	3.27	3.646
12	1.782	2.179	3.055	3.76	4.318	40	1.684	2.021	2.704	3.20	3.551
13	1.771	2.160	3.012	3.69	4.221	50	1.676	2.008	2.677	3.16	3.497
14	1.761	2.145	2.977	3.64	4.140	60	1.671	2.000	2.660	3.13	3.460
15	1.753	2.131	2.947	3.59	4.073	70	1.667	1.995	2.648	3.11	3.436
16	1.746	2.120	2.921	3.54	4.015	80	1.664	1.990	2.639	3.10	3.416
17	1.740	2.110	2.898	3.51	3.965	90	1.662	1.987	2.632	3.09	3.401
18	1.734	2.101	2.878	3.48	3.922	100	1.660	1.984	2.626	3.08	3.391
19	1.729	2.093	2.861	3.45	3.883	∞	1.645	1.960	2.576	3.00	3.291

注:v 为自由度,α 为显著度

例 3.2　测得观测点至目标距离 $L=8\,635$ m,测量的置信概率为 $P_1=95\%$ 的扩展不确定度估计为 $U_L=0.5$ m,该估计值的变化范围 $U_{UL}=0.1$ m,测得仰角 $26\degree38'16''$,测量的置信概率为 $P_1=95\%$ 的扩展不确定度 $U_\alpha=90''$,估值的可靠性为 90% 。给出目标相对观测点的高度 H 并按 t 分布评定其置信概率为 $P=99\%$ 的扩展不确定度。

解　目标相对观测点的高度由测量方程式给出

$$H=L\sin\,\alpha=8\,635\text{ m}\times\sin 26\degree38'16''=3\,871.5\text{ m}$$

求扩展不确定度的自由度为

$$v_L=\frac{k_{UL}^2}{2}\cdot\frac{U_L^2}{U_{UL}^2}=\frac{3^2}{2}\cdot\frac{0.5^2}{0.1^2}=112.5$$

$$v_\alpha=\frac{k_{U\alpha}^2}{2}\cdot\frac{U_\alpha^2}{U_{U\alpha}^2}=\frac{3^2}{2}\cdot\frac{10^2}{(10\times10\%)^2}=450$$

查 t 分布系数:由 $v_L=112.5$,$P_1=95\%$,得 $t_L=1.986$;由 $v_\alpha=450$,$P_1=95\%$,得 $t_\alpha=1.960$ 。

计算标准不确定度分量

$$u_L = \frac{U_L}{t_L} = \frac{0.5\ \text{m}}{1.986} = 0.251\ 8\ \text{m}$$

$$u_\alpha = \frac{U_\alpha}{t_\alpha} = \frac{10''}{1.960} = 5.1''$$

按微分法得误差线性关系式

$$\delta H = \sin\alpha \delta L + L\cos\alpha \delta\alpha$$

合成标准不确定度

$$u_c = \sqrt{(a_L u_L)^2 + (a_\alpha u_\alpha)^2} =$$

$$\sqrt{(\sin\alpha u_L)^2 + (L\cos\alpha u_\alpha)^2} =$$

$$\sqrt{(\sin 26°38'16'' \times 0.251\ 8\ \text{m})^2 + (863\ 5\ \text{m} \times \cos 26°38'16'' \times 5.1 \times 4.848 \times 10^{-6})^2} =$$

$$0.22\ \text{m}$$

求合成结果的总自由度,按韦 – 萨公式得

$$v_c = \frac{u_c^4}{\sum_{i=1}^{n} \frac{u_i^4}{v_i}} = \frac{u_c^4}{\frac{(a_L u_L)^4}{v_L} + \frac{(a_\alpha u_\alpha)^4}{v_\alpha}} =$$

$$\frac{(0.22\ \text{m})^4}{\frac{(\sin 26°38'16'' \times 0.251\ 8\ \text{m})^4}{112.5} + \frac{(8\ 635\ \text{m} \times \cos 26°38'16'' \times 5.1 \times 4.848 \times 10^{-6})^4}{450}} =$$

$$533$$

由 $P = 99\%$,$v_c = 533$,查 t 分布表得包含因子

$$t_P = 2.576$$

总扩展不确定度为

$$U_{P=99} = t_P u_c = 2.576 \times 0.22\ \text{m} = 0.57\ \text{m}$$

则最后结果给出如下:

$$H = 3\ 871.49\ \text{m} \pm 0.57\ \text{m}$$

$$P = 99\%$$

$$v = 533$$

3.7　相关系数的估计

误差间既具有趋势性的联系,又具有一定的不确定性,误差间的这种关系称为线性相关关系。相关关系影响到误差间的抵偿性,进而影响到不确定度的合成结果,其影响反映在不确定度合成关系中的相关项(见式(3.25)、式(3.36)),在不确定度合成时必须考虑误差间的相关关系。

通常不确定度合成中误差间是不相关的,但也会出现具有相关关系误差的情形,此时应对其影响做出估计。

线性相关关系的强弱用参数相关矩(协方差)或相关系数表示。由统计学理论,误差 δx 与 δy 的相关矩定义为

$$D_{xy} = \iint [\delta x - E(\delta x)][\delta y - E(\delta y)]f(\delta x, \delta y)\mathrm{d}\delta x\mathrm{d}\delta y =$$

$$\iint \delta x \delta y f(\delta x, \delta y)\mathrm{d}\delta x\mathrm{d}\delta y \tag{3.48}$$

式中　$E(\delta x)$——δx 的数学期望,对于对称分布的误差其值为零;

　　　$E(\delta y)$——δy 的数学期望,对于对称分布的误差其值为零;

　　　$f(\delta x, \delta y)$——δx 与 δy 的联合分布密度。

相关系数定义为

$$\rho_{xy} = \frac{D_{xy}}{\sigma_x \sigma_y} \tag{3.49}$$

式中　σ_x——δx 的标准差;

　　　σ_y——δy 的标准差。

由定义可知,相关系数的绝对值不大于 1,即

$$-1 \leqslant \rho \leqslant 1$$

两个极端情况是:当两个量之间无任何关系时,相关系数为零 $\rho = 0$;当两个量之间具有确定的依赖关系时,相关系数为 $\rho = 1$ 或 $\rho = -1$,此时两个量之间可写成确定的线性函数关系。介于两者之间的,即为通常的相关关系。

若两个量之间变化的依赖趋势相同,则相关系数为正,$\rho > 0$;若两个量之间变化的依赖趋势相反,则相关系数为负,$\rho < 0$。

相关矩为二阶矩,具有二次方因次,使用有所不便。而相关系数为无单位数,实践上便于使用。

为评定误差间的相关性对不确定度合成的影响,需要对其相关系数做出估计。

相关系数的统计估计是依据统计实验给出的数据按统计方法给出,所做统计实验给出的数据样本应足够大,以保证所做估计具有足够的精度。

为估计误差 δx 与 δy 的相关系数,对 δx 与 δy 做成组测量实验,得对应的成组数据

$$\delta x_1, \delta x_2, \cdots, \delta x_n$$
$$\delta y_1, \delta y_2, \cdots, \delta y_n$$

这里应注意:

(1)δx_i 与 δy_i 必须是对应的。

(2)测试实验时必须避免其他因素的干扰,保证测试实验中其他量值恒定不变。

按矩法估计,误差 δx 与 δy 的相关系数的估计量为

$$\rho_{xy} = \frac{\sum\limits_{i=1}^{n} v_{xi} v_{yi}}{\sqrt{\sum\limits_{i=1}^{n} v_{xi}^2 \sum\limits_{i=1}^{n} v_{yj}^2}} = \frac{\sum\limits_{i=1}^{n} (\delta x_i - \overline{\delta x})(\delta y_i - \overline{\delta y})}{\sqrt{\sum\limits_{i=1}^{n} (\delta x_i - \overline{\delta x})^2 \sum\limits_{i=1}^{n} (\delta y_j - \overline{\delta y})^2}} \tag{4.50}$$

式中　v_{xi}——δx_i 的残差,$i = 1, 2, \cdots, n$;

　　　v_{yi}——δy_i 的残差,$i = 1, 2, \cdots, n$。

残差按下式计算:

$$v_{xi} = \delta x_i - \overline{\delta x} = \delta x_i - \frac{1}{n}\sum\limits_{i=1}^{n} \delta x_i$$

$$v_{yi} = \delta y_i - \overline{\delta y} = \delta y_i - \frac{1}{n}\sum_{i=1}^{n}\delta y_i$$

式中　$\overline{\delta x}$——δx_i 的算术平均值，$\overline{\delta x} = \frac{1}{n}\sum_{i=1}^{n}\delta x_i, i = 1,2,\cdots,n$；

$\overline{\delta y}$——δy_i 的算术平均值，$\overline{\delta y} = \frac{1}{n}\sum_{i=1}^{n}\delta y_i, i = 1,2,\cdots,n$。

3.8　本章小结

(1)不确定度可表示为标准不确定度和扩展不确定度两类。

(2)测量方法设计中,不确定度的估计途径有实验分析、合成计算、由相关技术资料获得及设计约定。

(3)标准不确定度的估计分为统计方法和其他方法。

(4)标准不确定度的合成计算依据误差的线性关系式实施,其合成关系式具有普遍适用性。

(5)扩展不确定度的合成计算以标准不确定度的合成关系式为依据实施,需考虑诸多相关因素。

(6)按正态分布合成扩展不确定度的方法简单、使用方便,可用于一般情况下的不确定度分析,特别是精度设计中,都采用这一方法。

(7)按 t 分布合成扩展不确定度考虑了不确定度分量估计的不确定性,合成结果较为精细,但常常不易完整地获得所需相关参数,且方法较为繁琐,应用不便。主要应用于要求严谨的场合,如计量传递系统中校准方法的精度分析。

(8)按 t 分布评定扩展不确定度须给出相应的自由度和 t 系数。

(9)当各误差分量具有相关关系时,影响误差间的抵偿性,不确定度合成时应计入这一影响。

3.9　思考与练习

3.1　说明不确定度的概念及不确定度与误差的关系。

3.2　说明不确定度的表征参数。

3.3　说明获得不确定度的途径。

3.4　利用等精度测量数据获得标准不确定度的方法有哪些?

3.5　说明估计标准不确定度的贝塞尔公式。影响贝塞尔公式所给结果的因素有哪些?如何抑制这些影响?

3.6　说明算术平均值标准不确定度的估计方法。

3.7　说明加权算术平均值的标准不确定度的估计方法。

3.8　说明最小二乘估计的标准不确定度的估计方法。

3.9　说明按非统计方法估计标准不确定度的方法。

3.10　说明由相关技术文件引用不确定度数据的方法,应遵循的原则。

3.11　标准不确定度合成的基本依据是什么?

3.12　讨论标准不确定度合成的适用条件。

3.13　算术平均值的标准不确定度合成中为何要区分系统分量与随机分量?

3.14　按正态分布合成扩展不确定度的前提条件是什么?

3.15　按正态分布合成算术平均值的扩展不确定度中要考虑哪些因素?

3.16　按 t 分布评定扩展不确定度的意义是什么?

3.17　说明自由度的概念。

3.18　说明按统计方法估计不确定度的自由度的方法。

3.19　说明按非统计方法估计不确定度的自由度的方法。

3.20　说明合成不确定度的自由度的估计方法。

3.21　说明按 t 分布合成扩展不确定度的方法。

3.22　按 t 分布合成扩展不确定度在实践上存在什么问题?

3.23　误差间的相关关系对于不确定度的合成有何影响? 如何反映这一影响?

3.24　讨论相关系数的估计方法。

3.25　设有测量方程式 $y=x_1 \cdot x_2$,x_1 和 x_2 的标准不确定度分别为 u_{x1} 与 u_{x2},试给出 y 的标准不确定度表达式。

3.26　设测量方程式为 $f=\dfrac{N}{T}$,给出其标准不确定度的表达式。

3.27　设测量方程式为 $y=\dfrac{1}{2}(x_1+x_2)$,按正态分布给出 y 的扩展不确定度的表达式。

3.28　测得矩形的长度 x 和宽度 y,则其面积为 $S=xy$,设名义值 $x=800$ mm,$y=400$ mm,标准不确定度分别为 $u_x=0.4$ mm,$u_y=0.4$ mm,给出面积 S 的标准不确定度。

3.29　机械机构中 A 点的原坐标为 x,y,z,当其绕 x 轴旋转 α,绕 y 轴旋转 β,按坐标变换法给出 A 的新坐标及其不确定度的表达式。

3.30　机械机构中 M 点的原坐标为 $x=100$ mm,$y=100$ mm,$z=200$ mm,当其绕 x 轴旋转 $\alpha=5°$,绕 y 轴旋转 $\beta=8°$,按坐标变换法给出 M 的新坐标;设 α 的标准不确定度为 $u_\alpha=3''$,β 的标准不确定度为 $u_\beta=2''$,给出 M 点的新坐标的标准不确定度。

3.31　测量方程式为 $v=s/t$,设 s 与 t 的标准不确定度分别为 u_s 与 u_t,按正态分布给出测量值的扩展不确定度表达式。

3.32　频率测量方程式为 $f=\dfrac{N}{T}$,式中 N 为时段 T 内计数的通过门电路的脉冲数,已知 $T=10$ ms,$N=5.2\times10^6$,标准不确定度 $u_T=0.002$ ms,自由度 $v_{uT}=60$,$v_{uN}=100$。按 t 分布给出 $P=95\%$ 的扩展不确定度。

3.33 设测量方程为 $y = x_1 + \frac{1}{2}(x_2 + x_3)$，已知扩展不确定度分量分别为 $U_{x1} = 0.025$ mm，$U_{x2} = 0.018$ mm，$U_{x3} = 0.018$ mm，自由度分别为 $v_1 = 58$，$v_2 = 9$，$v_3 = 9$。试按 t 分布给出 y 的包含概率为 95% 的扩展不确定度。

3.34 扩展不确定度分量 $U_1 = 6.5$，其值的变动范围为 $\Delta = \pm 2$，分量 $U_2 = 4.6$（由 12 个数据按贝塞尔公式给出 s，$U_2 = 3s$）。试按 t 分布给出二者合成的总不确定度（单位略）。

3.35 样块的布氏硬度式为 $H = P/S$，钢球压入样块的印痕面积 $S = 15$ mm^2，其扩展不确定度 $U_S = 0.5$ mm^2（所给数据的不确定性为 20%）；压力 $P = 2 \times 10^4$ N，其扩展不确定度为 $U_P = 20$ N（所给数据的不确定性为 10%）。求 H_B 值的扩展不确定度 U_{99}。

第4章 不确定度的统计模拟分析

不确定度分析中,可通过统计实验等手段获得单项的不确定度分量,为不确定度合成提供原始数据。各项不确定度分量则依据统计学原理,按方差求和的原理合成。不确定度合成中的基本依据是误差的线性叠加法则,即必须提供误差的线性的显函数,这在实践上有时是不能满足的。或者误差关系是非线性的;或者误差关系复杂,不能写成线性的显函数的形式(如迭代运算的测量方程),此时总不确定度与各项分量之间无法按方差合成的方法合成。理论上可通过统计实验分析给出不确定度的统计估计,但这需要做大量的统计实验,在实践上是难以实现的。

采用统计模拟分析则可很好地解决这一问题,借助于计算机,实现软件模拟实验,避开了硬件设备的限制。统计模拟分析方法实质上是利用计算机模拟统计实验,实现随机采样从而获得模拟子样,对所得模拟子样进行统计分析,可得相应数据的分布参数,进而得到其不确定度。

4.1 不确定度的统计模拟分析概述

统计模拟方法(Statistical Simulation Method)又称蒙特卡洛(Monte Carlo)方法,是一种利用模拟统计实验,采用统计抽样理论近似地求解数学问题或物理问题的方法。基于计算机技术的飞速发展,统计模拟分析方法在各领域获得了广泛的应用。

近年来,统计模拟分析方法在不确定度分析中也有应用,并获得良好效果。不确定度的统计模拟分析是借助于计算机模拟实现测量的统计试验,即模拟随机误差及误差传递实验。模拟分析中,按各原始误差的随机分布,计算机模拟各项误差随机数,由数学模型给出的关系得到最终结果的子样,通过统计分析给出最终结果的分布和分布参数,即可得到合成不确定度及其相关信息。

不确定度的统计模拟分析避免了对实验设备和实验条件的苛责要求,易于实现。相较于实际的实验分析,不确定度的模拟实验分析可信度可能更好一些。特别是对于一些函数关系复杂、难以按线性关系给出误差传递关系的场合,这是一个切实有效的方法,克服了无法实现方差合成的困扰。

统计模拟分析以统计学原理为基础,所做模拟分析可对单项误差和合成误差的分布给出全面完整的描述,因而用于不确定度的分析与合成可给出更贴切、更完整的结果。而且由于统计模拟分析模拟了误差的分布,还可对单项误差和合成误差的其他特性做出分析和评断。例如,误差的分布形态特性(如矩形分布、三角分布、梯形分布等)、数据的偏差、各项误差对总误差的影响等。这一方法的应用条件十分宽泛,原理上具有广阔的适用性,不仅可用于随机误差,同样也适用于未知的系统误差的分析。

由于计算机运算速度很快,因而能在较短时间内获得大容量的样本,可很好地模拟统计实验。据此所做不确定度的估计具有较好的可信度,并且可随意增大样本容量以提高所做估计的可信程度。

但应指出,实施不确定度的统计模拟分析应具备以下必要条件:

(1)实施统计模拟分析必须具有确定的测量方程(数学模型)。测量方程反映了测量系统各参量的函数关系,是统计模拟分析的前提条件。

(2)具备必要的原始误差的可靠信息。不确定度的统计模拟分析需依据一定的原始误差信息实施,如各项不确定度分量、相应的置信概率和自由度等。

4.2　不确定度统计模拟分析方法及其理论基础

4.2.1　不确定度统计模拟分析基本方法

设有测量方程式

$$y = f(x_1, x_2, \cdots, x_n)$$

以计算机模拟 m 次测量的各误差分量 $\delta x_{1j}, \delta x_{2j}, \cdots, \delta x_{nj}, j = 1, 2, \cdots, m$,则测量数据可写成

$$\begin{cases} x_{1j} = X_1 + \delta x_{1j} \\ x_{2j} = X_2 + \delta x_{2j} \\ \vdots \\ x_{nj} = X_n + \delta x_{nj} \end{cases} \quad (j = 1, 2, \cdots, m)$$

式中　$X_1, X_2, \cdots, X_n$——各项分量的真值。

将各项数据带入测量方程,得

$$y_j = f(x_{1j}, x_{2j}, \cdots, x_{nj}) = f(X_1 + \delta x_{1j}, X_2 + \delta x_{2j}, \cdots, X_n + \delta x_{nj}) \quad (j = 1, 2, \cdots, m)$$

该结果也可写为

$$y_j = Y + \delta y_j = f(X_1 + \delta x_{1j}, X_2 + \delta x_{2j}, \cdots, X_n + \delta x_{nj}) \quad (j = 1, 2, \cdots, m)$$

式中　Y——被测量的真值;

　　　y_j——m 个测量数据,$j = 1, 2, \cdots, m$;

　　　δy_j——由各项误差分量 $\delta x_{1j}, \cdots, \delta x_{nj}(j = 1, 2, \cdots, m)$ 造成的测量结果 y_j 的误差。

现按统计学原理处理数据组 y_i(或 δy_j),求得测量的标准差 s,即得标准不确定度 $u = s$,其扩展不确定度则为 $U = tu$。

由上述的 m 个模拟测量数据 y_j,取其算术平均值得

$$\bar{y} = \frac{1}{m} \sum_{j=1}^{m} y_j$$

计算其残差为

$$v_j = y_j - \bar{y} = y_j - \frac{1}{m} \sum_{j=1}^{m} y_j$$

由贝塞尔公式得测量数据的标准差(即标准不确定度)为

$$u = s = \sqrt{\frac{\sum\limits_{j=1}^{m} v_j^2}{m - 1}}$$

扩展不确定度则为

$$U_p = tu = t\sqrt{\dfrac{\sum\limits_{j=1}^{m} v_j^2}{m-1}}$$

这应与由不确定度合成关系

$$u = \sqrt{\sum\limits_{i=1}^{n} (a_i u_i)^2}$$

给出的结果一致。

统计实验获取不确定度方法的实施前提是必须获得确定的测量方程和各项误差分量的相关信息,由测量方程式得出各项误差的函数关系。

这种统计实验很难在实际测量系统中实施(只可能在有限条件下实施),但借助于计算机则易于实现。

不确定度的统计模拟分析完全在计算机上进行,不涉及测量的硬件系统。做统计模拟分析时,需编制相应的运行软件实现统计实验的模拟和实验结果的统计分析,统计模拟实验过程则完全交由计算机自动处理。

4.2.2 统计模拟分析方法的概率收敛性

概率论中的大数定律指出,若 $x_1, x_2, \cdots, x_N$ 是 N 个独立的随机变量,它们有相同的分布,且有相同的有限数学期望 $E(x_1) = E(x_2) = \cdots = E(x_N) = E(x)$ 和有限的方差 $D(x_1) = D(x_2) = \cdots = D(x_N) = D(x)$。则对于任意 $\varepsilon > 0$,有

$$\lim_{N \to \infty} P\left\{ \left| \dfrac{\sum\limits_{i=1}^{N} x_i}{N} - E(x_i) \right| < \varepsilon \right\} = 1 \tag{4.1}$$

大数定律的另一形式是伯努利定理,设随机事件 A 的概率为 $P(A)$,在 N 次独立试验中,事件 A 发生的频数为 n,频率为 $W(A) = n/N$,对于任意 $\varepsilon > 0$,有

$$\lim_{N \to \infty} P\left\{ \left| \dfrac{n}{N} - P(A) \right| < \varepsilon \right\} = 1 \tag{4.2}$$

统计模拟分析方法从总体抽取简单子样做抽样试验,根据简单子样的定义,$x_1, x_2, \cdots, x_N$ 为具有相同分布的随机变量,由式(4.1)、式(4.2)可知,当 N 足够大时,有

$$\dfrac{1}{N} \sum_{i=1}^{N} x_i$$

依概率 1 收敛于 $E(X_i)$,而频率 n/N 依概率 1 收敛于 $P(A)$。这就保证了使用统计模拟分析方法的概率收敛性,这是统计模拟分析方法的理论基础。

大数定律是概率论中最基本的定律之一,实施条件十分宽松,因此这种方法的应用范围原则上说几乎不受什么条件的限制。

4.3 随机数的模拟方法

实施不确定度统计模拟分析的基本工作之一是随机误差的模拟,因此随机数的生成则是其关键环节。任意分布随机数的生成都以均匀分布随机数为基础,均匀分布随机数生成

方法有多种。实现一次不确定度的统计实验分析需数万随机数,一次生成随机数的工作是大量的,选择简便、经济、可靠的随机数生成方法则具有关键性的意义。

随机数的生成分为物理方法和程序生成法。物理方法是利用物理学原理制成随机数生成器,如常用的放射粒子计数器、电子管随机数发生器等。

程序生成法是按一定的程序由计算机实现随机数的生成。这种方法生成的随机数是按确定性的算法计算出来的,所以它们不是真正的随机数,所列数列经过一定时间会出现周期性重复,所以这样得到的随机数严格地说不是随机数,称为伪随机数。当计算方法设计得当,所得数列很接近随机数列,能经得起统计学检验。程序生成法利于计算机运算处理,方法简单、方便,速度快,占用内存小,所以是常用的方法。

4.3.1　生成 $(0,1)$ 区间上均匀分布的随机数

在 $(0,1)$ 区间上的均匀分布随机数的生成是生成任意随机数的基础。生成 $(0,1)$ 区间上的均匀分布的随机数的程序生成法有多种,一般是利用递推公式产生的。通常的方法是规定出一个递推公式

$$\xi_n = f(\xi_{n-1}, \xi_{n-2}, \cdots, \xi_{n-k})$$

给定 k 个初始值 $\xi_1, \xi_2, \cdots, \xi_k$,即可由递推公式计算出第 $k+1$ 个随机数,为

$$\xi_{k+1} = f(\xi_k, \xi_{k-1}, \cdots, \xi_1)$$

递推公式的具体形式有多种,以下给出两种具有代表性的方法。

(1)平方取中法。

取某一进位制的 M 位数 ξ,平方得 ξ^2,为 $2M$ 位数,取中间 M 个数构成中位数 ξ_1;平方 ξ_1^2,取其中间 M 位数得 ξ_2;以此类推,得序列数 $\xi_0, \xi_1, \cdots, \xi_n$,即为均匀分布的随机数列。

(2)同余法。

同余法是应用较广的方法,特别是乘同余法和混合同余法应用最广,乘同余法如下。

乘同余法产生随机数的递推公式为

$$x_{n+1} \equiv \lambda x_n (\bmod M)$$

式中　λ——乘因子;

　　　　M——模数。

上式表示为以 M 为模的同余式,即 x_{n+1} 为以 M 除 λx_n 所得余数。

当给定 x_0,即可依上式得 $x_1, x_2, \cdots, x_n, \cdots$,即可得均匀分布的系列随机数。

现说明平方法生成 $(0,1)$ 区间上均匀分布的随机数方法如下。

①对于给定的一个 M 位数的初值 r_0(例如 r_0 取 0.314 159 26)进行平方,得到一个 $2M$ 位数 r_0^2。实际上,由于机器字长的限制,尾数长度是有限制的,当 r_0^2 的位数超出了机器尾数长度时,机器会自然舍掉多出的尾数,这样截去尾数就避免了任意数的平方的末位数只能出现 0,1,4,5,6,9,而不会出现 2,3,7,8 的系统偏倚性。

②判断 r_0^2 是否小于1,如果 $r_0^2 < 1$,则右移 r_0^2 的小数点直至 $r_0^2 \geqslant 1$ 时为止。然后,截去整数部分,保留小数部分,把保留的小数部分作为 $(0,1)$ 区间上的均匀分布的随机数 r_1,这样截去首位避免了小于1的数的平方有对小数目偏倚的现象。

③以 r_1 为初值,重复①、②过程产生 r_2。这一过程一直重复下去就可以产生 $(0,1)$ 区间上的随机数序列 $r_1, r_2, \cdots$。

生成均匀分布随机数的程序流程图如图 4.1 所示。

所得(0,1)区间上均匀分布的随机数可由相应的程序引入下一步的处理,进而给出特定分布的随机数,并做进一步的处理。

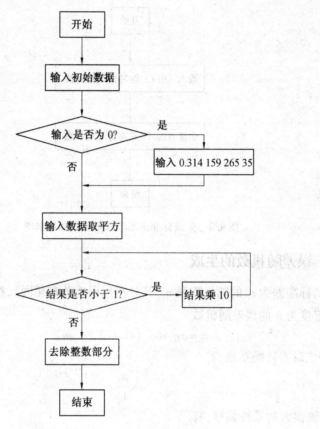

图 4.1　生成均匀分布随机数的程序流程图

4.3.2　生成 $N(0,1)$ 正态分布随机数的方法

正态分布的随机误差是最常见的,为模拟正态分布的随机误差需要生成正态分布的随机数。正态分布随机数的生成常在均匀分布随机数的基础上实现,也有多种生成方法。

（1）利用中心极限定理方法。

设 $r_1, r_2, \cdots, r_m$ 为独立的(0,1)区间上均匀分布的随机数,则其数学期望 $E(r_i) = \dfrac{1}{2}$,方差 $D(r_i) = \dfrac{1}{12}$,由中心极限定理有

$$x_j = \left(\sum_{i=1}^{m} r_i - \frac{m}{2} \right) / \sqrt{\frac{m}{12}}$$

为服从标准正态分布 $N(0,1)$ 的随机数。

（2）坐标变换法。

取两个独立的(0,1)区间上均匀分布的随机数 r_1, r_2 做变换,即

$$x_1 = (-2\ln r_1)^{1/2} \cos 2\pi r_2$$

$$x_2 = (-2\ln r_1)^{1/2} \sin 2\pi r_2$$

则 x_1, x_2 是两个独立的标准正态分布 $N(0,1)$ 的随机数。

生成标准正态分布随机数的程序框图如图 4.2 所示。

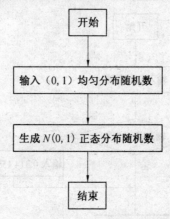

图 4.2　生成标准正态分布随机数程序框图

4.3.3　误差随机数的生成

由生成的标准差为 s_x 的随机数列 η_i（其分布与误差分布相同），按式（4.3）转换，即可生成标准不确定度为 u 的误差随机数

$$\delta_i = a\eta_i + b \quad (i = 1, 2, \cdots, m) \tag{4.3}$$

式中　a——该误差转换系数，有

$$a = \frac{u_\delta}{s_\eta}$$

b——该误差的系统偏移，有

$$b = \Delta$$

一般的，随机误差具有无偏性，有 $b = \Delta = 0$，则误差随机数为

$$\delta_i = a\eta_i \quad (i = 1, 2, \cdots, m)$$

当生成的随机数的标准差为 $s_x = 1$ 时，有

$$\delta_i = u_\delta \eta_i$$

4.3.4　随机数的统计检验

所产生的数列是否符合随机数列，需做出判断，即要进行统计检验。统计检验包括数据的独立性和均匀分布检验，有多种统计检验方法，可参阅数理统计学方面的相应内容。当应用成熟的算法给出随机数列时，无需再做该项检验。

4.4　不确定度的统计模拟分析的实施方法

4.4.1　统计模拟分析的主要内容及实施步骤

不确定度的统计模拟分析不涉及测量的实际系统，仅利用计算机做模拟分析。需做如下几部分工作：

(1)建立测量的数学模型(测量方程)。

(2)分析误差因素,给出各误差分量的分布规律及不确定度。

(3)选择随机数生成程序,生成随机数进而生成误差随机数。

(4)编制数学模型的计算程序。

(5)编制计算结果的处理程序,求取总不确定度。

(6)分析模拟实验结果。

当建立了测量的数学模型以后,统计模拟分析不确定度时,实施的具体步骤如下：

(1)选择适当程序生成法生成$(0,1)$区间上均匀分布的随机数列 $\xi_i(i=1,2,\cdots,m)$。

(2)按各误差分量相应的分布,选择适当的程序生成法生成标准差为 1 的模拟随机数列 $\eta_i(i=1,2,\cdots,m)$。

(3)计算测量方程各分量 $x_j(j=1,2,\cdots,n)$ 的误差值的随机数列为

$$\delta x_{ij}=u_i\eta_{ij}=s_i\eta_{ij}$$

式中　δx_{ij}——x_i 的误差随机数列；

　　　　s_i——δx_{ij}的标准差；

　　　　u_i——δx_{ij}的标准不确定度,$u_i=s_i$。

(4)计算各分量模拟测量值(包含误差的量值)数列

$$x_{ij}=X_i+\delta x_{ij}=X_i+u_i\eta_{ij}$$

式中　X_i——x_i 的真值,由测量的具体情况确定。

(5)将各模拟分量值带入测量的数学模型,计算得到含误差的结果为

$$y=f(x_1,x_2,\cdots,x_n)$$

(6)重复上述步骤,计算得到含误差的系列模拟测量结果为

$$y_j=f(x_{1j},x_{2j},\cdots,x_{nj})\qquad(j=1,2,\cdots,m)$$

(7)按贝塞尔公式计算测量结果的标准差为

$$s_y=\sqrt{\frac{\sum_{j=1}^{m}(y_j-\bar{y})^2}{m-1}}$$

式中

$$\bar{y}=\frac{1}{m}\sum_{j=1}^{m}y_j$$

模拟统计实验所用的随机数通常直接由现有的工具软件生成,使用十分简便,不必再去编制随机数生成软件。

4.4.2　确定扩展不确定度的两种方法

1.直接由标准不确定度给出扩展不确定度

由统计模拟分析给出的标准不确定度 $u_y=s_y$,按选定的置信概率 P,由误差的分布给出其包含因子 k,则模拟测量结果 y 的扩展不确定度可写为

$$U_y=ku_y=ks_y$$

这一方法简便易行,条件允许时皆可采用。

　　这一方法应用的前提条件是：必须确切地掌握该误差的分布规律，即须给出明确的分布密度函数。这对于单项误差的情形一般是易于满足的。对于合成的不确定度，若各项分量误差都服从正态分布，则总误差也服从正态分布。此时直接由标准不确定度给出扩展不确定度可给出满意的结果。

　　但当各项误差分量具有不同的分布，则总误差的分布一般不能简单获得。此时总扩展不确定度不能直接由上述方法获得。

2. 利用统计模拟直方图给出扩展不确定度

　　模拟测量结果 y 的扩展不确定度，还可按其置信概率，通过其统计模拟直方图给出。

　　所谓模拟统计直方图是按下述方法构成的：设对测量结果 y 的模拟数据为 y_i，模拟实验次数为 m，这些数据 y_i 在数轴 y 上随机分布。按间隔 Δ 将实验数据的分布区间等分为若干份，查取每一等分区间内包含的模拟数据的数目 m_i，则

$$q_i = \frac{m_i}{m} \quad (i=1,2,\cdots,m)$$

称为模拟测量结果 y_i 出现于该子区间内的频率，频率大小反映了模拟测量结果 y_i 出现于该子区间的可能性的大小，可认为频率是概率的模拟。

　　如图 4.3 所示，以 Δ 为底，以 $m_i/m\Delta$ 为高作矩形，该矩形的面积 S_i 即为该子区间相应的频率。各等分的子区间上的频率矩形的组合即为模拟的统计直方图。各频率矩形上边的中点的连线称为经验分布曲线，该曲线下的面积即为概率。显然，经验分布曲线应是 y_i 的分布密度的实验曲线。因此可由该曲线分析 y_i 误差的特性，给出其不确定度。

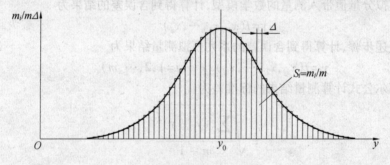

图 4.3　统计直方图

　　设要求扩展不确定度的置信概率为 P，由统计模拟分析给出模拟测量结果误差的统计直方图，找出相应于概率 P 的统计直方图面积的包容区间 $[-a, a]$，如图 4.4 所示。则区间半宽 a 即为具有置信概率 P 的扩展不确定度。在特殊情形中，统计直方图是非对称的，概率 P 对应的包含区间 $[-a, b]$ 对中心也是不对称的。若 $b > a$，则以 b 值作为扩展不确定度值。

　　与直接由标准差给出扩展不确定度的方法相比，该方法更为直接有效。

　　当测量问题中存在不同分布的误差时，这是在模拟分析中，获得扩展不确定度的唯一可行的方法。当然，相比之下这一方法较为繁琐。

　　这一方法要求统计直方图足够精细，即模拟试验次数和直方图等分区间数目足够多，保证所给的扩展不确定度具有足够的稳定性、可靠性。

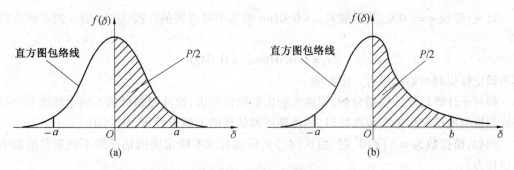

图 4.4 利用统计直方图给出扩展不确定度

4.5 不确定度统计模拟分析结果及其评价

4.5.1 统计模拟分析结果

不确定度统计模拟分析所得最终结果的可信赖程度的评价应符合相关标准,即应与前述对于不确定度的评价与表述方法一致。给出标准不确定度 u 或扩展不确定度 U_P。

对于标准不确定度应给出其自由度,对于扩展不确定度应给出其自由度及置信概率。

给出的不确定度的稳定性和可靠性则由其标准差评价。

4.5.2 统计模拟分析结果的自由度

由统计模拟分析得到的不确定度自由度易于按定义得到。设模拟实验次数为 m,则所得不确定度的自由度应为

$$v = m - 1$$

通常模拟分析中,m 值很大,v 接近 ∞。

4.5.3 统计模拟分析结果的可信赖程度

若统计模拟分析给出标准不确定度 u(标准差 s),则可认为 u(或 s)为随机变量,具有不确定性,其不确定性可由其标准差 s_u 表达,依据前述结果应有

$$s_u = \frac{u}{\sqrt{2(m-1)}} \tag{4.4}$$

按 $3s_u$ 评定 u 的不确定性有

$$3s_u = \frac{3u}{\sqrt{2(m-1)}} \tag{4.5}$$

为使所得不确定度稳定可靠,$3s_u$ 应小于 u 值末位有效数字 $1/2$,以保证所得不确定度的末位有效数字稳定可靠。

对于通常的测量统计实验,一般 m 值不会很大,故相应的 s_u 值是显著的,是不可忽视的。例如:

设 $n = 100$,则 $s_u = 0.071u$;设 $n = 500$,则 $s_u = 0.032u$;设 $n = 1\,000$,则 $s_u = 0.022u$;设 $n = 2\,000$,则 $s_u = 0.016u$。

可见,即便 $n=2\,000$,其标准差 $s_u=0.016u$ 也是不可忽视的。按 $3s_u$ 评定 u 的不确定性有

$$3s_u=3(0.016\times u)=0.048u$$

其不确定性仍对所给结果有一定影响。

　　但对于计算机统计模拟分析,模拟实验次数取值较大,故所做估计的不确定性则要小得多。当恰当地选定模拟实验次数时,则将使所做估计的不确定性可忽略不计。

　　例如,模拟数为 $m=1\times10^5$ 时,由式(4.5),所做标准不确定度的估计的不确定性的影响可估计为

$$3s_u=\frac{3u}{\sqrt{2(m-1)}}=\frac{3u}{\sqrt{2(10^5-1)}}=6.7\times10^{-3}u$$

对所做标准不确定度估计的影响已可忽略不计。

　　所得结果的可信度与以下因素有关:

　　(1)测量方程的可信度。

　　(2)误差分量分布与不确定度估计的可信度。

　　(3)模拟数据的数量。

　　为使结果具有较好的可信度,模拟数据的数量应尽可能的大。

4.6　不确定度的统计模拟分析的应用

4.6.1　实施不确定度统计模拟分析的前提

　　实现不确定度统计模拟分析需确定如下前提:

　　(1)测量系统具有确定的测量的函数关系,或模拟给出的函数关系。

　　(2)已知各误差分量的分布及不确定度分量的确切数值。

　　(3)不确定度合成按统计方法实施。

　　该方法在实施中最关键的一环是随机数的生成。

4.6.2　不确定度统计模拟分析的局限性

　　不确定度统计模拟分析是以统计学为基础实施的,为获得可靠的结果,需要进行大量的模拟实验,涉及大量的数据,计算工作量十分庞大。借助计算机能实现这一工作,但仍然很繁琐,需要花费时间和精力去编制相应的实施程序。因此该方法只适合用于测量系统函数关系十分复杂、难以给出明晰的误差关系,因而无法给出不确定度合成关系的场合,或其他特定场合。

　　不确定度的统计模拟分析不能代替单项误差及其不确定度分量的实验分析,原始误差相应的不确定度分量需要通过实际的测试实验给出,统计模拟分析通常只用于不确定度的合成问题。

4.6.3　不确定度统计模拟分析的适用性

　　不确定度的合成是建立在统计学的基础上的,是将各原始误差分量视为随机分量,相互

间具有随机抵偿性,据此各不确定度合成按方差合成法则合成,即按平方合成法合成。对于未知的系统误差分量,将其视为随机母体的子样,则考察其在总体环境中的相互作用的情形应与随机误差的相同。由计算机产生的随机数用作服从某种分布的误差的随机取值,因此能很好地模拟随机误差。对于未知的系统误差,应看成是随机母体分布的子样,按上述随机数描述其分布也是有效的。因此,统计模拟方法同样适用于未知系统误差的合成分析,且更接近实际,这是在实际测量系统中难以实现的。

因而并不如通常的认识那样,统计模拟分析方法仅适用于随机误差,实际上统计模拟分析完全可以适用于未知的系统误差分量。可见,不确定度统计模拟分析可给出完整的不确定度的描述。

4.6.4 统计模拟分析中模拟实验的次数

由以上分析可见,模拟实验次数 m 应尽可能的多,但模拟实验次数过多则费时而无必要。一般应在上万次或更多,对于重要结果则应更多。

这就需要根据实际问题进行分析,恰当确定模拟实验次数,确保所得结果的可信度。一般所评定的不确定度的有效数字不多于两位,故统计模拟分析所给不确定度数据的数字应至少有两位都是准确的,即其不确定性应不大于所给不确定度数据最末一位数字的半个单位。当利用模拟统计数据按贝塞尔公式计算标准不确定度时,为满足这一要求,由式(4.5),模拟试验的次数应不小于

$$m = \frac{u^2}{2s_u^2} + 1 \tag{4.6}$$

例如,要求统计模拟分析不确定度给出两位有效数字,则所给不确定度的标准差应不大于 $0.005u/3$,有

$$m = \frac{u^2}{2 (0.005u/3)^2} + 1 = 1.8 \times 10^4$$

即模拟试验次数应不少于 1.8×10^4。

实践上为获得更稳定的结果,通常统计模拟的试验次数 m 要远大于该值。特别是利用统计直方图,按置信概率确定扩展不确定度时,要求统计直方图充分细腻,即统计直方图的等分区间间隔 Δ 应足够小,以使所做区间估计具有足够的稳定性、可靠性。例如,按 $3s_u = 0.005u$ 的要求,可取 $m = 10^5 \sim 10^6$,$\Delta = u \times 10^{-3}$。

4.6.5 利用工具软件实施统计模拟分析

实践上,不确定度的统计模拟分析通常利用现有的工具软件实现。有各种工具软件可用,如 MATLAB 语言等。

利用数学工具软件,可方便地生成模拟随机数、模拟误差合成、获得标准差及区间估计、绘出统计直方图等。可免去大量的程序工作,实现起来十分方便。这就使不确定度的统计模拟分析更易于实现。

MATLAB 语言工具是 Mathworks 公司推出的科学计算语言,功能强大,应用广泛。兼具有数值计算功能、符号计算功能和图形处理功能,可利用 MATLAB 语言工具的统计学分析的功能进行不确定度的统计模拟分析。

4.7 不确定度的统计模拟分析的实施实例

下面利用 MATLAB 语言工具对不确定度合成做统计模拟分析:生成各项误差随机数列,模拟误差合成,给出合成误差的统计直方图、标准差和扩展不确定度。可以看出,借用该工具软件实施不确定度的统计模拟分析的过程简便,易于操作。

例 4.1 已知两项均匀分布的误差 δ_1 与 δ_2,其标准差分别为 $s_1 = 1, s_2 = 2.5$,利用 MAT-LAB 作统计模拟分析,给出两项误差和 $\delta = \delta_1 + \delta_2$ 的标准差、分布的统计直方图和置信概率为 $P = 95\%$ 的扩展不确定度。

解 (1)统计模拟分析要点。

①误差分布范围:

$$a_1 = s_1 \sqrt{3} = 1 \times \sqrt{3} = 1.732$$

$$a_2 = s_2 \sqrt{3} = 2.5 \times \sqrt{3} = 4.330$$

②生成范围 $[-a_1, a_1]$ 和 $[-a_2, a_2]$ 内的均匀分布的随机数列:

$$\delta_{1i} \text{和} \delta_{2i} \quad (i = 1, 2, \cdots n)$$

③求两数列的和:

$$\delta_i = \delta_{1i} + \delta_{2i} \quad (i = 1, 2, \cdots, n)$$

④求两数列和 δ_i 的标准差 s。

⑤画出两数列和 δ_i 的统计直方图。

⑥给出 δ_i 的置信概率为 $P = 95\%$ 的扩展不确定度。

(2)利用 MATLAB 语言工具进行统计分析的程序。

```
>> N = 10^6;                          % 设定模拟随机数的数目%
>> M = N/1000;                        % 设定直方图的直方数目%
>> s1 = 1;                            % 第一项误差的标准差%
>> s2 = 2.5;                          % 第二项误差的标准差%
>> a1 = s1. * sqrt(3);                % 第一项误差的分布范围%
>> a2 = s2. * sqrt(3);                % 第二项误差的分布范围%
>> x1 = unifrnd(-a1, a1, 1, N);       % 第一项误差均匀分布的模拟随机数列%
>> x2 = unifrnd(-a2, a2, 1, N);       % 第二项误差均匀分布的模拟随机数列%
>> x = x1 + x2;                       % 两项误差合成误差的模拟随机数列%
>> s = std(x)                         % 合成误差的标准差%
s = 2.6902
>> h = hist(x, M);                    % 统计直方图数据列%
>> m = [1:M];                         % 设定数列%
>> d = (max(x) - min(x))/(M-1);       % 随机数列 x 的等分区间%
>> x_m = [min(x):d:max(x)];           % 随机数列 x 的等分数列%
>> figure
>> E = envelope(m_, h);               % 调用自编的专用程序%
>> plot(x_m, E);                      % 作统计直方图的包络线%
```

\>\> hold on;

注:百分号"%…%"间的内容为附带说明。

利用直方图可进一步获得扩展不确定度(略)。

(3)最终结果。

误差和的标准差为 $s=2.69$。

统计直方图的包络线如图 4.5 所示。

置信概率 $P=95\%$ 的扩展不确定度为 $U=4.9$。

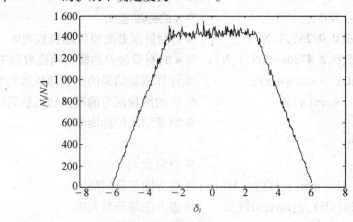

图 4.5　例题 4.1 中统计直方图的包络线

例 4.2　测得观测点至目标距离 $L=8\ 635$ m,测量的置信概率为 $P_1=95\%$ 的扩展不确定度估计为 $U_L=0.5$ m,测得仰角 $\alpha=26°38'16''$,测量的置信概率为 $P_1=95\%$ 的扩展不确定度 $U_\alpha=10''$。给出目标相对观测点的高度 H 并利用统计模拟法评定其置信概率为 $P=99\%$ 的扩展不确定度 U_H。

解　利用 MATLAB 计算工具进行模拟分析。

(1)统计模拟分析要点。

①按测量方程计算测量结果

$$H=L\sin\alpha$$

②L 的标准差 $s_L=U_L/1.96=0.5$ m$/1.96=0.255$ m。

③α 的标准差 $s_\alpha=U_\alpha/1.96=5''.102\ 040\ 816=2.473\ 6\times10^{-5}$。

④生成标准差为 s_L 的正态分布随机数列 δ_{Li}。

⑤生成标准差为 s_α 的正态分布随机数列 $\delta_{\alpha i}$。

⑥将 δ_{Li} 和 $\delta_{\alpha i}$ 分别与 L 与 α 求和,并代入测量方程,得

$$H_i=(L+\delta_{Li})\sin(\alpha+\delta_{\alpha i})$$

⑦计算 H_i 的误差数列。

$$\delta H_i=H_i-H$$

⑧计算 δH_i 的标准差。

⑨画出 δH_i 分布的统计直方图。

⑩给出 δH_i 的置信概率为 $P=99\%$ 的扩展不确定度。

(2)统计模拟分析的程序。

```
>> L=8635;                              % 设定参数%
>> a=0.464916927;                       % 设定参数%
>> H=L*sin(a)                           % 计算测量结果%
  H = 3.8715e+003
>> N=10^6;                              % 设定模拟随机数的数目%
>> M=N/1000;                            % 直方图的直方数目%
>> sL=0.255;                            % L 的标准差%
>> sa=2.4736e-005;                      % a 的标准差%
>> xL=normrnd(0,0.255,1,N);             % L 测量误差的模拟随机数列%
>> xa=normrnd(0,2.4736e-005,1,N);       % a 的测量误差的模拟随机数列%
>> x_H=(L+xL).*sin(a+xa);               % 计算测量结果的模拟随机数列%
>> xH=x_H-L.*sin(a);                    % H 的测量误差的模拟随机数列%
>> std(xH)                              % 测量结果的标准差%
  ans = 0.2226
>> m=[1:M];                             % 设定数列%
>> d=(max(x_H)-min(x_H))/(M-1);         % 直方图等分间隔%
>> xH_m=[min(xH):d:max(xH)];            % 直方图等分数列%
>> h=hist(xH,M);                        % 直方图数列%
>>E=envelope(m,h);                      % 调用自编的绘制包络线的程序%
>> figure
>> plot(xH_m,E);                        % 绘制包络线%
>> hold on;>>
```

利用直方图可进一步获得扩展不确定度(略)。

(3)结果。

测量结果为 $H=3\ 871.5$ m。

标准差 $s=0.222\ 6$ m。

置信概率为 $P=99\%$ 的扩展不确定度为 $U_H=0.58$ mm

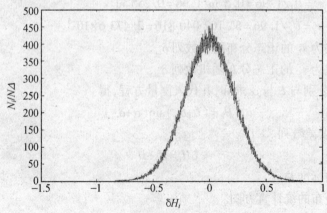

图 4.6　例题 4.2 中测量误差统计直方图的包络线

4.8　本章小结

（1）不确定度的统计模拟分析是以计算机模拟测量误差的统计分布,给出不确定度的有关参数,与合成方法相比具有独特的优越性,但也有其很大的局限性。

（2）实施不确定度的统计模拟分析的关键是生成随机数。

（3）不确定度统计模拟分析的适用性和局限性。

（4）利用数学工具软件实施不确定度的统计模拟分析。

（5）统计模拟分析中,给出扩展不确定度的两种方法:由标准不确定度给出扩展不确定度;用统计直方图给出扩展不确定度。

4.9　思考与练习

4.1　说明不确定度的统计模拟分析方法及其特点。

4.2　说明统计模拟分析的实施方法。

4.3　怎样由统计模拟分析给出扩展不确定度?

4.4　如何评价不确定度统计模拟分析的结果?

4.5　不确定度统计模拟分析的适用性和局限性是什么?

4.6　设测量方程为 $y=\frac{1}{2}(x_1+x_2)$,x_1 与 x_2 的误差服从正态分布,其标准差分别为 $s_{x1}=0.025$,$s_{x2}=0.018$,试用统计模拟分析的方法给出 y 的误差分布曲线及标准差。

4.7　设误差 δ_1 与 δ_2 服从均匀分布,其标准差相等,为 $s_1=s_2=1.5$,利用统计模拟方法给出两者合成结果的分布密度曲线和标准差。

4.8　设误差式为 $\delta y=\frac{1}{2}z(\delta x)^2$,已知 $z=200$ mm,误差 δx 服从正态分布,其标准不确定度为 $u_x=0.002$ mm,利用统计模拟分析方法给出误差 δy 相应的分布密度曲线及其系统偏差和标准不确定度。

4.9　已知速度的测量方程为 $v=\frac{S}{t}$,式中 S 为位移测量值,t 为相应的时段测量值,按定义给出其误差式 $\delta v=v-V=\frac{S}{t}-\frac{S-\delta S}{t-\delta t}$,设名义值分别为 $S=800$ mm,$t=25$ s,δS 服从正态分布,标准不确定度为 $u_S=2$ mm,δt 服从正态分布,其标准不确定度为 $\delta t=0.01$ s。用统计模拟分析法给出 δv 相应的分布密度曲线和标准不确定度。

4.10　设有误差方程为 $\delta S=x\delta y+y\delta x+\delta x\delta y$,已知 $x=100$ m,$y=200$ m,δx 与 δy 服从正态分布,其标准不确定度分别为 $u_x=u_y=0.02$ m,按统计模拟分析方法给出误差 δS 相应的概率分布曲线及置信概率为 95% 的扩展不确定度。

4.11　设有误差方程式 $\delta y=\delta a+0.88b+1.58c$,式中 δa 服从正态分布,其标准不确定度为 $u_a=0.25$;δb 服从正态分布,其标准不确定度为 $u_b=0.42$;δc 服从均匀分布,其标准不确定度为 $u_c=0.18$。用统计模拟方法给出误差 δy 相应的概率密度曲线和置信概率为 95% 的扩展不确定度。

第5章 测量仪器的计量特性及其评定

5.1 概　　述

测量仪器用于执行测量任务,其计量特性是影响测量精度的主要因素之一。测量仪器是一个复杂的系统,其特性需要用多种特性参数描述。由于测量仪器的多样性、复杂性,对测量仪器特性描述是一件复杂的事情,它涉及测量仪器原理、结构、工艺、数据处理及其他方面的特性,也涉及测量仪器的测量目的、任务和工作条件等,并要满足标准化、法制化建设的要求。因此,测量仪器特性描述应考虑以下特点。

(1)测量仪器计量特性的复杂性。

不同的测量仪器的特性千差万别,同类仪器用于执行不同的测量任务,实施不同的测量方法,影响测量精度的仪器特性也不相同。在多种仪器构成的综合测量系统中,各种测量仪器执行不同的测量任务,它们的影响各不相同。因此,测量仪器的计量特性参数具有多样性和复杂性。

(2)测量仪器计量特性的同一性。

尽管测量仪器具有多样性,执行的测量任务、采用的测量方法千差万别,但由于它们都是用于实现量值测量,因而都处于量值传递链中的一定位置,测量仪器总是具有一系列的共性,可归纳出普遍的计量学特性,给出测量仪器特性评定的一般准则,这是仪器特性评定规范化的基础。

(3)测量仪器计量特性描述的规范化。

为了便于测量仪器的生产、使用和管理,有利于计量工作的有序开展和计量工作的法制化建设,仪器的计量特性描述应予以规范化。

国家计量管理部门已制定了相应的各项法规,指导和规范仪器计量特性的描述,这种规范化具有法制性,某些测量仪器则由行业或生产厂商自行制定标准,实现仪器特性的规范化。仪器计量特性描述的规范化是量值统一的法制基础。

测量仪器在生产、销售、检验、使用时,其计量学特性都应遵循法规文件的规定。

国家计量技术规范(JJF 1094—2002)规定了测量仪器特性评定的基本原则和通用方法,对各类测量仪器计量特性评定具有普遍性的指导意义,是有关测量仪器计量学特性的基本的法规性文件。依据该技术规范,对各种计量仪器分别制定了相应的计量特性技术规范,如计量检定规程、校准规范、技术标准等。

以精度为核心的仪器计量特性以其特性参数给出定量的表述。规格化了的测量仪器,由相应的"规程"或"标准"对其精度参数及其他特性参数的定义、表述、评定都做出了规定。研制的新型仪器的特性参数也应依据国家的相关技术规范,按规范化的形式给出,并以技术规范的形式予以规定。

测量仪器特性可分为静态特性和动态特性。静态特性描述一般测量条件下的仪器特性,是仪器基本特性描述,在通常的静态测量条件下涉及静态特性。测量仪器用于动态测量时,虽然其静态特性仍具有基本意义,但其动态特性则具有关键性意义。为叙述方便,以下仅以测量仪器的部分静态特性为主加以说明。

5.2　测量仪器计量学特性与测量仪器参数概述

5.2.1　测量仪器计量学特性

计量学特性是测量仪器的基本特性,反映了测量仪器的基本面貌,包括静态特性和动态特性。

(1)测量仪器的静态特性。

静态特性是指被测量不变,输入一恒定量时,测量仪器表现出的计量学特性。静态特性包括测量仪器的示值准确度、分辨力、灵敏度、线性度、稳定性、测量范围等。静态特性是测量仪器的基本特性描述,在"静态测量"时,是影响其测量性能的直接因素。

(2)测量仪器的动态特性。

动态特性是指被测量随时间而变,仪器的输入量为按一定速率变化时的仪器计量学特性。对于变动的输入量的测量称为动态测量。因为动态测量中测量的是动态变化的被测量,需要测量仪器有足够的跟踪能力,即需要正确采集与处理测量信号,并能持续跟踪被测量。动态特性主要指动态响应特性、响应时间等。评价参数包括静态示值和以动态响应为核心的诸项参数。

5.2.2　测量仪器精度参数

测量仪器的计量学特性由其相应的精度参数表征。测量仪器的精度参数常以其相应误差的最大允许值来表征。

1.测量仪器精度参数描述的特点

测量仪器精度参数描述具有以下特点。

(1)多参数。

任何测量仪器都需要有多项计量特性参数表征其计量特性,单一参数仅反映仪器的某一单项特性,不同的特性参数表征不同的计量学性能,测量仪器的性能是由这些参数综合反映出来的。应注意,测量仪器的特性参数应具有完整性,即所选用的诸项特性参数应能完整地描述测量仪器的计量学特性。

(2)多样性。

测量仪器复杂多样,不同的仪器有不同的特性参数,同类参数在不同仪器中其定义也可能有一定差别。因此,测量仪器的特性参数的描述又具有复杂性、多样性,对于不同的测量仪器的特性描述应做具体分析。

(3)同一化。

虽然各种测量仪器的计量学特性各不相同,但也有其共性,并用同一的特性参数去描述。因此,尽管测量仪器多种多样,但其被赋予了同一的若干特性参数。

(4)标准化。

　　基于法制化要求,以利于计量管理,保证量值传递的可靠性,测量仪器的特性参数应按国家或部门的标准规定给出,包括参数的定义、评定方法、评定数值、引用条件等都必须满足规范化要求。

2. 测量仪器精度参数描述

　　以精度参数为主的仪器静态特性参数包括:示值误差、示值重复性、分辨力、稳定性、测量范围等。

　　仪器的动态参数包括:动态响应特性、动态相应时间等。

　　下面在5.3节以后将具体讨论测量仪器的通常的一些精度参数。

5.2.3　仪器精度参数与测量不确定度的关系

　　测量仪器的误差与测量误差一致,但并不完全相同。

　　使用中,测量仪器误差的一部分转化为测量误差,而测量误差包含测量仪器误差的一部分和其他误差分量。

　　仪器误差是在一定条件下由仪器自身因素产生的,由其相应精度参数反映其精度特性。在一定条件下部分地反映到测量结果中,成为测量结果误差的一部分。而测量结果误差则包含测量系统整体各环节的多种误差因素的影响,除测量仪器的部分误差外,还包括测量方法、环境条件、操作人员等环节的误差。测量仪器误差与测量数据误差的关系如图5.1所示。

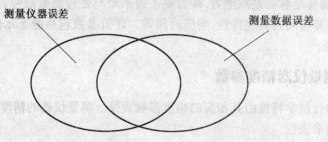

　　　　测量仪器误差　　　　　　　　　　　　　　　　　测量数据误差

图5.1　测量仪器误差与测量数据误差的关系

　　测量仪器对测量结果的影响以精度参数反映,按不确定度计入测量结果。实践上,在测量系统中通常仅有部分精度参数反映的仪器误差对测量精度产生影响,因此仅需将此引入测量结果的不确定度分析中。

　　而测量的不确定度包括:仪器的部分精度参数表征的不确定度分量和测量方法、数据处理、环境条件等因素的其他不确定度分量,按不确定度合成方法合成。

　　在测量仪器设计中,分析仪器的各精度参数时,诸项因素对某项精度参数的影响按不确定度合成方法合成计算,其方法在本质上与测量不确定度的分析计算相同,因此测量不确定度分析方法也引用在仪器的精度分析中。

5.3　测量仪器的示值误差

5.3.1　测量仪器的示值误差概念

　　示值误差是测量仪器的基本参数,常反映测量仪器的主要误差成分,是测量仪器具有指标性的参数。

测量仪器的示值误差是指测量仪器指示值相对于被测量的真实值之差。

对于指示测量数值的仪器,示值误差为测量仪器指示值相对于被测量的真实值之差,在测量范围内,示值误差构成一条连续的误差曲线;对于标准器,示值误差为其标称值与标准器实际量值之差,标准器的示值为单一值,其示值误差也为单一值,标准器的示值误差常有专门的名称表述。

显然,示值误差的定义涉及了量值的正负符号,这是必须注意的,否则会造成错误的结果。

特别需要指出的是,定义的示值误差为系统误差,不包含随机变动的部分,因而评定示值误差时应排除随机误差的影响。仪器的系统误差和随机误差造成仪器的不同的计量特性,两类误差在仪器使用中的影响和数据处理方法上都不相同,因而有必要在参数定义时做出这种区分。

测量仪器的各示值位置上,示值误差是各不相同的,作为仪器的精度参数规定的是示值误差的最大允许值,常以准确度(Accuracy)表述,通常俗称仪器的示值误差即指其最大允许值。

如图 5.2 所示,测微仪的示值范围为 ±1 mm,其示值误差可表示成一误差曲线,该曲线表示各测量位置上的示值误差,在测微仪的示值范围(±1 mm)内,其最大示值误差应不大于规定的允许值 Δ。

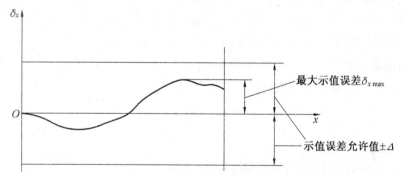

图 5.2　示值误差及其允许值

测量仪器的示值误差的具体意义,按相应的规程或标准给出,不同仪器具体定义也不尽相同。

仪器示值误差反映其系统误差,不含随机误差,在确定的示值位置上具有确定的示值误差,因此评定时应只计确定的系统误差部分的影响。影响仪器示值误差的因素包括仪器的原理、结构、工艺、环境、数据处理等多种因素。

5.3.2　测量仪器示值误差的表示方法

测量仪器示值误差可表示为绝对误差、相对误差和引用误差,依仪器的特点而定。

1. 绝对误差

仪器的示值误差用绝对误差表示为

示值误差＝测量仪器示值－真值(或约定真值)

即
$$\delta = S - S_0 \tag{5.1}$$

式中,S_0 为真值,对于多数的测量仪器,该真值为测量示值所相应的被测量的真值(或约定真值);对于标准器,该真值为标准器量值的真实值(或约定真值)。

例如,电压测量仪测量标准电压 100 V(相对真值)时的示值为 99.8 V,则该电压测量仪在 100 V 处的示值误差为
$$\delta = 99.8 \text{ V} - 100 \text{ V} = -0.2 \text{ V}$$

标准砝码的标称值为 50 g,经校准其实际质量为 49.994 g,则其示值误差应为
$$\delta = 50 \text{ g} - 49.994 \text{ g} = 0.006 \text{ g}$$

2. 相对误差

测量仪器的示值误差按相对误差表示为
$$\gamma = \frac{\delta}{S_0} \times 100\% = \frac{S - S_0}{S_0} \times 100\% \approx \frac{S - S_0}{S} \times 100\% \tag{5.2}$$

式中　δ——仪器示值的绝对误差;

　　　S——仪器示值;

　　　S_0——仪器示值相应的真值(或约定真值)。

仪器的示值误差以相对误差形式表示,适用于仪器不同量程中示值误差与被测量值大小有密切关系,以及测量结果关注误差的相对影响的场合等。

相对误差无量纲,与绝对误差有对应关系。

式(5.2)中的分母可由仪器示值代入,当仪器示值误差小时,替代的结果产生的差别不大,但若示值误差大,就要考虑替代结果的差异。

3. 引用误差

测量仪器的示值误差表示为引用误差
$$\lambda = \frac{\delta}{M} \tag{5.3}$$

式中　δ——测量仪器的绝对误差;

　　　M——引用值,取值为测量仪器的量程(测量范围上限)。

由引用误差可给出绝对误差
$$\delta = \lambda M \tag{5.4}$$

引用误差给出该仪表的准确度等级,对这类仪表,按引用误差规定精度等级较为方便,引用误差主要用于仪表类,如电工仪表、热工仪表等指针式读数的仪表。

例如,测量范围 10 A 的电流表在示值 5.8 A 的示值误差为 0.06 A,其相对误差应为
$$\gamma = \frac{0.06 \text{ A}}{5.8 \text{ A}} \times 100\% = 1.03\%$$

而引用误差则为
$$\lambda = \frac{0.06 \text{ A}}{10 \text{ A}} \times 100\% = 0.6\%$$

作为测量仪器的精度参数,示值误差在技术文件中给出的是其最大允许值。当分析测量不确定度时,以引用误差表示的示值误差就不够方便。

测量仪器的示值误差有时与被测量的大小有关,此时示值误差最大允许值常表述为两

部分之和,即

$$\Delta = a + bx \tag{5.5}$$

式中　　x——被测量;

　　　　a——与被测量无关的系数;

　　　　b——与被测量有关的系数。

以式(5.5)表示测量仪器的示值误差有利于发挥测量仪器的精度潜力。需要注意的是,这种表示方式与不确定度合成的含义是不同的,应区分开来。

5.3.3　示值误差参数设计

仪器示值误差参数设计的任务包括:控制误差因素、规定示值误差表达形式、确定示值误差允许值及设计校准方法。

示值误差参数设计应考虑以下要求:

(1)依据相应的技术规范,考虑仪器特性、使用方法及使用条件,确定测量仪器示值误差的表示方法。

(2)依据误差分析的方法,分析影响示值误差的因素,合理设计仪器原理方案和结构,恰当选择材料和元器件,正确规定工艺方法、检验仪器和检验方法,有效地控制各项影响因素。

(3)依据不确定度的分析方法,确定示值误差的允许值,规定各环节的精度要求,以保证示值误差不超出给定的允许值。

为了使测量仪器误差不显著影响测量结果,以保证仪器示值误差相对于被测量值的精度要求是微小的,示值误差允许值应满足如下要求:

$$\Delta_{示值} \leqslant \frac{1}{3}\Delta_{被测量} \tag{5.6}$$

式中　　$\Delta_{示值}$——示值误差允许值;

　　　　$\Delta_{被测量}$——被测量允许误差。

测量仪器的示值误差常是测量误差的主要成分之一,但不是唯一的成分,测量仪器的其他计量特性也会不同程度地对测量精度产生影响,有时其他计量特性甚至会产生重要影响。

因此,设计中应处理好示值误差与其他特性参数的关系。

(1)示值误差允许值与示值范围的关系。

测量仪器设计中对示值误差允许值与测量范围的要求是矛盾的,一般来说,要控制示值误差就常要限定测量范围。仪器示值误差的最大值受制于测量范围,示值误差与测量示值范围直接相关。拓展测量范围常会增大示值误差。要根据测量仪器的特性和用途恰当处理二者的关系。

(2)示值误差与非线性误差的关系。

非线性误差常是示值误差的重要、甚至是主要成分,示值误差的参数设计要充分考虑非线性误差的影响,当不做误差补偿时,非线性误差计入示值误差,当对非线性误差实施补偿措施后,则影响示值误差的仅是其补偿后的残余误差。通过补偿可有效地克服非线性误差的影响,对于减小示值误差提高仪器精度有显著效果。

(3)示值误差与仪器示值稳定性的关系。

仪器示值的长期稳定性反映的是仪器示值在经一定时间后的变化,它对测量的影响与示值误差的影响相同。仪器的短期稳定性误差会造成仪器示值的飘移,应予以控制。仪器的长期稳定性误差直接造成示值误差,影响很大。当这种长期的示值变化不计入示值误差时,示值误差分析计算时不涉及示值的长期稳定性。但考虑到长期稳定性对测量结果影响的严重性,测量仪器的长期示值变化应计入示值误差允许值内。

(4)示值误差与测量仪器其他特性关系。

规定的测量仪器的特性参数值都不应大于示值误差允许值,除线性度和长期稳定性外,其他精度参数所反映的误差影响一般应远远小于示值误差,只在特殊情况时,某项特性难以控制,考虑到技术条件和经济性等因素,可适当放宽。

在仪器的精度设计中,示值误差的最大允许值应视为误差的区间估计,与测量的扩展不确定度一致,分析计算也应按扩展不确定度的合成关系进行。

示值误差虽然属于系统误差,但不能通过修正法去克服。通常仪器技术文件所给的是该仪器的最大示值误差,而不是具体的示值误差值,因而是不可修正的。只有按一定精度校准给出仪器的示值特性曲线,才可据此进行修正。

5.3.4　测量仪器示值误差的评定

测量仪器种类繁杂,特性千差万别,其示值误差的评定方法也依其具体情况而有所差别。仪器示值误差的评定工作包括:设计和构建评定实验方法、拟定数据处理方法、确定示值误差参数的表示方法及参数合格与否的判别方法等。示值误差的评定的基础是检测实验。按检测实验方法,示值误差的评定方法可分为三种情况,即直接评定、间接评定及对比实验。

1. 直接评定(比较法)

测量仪器的示值误差评定通过检定或校准程序实现,即在规定条件下,由测量标准提供约定真值与被评定的测量仪器的相应的示值进行测量比较,被评定的测量仪器的示值与测量标准给出的约定真值之差即为该测量仪器的示值误差。但这一结果中还包含了随机误差的影响,为排除随机误差的影响,一般需要取多次重复测量结果的平均值。按下式给出仪器示值误差为

$$\delta = \frac{1}{n} \sum_{i=1}^{n} x_i - x_0$$

式中　　x_i——检定或校准中,被检测量仪器的示值,$i = 1, 2, \cdots, n$;

　　　　x_0——检定或校准中,标准仪器给出的真值(约定真值)。

所得示值误差应不大于给定的最大允许值 $\Delta_{max} = M$,即

$$\delta \leqslant M$$

标准仪器给出的约定真值及与被校准仪器示值误差的比较测量的不确定度要足够小,不显著影响评定结果,应满足

$$U_{99} \leqslant \frac{1}{3} M$$

式中　　U_{99}——检定或校准的置信概率为 $P = 99\%$ 的扩展不确定度;

　　　　M——被评定仪器示值误差的最大允许值。

2.间接评定(分部法)

某些测量仪器的示值误差不能或不便于进行直接的比较测量。例如,若测量仪器由几部分构成,其示值是几个部分参数的综合结果,依一定函数关系建立联系。可按比较法对这几个部分参量分别进行比较测量,获得各部分的校准结果,按既定的函数关系获得整个仪器系统的综合示值误差。通常在不具备高一级测量标准的情况下使用。

这类方法采取的是间接的比较测量,对仪器各部分参数影响及其综合作用的分析是决定其可信度的关键因素之一,实际操作中这是限制其使用的难点,是该方法的局限性。

例如,线膨胀系数的测量系统包含温度测量系统和变形量测量系统两大部分。若温度测量系统测得试件原始温度为 t_1,改变试件温度,测得为 t_2,同时由变形量测量系统测得试件的相应的变形量 Δ_L。则试件的线膨胀系数为

$$\alpha = \frac{\Delta_L}{t_2 - t_1}$$

由于高精度的线膨胀系数测量仪难以通过量值传递系统实现校准,可采用间接评定法。在该测量系统中,线膨胀系数测量示值误差由温度测量系统和变形量测量系统误差共同作用而成。可通过分别检测评定温度测量系统和变形量测量系统,按上述测量方程整合测量数据给出综合评定。数据整合过程应考虑缜密,不能出现纰漏。

3.对比实验

当无法直接按校准的程序与测量标准进行比较测量时,可采用同等级别精度的测量仪器进行测量比对,相互比对的结果,给出各测量仪器的示值误差之间的差异,该差异应控制在预定的范围内。

对比实验的实施需满足如下条件:

(1)参与对比实验的仪器的精度水平应相当,即其示值误差接近。

(2)为保证对比实验的可靠性,参与对比实验的仪器数不能少于 3 台。

(3)参与对比的仪器相互之间没有相关性。

对比实验适用于下述情况:

(1)高精度的测量仪器,难以按量值传递系统进行量值传递。

(2)尚未建立量值标准的测量仪器,无法实现量值校准。

(3)间接评定法中,为验证其评定结果,也可通过对比实验进行核对。

对比实验给出的是各参与比对仪器示值的差异,不能给出其确切的示值误差值,因而具有很大的局限性,但补足了前两类方法的不足。

4.示值误差评定的特点

示值误差评定时,应注意以下特点。

(1)示值误差反映系统误差。

示值误差反映的仅是系统误差,检测评定时,必须排除随机误差的影响,通常取多次检测结果的平均值作为检测结果。例如,对仪器示值特性曲线上的每个检测点检测 3 次、5 次或 10 次等,取平均值作为最后结果。也有的仪器取正、反行程上,同一点的两次检测结果平均值作为检测结果。当随机误差影响微小时,也可将检测点的检测结果直接使用。

（2）示值误差仅能通过校准实验评定。

示值误差反映的是系统误差，不能用统计方法评定。虽然某些误差成分可按理论分析的方法分析计算，但远不能完整地给出影响示值的全部误差的综合影响。因此，只能采用检测或校准实验的方法，以高一级精度的标准进行比较测量获得示值误差。

（3）检测点应具有代表性。

在测量范围内，仪器的误差特性曲线上，检测点的分布应具有代表性，能充分反映示值误差特性。通常检测点均匀分布在整个测量范围内，不应有空置段。检测点的数量按仪器特性和精度要求确定。对于具有正、负测量行程的仪器，需对正、负测量行程分别检测，不能仅检测单一行程。对于多量程的仪器，每个量程都需要检测。

5. 示值误差判定

仪器示值误差是否合格的判定。依据校准规范、检定规程及其他计量标准，在确定的测量范围内，在规定的条件下，示值误差应不大于标准中规定的允许数值为合格，否则不合格。这里应特别注意判定的前提条件：

（1）判定范围必须在确定的测量范围内，该范围应是仪器保证计量性能的工作范围。检测点应均匀分布于整个测量范围，但也不能超出测量范围。

（2）在规定的条件下进行检测评定。这些条件包括：

①检测的环境条件，如环境温度、湿度、电磁环境、隔振要求等。

②检测仪器及被检测仪器的参量条件，如仪器的供电电压、施力状态、运动速度、采样频率等。

③检测方法，如检测的步骤、程序、操作方法、特殊方法等。

④检定数据的处理方法，应按标准或仪器使用要求规定的数据处理方法实施。

对于经误差补偿的仪器输出，以输出值为准。

5.3.5　测量仪器示值误差的引用

在使用测量仪器进行测量时，为了分析测量的精度，需要考虑仪器示值误差的影响，用于指导选购测量仪器，分析测量精度。示值误差作为具有指标性的技术参数，常作为选购仪器的主要指标，是使用中影响测量精度的主要误差因素。仪器示值误差的评价参数为示值误差的最大允许值，在测量系统中，该最大允许值作为测量不确定度分量引用，以估计测量的总不确定度。若仪器经校准，示值误差为已知数值，则可用于示值的修正。

（1）一般按扩展不确定度引用。

被考察的测量仪器置于测量系统执行测量任务时，测量仪器的示值误差对测量结果有重大影响，其影响以仪器的最大允许误差表示，该值可视为测量系统相应的扩展不确定度分量。在分析测量的不确定度时，测量仪器的示值误差允许值按扩展不确定度分量引入测量结果的精度分析中。该项分量常作为测量的主要不确定度分量计入测量结果的不确定度中。

（2）引用已知的示值误差对仪器示值进行修正。

经校准，给出了仪器的示值误差特性曲线，则可按这一特性曲线，对仪器测量数据进行修正，可有效地克服仪器示值误差的影响。经修正后，残余示值误差的最大值即作为扩展不确定度分量，引入测量结果的不确定度的合成式中。

（3）按相应的测量范围引用。

引用仪器示值误差允许值作为不确定度分量时，要考虑测量范围，选择适当的范围挡，以降低示值误差的影响。

（4）考虑随机误差影响。

引用仪器示值误差时应注意示值误差不含随机误差。对于分辨力、重复性等参数，它们是由随机因素引起的，故在引用示值误差时应不含重复性、分辨力等随机误差因素。随机误差的影响需另做考虑。

例 5.1 标准量块中心长度的示值误差为其尺寸的名义值与其实际尺寸之差，检定的结果给出该示值误差是否符合相应级别要求。按级使用量块，需考虑该级别的中心长度的允许误差值。该允许误差值可视为测量使用时，不确定度分析中的一项扩展不确定度分量。通过校准则给出该示值误差的具体数值，按校准精度量块分为不同的等。按等使用量块时，则应按校准给出的误差值修正其中心长度。此时，影响测量结果的是量块的校准误差，这一影响以校准不确定度表述，并引入测量不确定度的评定中。

例 5.2 用测量范围为 $0 \sim 250$ V 的 0.5 级电压表测量某电压值 E，现分析其测量不确定度。已知 0.5 级电压表，表明其引用误差最大允许值为 0.5%，即其测量误差的最大允许值为

$$\Delta_{\max} = 250 \text{ V} \times 0.5\% = 1.25 \text{ V}$$

则电压值的测量结果 E 的不确定度应写为

$$U_E = \Delta_{\max} = 1.25 \text{ V}$$

例 5.3 为给出标称值为 30° 的标准角度块的角值，用光电自准直仪和测角仪构成测量系统。光电自准直仪瞄准角度块的工作反光面，由反射光判定其工作面的角位置。若角度块工作面对准准直仪，则准直仪瞄准指零。当测角仪工作台旋转，角度块另一工作面进入准直仪的测量范围内，由准直仪测量瞄准角度块工作面（准直仪光轴垂直于工作面）。由相应的测角仪测得工作台转过的角度 $180° - \alpha$ 即可得角度块的工作角 α，如图 5.3 所示。

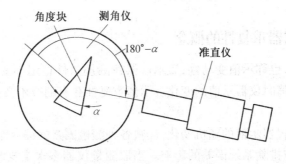

图 5.3 角度块检测示意图

α 的测量误差应包括准直仪的误差和测角仪的误差两项。由于准直仪只做瞄准指零，故其示值误差对测量没有影响。有影响的仅为准直仪的瞄准指零误差。设测角仪的示值误差允许值为 $\Delta_{测角}$，准直仪的瞄准指零误差的允许值为 $\Delta_{瞄准}$，则角度块工作角的测量不确定度应为

$$U_\alpha = \sqrt{\Delta_{测角}^2 + 2\Delta_{瞄准}^2}$$

例 5.4 如图 5.4 所示，标准中规定了测温仪的示值误差 δt 的允许值 Δ，经检定合格的

测温仪,其示值误差应不超过该允许值 Δ。当使用该测温仪测量温度时,其示值误差对温度 t 测量的影响应在 $\pm\Delta$ 范围内,故在评定温度测量的不确定度时,仪器示值误差的影响分量按 Δ 引入,即其扩展不确定度应为

$$U_{测温} = \Delta$$

当需要测量温度差

$$T = t_2 - t_1$$

则需做两次测量读数,分别得到 t_2 和 t_1。故 T 的不确定度应是两次测量误差综合作用的结果。

$$U_{温差} = \sqrt{\Delta^2 + \Delta^2} = \sqrt{2}\,\Delta$$

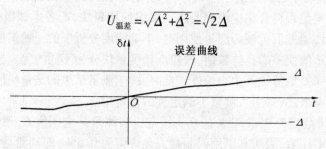

图 5.4　测温仪的示值误差曲线及误差允许值

当通过校准给出测温仪的示值误差曲线时,使用测温仪测量温度的示值误差就是已知的,可按修正法消除其影响。因此,评定仪器测温不确定度时,不应再引入 Δ。但由于校准误差的影响,在使用误差曲线修正测量数据后,其结果尚包含有校准误差。故此时仪器带来的测量误差相应的不确定度应引入校准不确定度 $U_{校准}$,即

$$U_{测温} = \sqrt{2}\,U_{校准}$$

5.4　测量仪器的重复性

5.4.1　测量仪器重复性的概念

测量仪器重复性,也称示值变动性,表示仪器在测量条件稳定不变的条件下,短时间内多次重复测量同一量值时仪器示值的变化。示值重复性在有的技术文件中常以精度(Precision)表述。

示值重复性表征仪器示值的随机变化,反映各种随机因素的综合作用,而不包含系统误差因素,因此评定中应排除系统误差的影响。当取测量仪器多次重复测量结果的算术平均值时,可在一定程度上抑制随机误差的影响,因此算术平均值具有较好的示值重复性。

通常仪器示值的随机变化在仪器的各示值位置上都是相同的,故示值重复性仅需在某一特定示值位置上进行检测。例如,对于测微仪一类的仪器,通常规定在其示值的零位处检测其重复性。当不同测量示值位置上的随机误差影响不同时,需要在相应示值区域上选取适当的示值位置检测重复性。

因为示值重复性误差反映了其随机误差的影响,可通过多次重复测量结果反映出来。故示值重复性应按统计学方法分析处理,这与按统计学方法获得不确定度的方法一致。

5.4.2　影响仪器重复性的因素

影响仪器重复性的因素为随机误差因素,不含系统误差的影响。其包括:

(1) 机械系统中:机械摩擦、变形、零件接触面的油膜、灰尘、运动接触面的形貌等。

(2) 光学系统中:光路的变化、空气扰动、视差、采样、光电转换等。

(3) 电学系统中:电子器件、电路系统的噪声、干扰等。

(4) 数据处理中:数据处理的舍入误差、显示误差、量化误差等。

仪器示值重复性,反映的是仪器系统全部各项误差因素的综合影响,是测量仪器示值随机变化的完整描述。

5.4.3　仪器重复性的参数设计

作为仪器的计量特性参数,在校准规范、检定规程、相关计量标准及仪器的技术文件中,规定仪器重复性的最大允许值,该最大允许值即为表征仪器重复性的参数。

重复性参数设计的任务是:

(1) 分析影响重复性的误差因素,确定控制方法。

(2) 设计、规定重复性的允许值,估计其对仪器性能的影响。

(3) 拟定评定方法。

重复性参数设计要求如下:

(1) 重复性误差的分析应采用统计学方法,即采用与不确定度分析相同的方法。重复性误差表现为测量示值的随机波动,不能用误差的具体数值去表征,而应以统计学参数表征。这与不确定度表征方法相同,采用标准差或误差的区间估计表示;多项该参数合成或与其他参数的合成,则按不确定度的合成方法合成。

(2) 重复性误差的允许值的确定。设计中重复性误差允许值按设计要求确定,可按各项分量合成计算,并最终通过实验验证。

(3) 考虑与其他精度参数的关系。重复性允许值的确定既要考虑设计中对计量性能的要求,还要考虑与其他精度参数的关系,特别是与示值误差的关系。通常,测量仪器的精度主要决定于仪器的示值误差,相对的,重复性误差则要小得多。这是因为一方面为了保证仪器具有良好的计量特性;另一方面也是由仪器的计量特性决定的,相对于示值误差,重复性误差因素则相对较易于控制。

设计中为保证重复性远小于示值误差允许值,常按 1/3 原则确定

$$\Delta_{重复} \leq (\frac{1}{3} \sim \frac{1}{10})\Delta_{示值} \tag{5.7}$$

式中　$\Delta_{重复}$——示值重复性;

　　　$\Delta_{示值}$——示值误差允许值。

5.4.4　测量仪器重复性的评定

测量仪器重复性参数的评定应按定义进行,评定工作的内容涉及:评定实验方法、数据处理方法、重复性参数的表示方法、参数合格与否的判别等。目前,这一参数的评定还存在一些值得探讨的问题。

1. 测量仪器重复性评定的原则

因为重复性是反映仪器重复测量示值的分散程度的参数,它反映仪器随机误差的综合影响,因而应按统计的方法做出评定。重复性的评定应遵循以下原则:

(1)按统计方法评定。

仪器重复性反映的是随机误差,故应按统计方法评定,并满足统计学原理的要求。即利用统计实验数据,按统计学理论进行处理和表述。

(2)避免系统误差的干扰。

因为重复性反映随机分散性,与系统误差无关。因此实际测试评定时,必须避免系统误差的干扰。例如,在重复测量时,应保证测量条件平稳,无冲击振动,无电压波动,操作平稳;应保证时间间隔短,避免长时间测量引起其他因素的干扰,这在测量采样时间较长的情形中应予以注意。

(3)评定结果具有同一性。

评定结果应具有同一性,即各种测量仪器的示值重复性的评定方法和评定结果应一致,保证对于不同仪器的评定结果具有可比性。定义重复性参数,不仅用于评价同一种仪器的随机变动性,也应对不同种类的仪器具有同样的评价。因为不同的仪器示值的随机变动的含义及其对测量结果的影响都是一样的,理应有同样的评价方法和评价结果。这为正确评定和以后该参数的合理引用创造条件。

(4)评定的数据便于以后的引用。

重复性的评定数据用于表征仪器的计量性能,并为测量使用提供精度分析的依据。在测量系统中,重复性的评定数据按不确定度分量引入测量不确定度的分析,要求所给参数符合不确定度的表述规范。例如,可按标准不确定度的形式给出,此时应给出其相应的自由度;当按扩展不确定度形式给出时,还应给出其自由度、包含因子或置信概率。

目前,这一参数的评定较为混乱,一致性差,不利于参数的引用。

2. 测量仪器重复性的极差评定法

目前,多数检定规程中都采用等精度测量数列的极差作为仪器的重复性。被评定的测量仪器对某一恒定量值 x 进行了 n 次等精度测量,得系列数据 $x_1, x_2, \cdots, x_n$,取其最大值 x_{max} 和最小值 x_{min} 之差(数列的极差)

$$w_n = x_{max} - x_{min}$$

为测量仪器的重复性量值。这一数值反映了测量数据的分布范围,可反映随机误差的影响。

但极差与扩展不确定度的含义不同,以极差评定重复性,其量值与测量数列数据的数目 n 有关,n 值越大,极差越大,给出的重复性评定值越大。

各种仪器的检定规程规定测量列的数目不尽相同,如规定测量次数为 $n=3, n=5, n=10$ 等。对于同一台仪器,当数据数目不同时,给出的结果就不相同。只有当测量数据数目为 $n=10$ 时,对于正态分布,其极差接近 $3s$,有

$$w_{n=10} \approx 3s$$

此时 $w_{n=10}$ 接近于随机误差的 $P=99.73\%$ 的区间估计(相当于扩展不确定度)。

这一评定方法有如下缺欠:

(1)评定数值与 n 值有直接关系,n 值不同,所得数值也不同,在不同的标准中取不同的

值,因而评定结果实质上受主观因素的影响,评定结果客观性差。

(2)因评定数值的概率意义含混不清,虽然规程中对 n 做了规定,但产品资料中并不给出 n 值,用户无法对其概率做出判断,与示值误差等其他参数量值关系难以判定,给以后使用中的精度分析造成困难。

(3)因评定数值与 n 值有关,不同的标准取不同的 n 值,相互间没有可比性,因而失去计量特性评价的严谨性,对于分析使用该数据难以做出严格概率意义的判断。

(4)评定方法及评定结果与不确定度评定不一致,用于测量不确定度合成中其含义含糊,不利于数据的引用。

3. 按统计学方法评定

由于重复性反映的是随机误差,按统计学原理,应以标准差 s 或区间估计 ks 表征该误差的分散性、不确定性,这与不确定度分量的 A 类评定方法(《测量不确定度评定与表示》(JJF 1059.1—2012))是完全相同的。按统计方法估计不确定度的方法评定测量仪器示值重复性具有明确的概率含义,具有完整的表述方法。表征测量仪器计量特性和以后用户使用中引用该参数进行精度分析时都具有客观性和严谨性,可直接作为不确定度分量使用。

设被评定的测量仪器对某一恒定量值 X 进行 n 次等精度重复测量(短时间内),得系列测量数据 $x_1, x_2, \cdots, x_u$,计算其算术平均值

$$\overline{x} = \frac{1}{n} \sum_{i=1}^{n} x_i$$

得各数据的残差

$$v_i = x_i - \overline{x} \quad (i = 1, 2, \cdots, n)$$

按贝塞尔公式计算标准差

$$s_c = \sqrt{\frac{\sum_{i=1}^{n} v_i^2}{n-1}}$$

该标准差即可表征测量仪器的随机误差的影响。

考虑到仪器示值误差及其他参数的含义,为保持仪器参数的一致性,应以误差的区间估计(与扩展不确定度表述一致)表示仪器的示值重复性,即

$$\Delta_c = k s_c \tag{5.8}$$

式中,包含因子 k 的取值方法分为以下几种。

(1)按正态分布。

设定置信概率为 $P = 95.45\%$,则 $k = 2$,有

$$\Delta_c = 2 s_c \tag{5.9}$$

当设定 $P = 99.73\%$,则 $k = 3$,有

$$\Delta_c = 3 s_c \tag{5.10}$$

(2)按 t 分布确定。

按统计方法,标准差 s_c 的自由度为

$$v = n - 1 \tag{5.11}$$

按自由度 v 及设定的置值概率 P,查 t 分布表可得 t 分布的临界值 t_α,令 $k = t_\alpha$,则可得置

信概率为 P 的区间估计(与扩展不确定度估计相同)

$$\Delta_c = t_\alpha s_c = t_\alpha \sqrt{\frac{\sum\limits_{i=1}^{n} v_i^2}{n-1}} \tag{5.12}$$

作为仪器示值重复性的表征参数应给出 Δ_c, p(或 t_α) 及 v,使其有一完整的描述,有利于以后用户的引用。

5.4.5　测量仪器的重复性参数的引用

重复性反映随机误差对测量仪器的影响,而且是全部随机误差的综合影响。当使用测量仪器进行测量工作时,重复性作为不确定度分量引入到测量结果的不确定度分析中,反映测量仪器随机误差对测量结果的影响。

作为 A 类不确定度分量引入测量结果的不确定度分析中,应给出扩展不确定度 U_P,置信概率 P(或置信系数 t) 及自由度 v。但现有检定规程或校准规范中并未按这种形式给出重复性,需要做相应的处理。

当技术文件中重复性按正态分布给出区间估计 $\Delta_c = k s_c$,引入测量结果的不确定度分量为 $U_c = \Delta_c$,这一数据只能依 k 值获得置信概率值,无法获知其自由度 v。当按 t 分布给出该项扩展不确定度时,需要获得其自由度,为此需分析其他相关资料获得。一般这种情形获得的自由度的可靠度不高,难以获得准确的结果。

当技术文件中以极差给定重复性时,不能将极差直接作为不确定度分量引入测量结果的不确定度分析中,需做出转换。由极差法计算标准差为

$$s_c = \frac{w_n}{d_n} \tag{5.13}$$

其中, d_n 值及相应的自由度 v 可按 n 值查表 5.1 得到。

表 5.1　极差系数 d_n 及自由度 v

n	2	3	4	5	6	7	8	9
d_n	1.13	1.64	2.06	2.33	2.53	2.70	2.85	2.97
v	0.9	1.8	2.7	3.6	4.5	5.3	6.0	6.8

则由设定的 P 及 v 查 t 分布表可得 t 分布系数 t_α,于是表示重复性对测量结果影响的扩展不确定度为

$$U_c = t_c s_c \tag{5.14}$$

处理程序可表示为

$$w_n \xrightarrow{n \rightarrow d_n} s_c = \frac{w_n}{d_n} \xrightarrow{(P,v) \rightarrow t_c} U_c = t_c s_c$$

例 5.5　测微仪重复 10 次测量结果如下:1 μm, −1 μm, −2 μm, 3 μm, 1 μm, 2 μm, 1 μm, −1 μm, −1 μm, 2 μm,给出该测微仪的示值重复性。

解　取测量结果的算术平均值为

$$\bar{x} = \frac{1}{n} \sum_{i=1}^{n} x_i = \frac{1}{10} \times 5 \text{ μm} = 0.5 \text{ μm}$$

按表 5.2 计算各数据的残差和残差平方。

表 5.2　例 5.5 残差和残差平方计算表

$x_i/\mu m$	1	-1	-2	3	1	2	1	-1	-1	2
$v_i/\mu m$	0.5	-1.5	-2.5	2.5	0.5	1.5	0.5	-1.5	-1.5	1.5
$v_i^2/\mu m^2$	0.25	2.25	6.25	6.25	0.25	2.25	0.25	2.25	2.25	2.25

计算标准差为

$$s_c = \sqrt{\frac{\sum\limits_{i=1}^{10} v_i^2}{10-1}} = \sqrt{\frac{24.5}{10-1}}\ \mu m = 1.65\ \mu m$$

按正态分布规定区间估计

$$\Delta_c = k s_c$$

令 $K=3$，则

$$\Delta_c = k s_c = 3 \times 1.65\ \mu m = 5\ \mu m$$

相应的置信概率 $P=99.73\%$，自由度 $v=10-1=9$。

若按 t 分布规定其区间估计

$$\Delta_c = t s_c$$

按置信概率 $P=99\%$，自由度 $v=9$，查 t 分布表，得 $t=3.25$，于是得

$$\Delta_c = t s_c = 3.25 \times 1.65\ \mu m = 5.36\ \mu m \approx 5.4\ \mu m$$

例 5.6　用质量为 100 g 的砝码校准电子秤，10 次称量结果如下：99.95 g，99.95 g，99.96 g，99.97 g，99.96 g，99.95 g，99.95 g，99.94 g，99.95 g，99.94 g，给出电子秤在 100 g 处的示值误差及示值重复性。

解　（1）计算示值误差。

示值的平均值为

$$\overline{M} = \frac{1}{10} \sum_{i=1}^{10} M_i = 99.952\ g$$

电子秤在 100 g 处的示值误差为

$$\Delta_s = \overline{M} - M_0 = 99.952\ g - 100\ g = -0.048\ g$$

（2）计算示值重复性。

计算测量结果的残差及残差平方，见表 5.3。

表 5.3　例 5.6 中测量结果残差及残差平方的计算列表

M_i/g	99.95	99.95	99.96	99.97	99.96	99.95	99.95	99.94	99.95	99.94
v_i/g	-0.002	-0.002	0.008	0.018	0.008	-0.002	-0.002	-0.012	-0.002	-0.012
$v_i^2/10^{-6}\ g^2$	4	4	64	324	64	4	4	144	4	144

计算标准差为

$$s_c = \sqrt{\frac{\sum\limits_{i=1}^{n} v_i^2}{n-1}} = \sqrt{\frac{760}{10-1}}\ g = 9.2\ g$$

以区间估计表示示值重复性为

$$\Delta_c = k s_c$$

若系数 k 按正态分布取值,设置信概率为 $P = 99.73\%$,则

$$\Delta_c = k s_c = 3 \times 9.2 \times 10^{-3} \text{ g} = 0.027\ 6 \text{ g} \approx 0.028 \text{ g}$$

若系数 k 按 t 分布取值,设置信概率为 $P = 99\%$,而自由度为 $v = 10 - 1 = 9$,查 t 分布表可得系数 $t = 3.25$,则以 t 分布的区间估计表示的示值重复性为

$$\Delta_c = t s_c = 3.25 \times 9.2 \times 10^{-3} \text{ g} = 0.029\ 9 \text{ g} \approx 0.030 \text{ g}$$

5.5 测量仪器的鉴别力(灵敏阈)和分辨力

感知微小量值的能力是测量仪器的基本计量特性之一,它反映测量仪器对被测量值微小变化的敏感程度。

5.5.1 测量仪器的鉴别力(灵敏阈)

1. 鉴别力的概念

测量仪器的鉴别力也称灵敏阈或阈值,它是指被测量单向缓慢改变输入的情况下,测量仪器未产生可觉察的响应变化的最大输入变化。该特性参数反映测量仪器感知被测量值微小变化的能力。

对于模拟式仪器,仪器的响应变化由仪器的指示器指示出来,如仪器指针位置变化、刻度位置变化等。对于数字式仪器,仪器的响应变化由数字显示反映出来。

例如,为检测天平的鉴别力,使天平处于平衡状态,取所加载荷的最大允许误差绝对值的 4/10 的一个载荷轻缓放在天平上或从天平上拿掉,此时天平必需产生一可见的变化,可由指针变动看出,天平指针指示出的位移量不得小于 7/10 的附加载荷的位移量。

对于以刻度指示的目视仪器,阈值通常小于一个刻度值,而数字式仪器,阈值应包含末位一个数字的显示误差,通常要大于末位一个数字。

一般,鉴别力相对示值误差的影响是微小的,对测量结果的影响可不计。当不能忽略其影响时,应将仪器的鉴别力按不确定度分量引入测量结果的不确定度合成中。

2. 参数设计

测量仪器的设计中,鉴别力按不确定度分析方法分析。

为控制鉴别力这一特性对测量结果的影响,应使其相对于示值误差足够小,按不确定度确定微小分量的 1/3 判据,鉴别力值 Δ_j 应控制在最大允许示值误差 Δ_{max} 的 1/3 以内,即

$$\Delta_j \leqslant \frac{1}{3} \Delta_{max} \tag{5.15}$$

则该项因素相对于示值误差的影响是微小的。

影响误差因素包括:机械机构的迟滞摩擦、电子系统的噪声、输出显示的细分能力等,这些误差因素的控制对提高鉴别力有直接效果,为提高仪器精度创造了条件。

3. 参数的引用

当鉴别力影响到测量精度时,应将鉴别力作为不确定度分量引入,并按不确定度的合成关系与其他分量合成。在下述情况中,应注意鉴别力的影响。

（1）鉴别力反映测量仪器感知被测量微小变化的能力，这一能力对测量结果有直接影响。

（2）特别是对于相对测量（比较测量、差动测量）中需要精细分辨量值变化时，该特性有重要意义。

（3）对指零仪表，鉴别力也同样有重要意义，指零仪表工作时要求能分辨量值的微小变化，以便准确给出零位信号，对保证测试精度有直接作用。

5.5.2　测量仪器的分辨力

1. 测量仪器分辨力的意义

测量仪器分辨力指测量仪器能有效辨别的最小示值差值。

对于数字显示的测量仪器，分辨力为所显示数字的最小当量。

数显仪器的末位数字步进量可以是 1，2 或 5，则相应于末位 1，2 或 5 的被测量变动（最小当量），即为其分辨力。

对于目视读数的刻度式仪器，分辨力为最小刻度的半个刻度相应的量值，即刻度值的一半所表示的量值大小，这是因为人眼判断示值可准确到半个刻度。

2. 参数设计

（1）影响分辨力的因素。

测量仪器的分辨力表现为其显示装置的分辨能力，实际上这种能力不仅取决于显示装置，还与测量仪器的转换放大等诸环节有关。

①输出环节。输出环节（显示装置或显示系统）的细分能力是决定分辨力的关键因素之一，其细分能力与输出环节的原理特点、参数设计、模拟或数字显示方式等方面有关。

②转换放大环节。测量仪器的转换放大能力是决定其分辨力的另一关键因素，包括信号的拾取转换、信号的放大、模数转换等。

总体来讲，测量信号的转换放大能力越强，显示系统的细分能力越强，则分辨力数值越小，这是分辨力参数设计的基本出发点。

（2）分辨力参数设计要点。

①信号转换放大环节具有足够大的转换放大比，使其具有足够大的输出信号。

②输出环节具有足够的细分能力，选择适当的原理、结构，恰当地确定装置参数，可获得所需的细分能力。

③分辨力值应与示值误差最大允许值相匹配，过大会影响测量精度，过小则不经济。分辨力值与示值误差最大允许值的关系按统计关系处理，按 1/3 原则，应使分辨力值 a 与示值误差最大允许值 Δ_{max} 满足

$$a \leqslant \frac{1}{3}\Delta_{max} \tag{5.16}$$

则可认为分辨力相对示值误差是微小的，对测量结果的影响可不计。a 值过小则无实际意义，当

$$a \leqslant \frac{1}{10}\Delta_{max} \tag{5.17}$$

时，分辨力 a 已对测量数据有效数字的影响十分微小了。故一般可选定为

$$\frac{1}{10}\Delta_{\max} \leqslant a \leqslant \frac{1}{3}\Delta_{\max} \qquad\qquad (5.18)$$

④考虑示值重复性表征仪器测量示值的分散性,为能反映这一影响,分辨力应更精细,即一般为

$$a < \Delta_c$$

式中　Δ_c——仪器测量示值重复性。

3. 评定方法

对数字显示仪器,分辨力为最小步进数字相应的被测量变化量;对于标尺类显示的仪器,分辨力为刻度值的一半。

当不能直接判定时,需有分辨力更高的仪器提供标准量,由显示器读取相当于一个分辨力单元所对应的标准量值变化,这一变化量即为其分辨力。

4. 参数的引用

一般分辨力对测量结果影响较小,可不计;在特殊情况下,该影响不可忽略,则应在测量结果不确定度分析中考虑,分辨力值按扩展不确定度分量引入。

5.6　测量仪器的稳定性

5.6.1　测量仪器稳定性的概念

测量仪器保持其计量特性的能力称为稳定性。对于不同的仪器,其具体的定义也有差别,应依据相应的标准给出。对于稳定性数据的评定、引用都要严格地依据标准执行。

一般,稳定性指仪器随时间变化保持其计量特性的能力,对其他条件而言的稳定性则要特别说明,例如,仪器的热稳定性是指仪器特性随温度变化保持计量特性的能力。

评定稳定性所指的计量特性一般仅指其示值误差。因此,有时稳定性又称为示值稳定性。

对于时间的稳定性,可分为长期稳定性和短时稳定性。

①长期稳定性。考察经过长期间隔(经若干天后)仪器再次开机时的示值变化。

②短时稳定性。考察仪器一次开机连续工作一定时间段的示值变化,有时也称示值漂移,连续工作时间可以是 2 h,4 h,8 h,24 h 甚至更长。短时稳定性常表现为零位变化,故也常称为零点漂移。

5.6.2　影响稳定性的误差因素

对于特定因素的稳定性,影响因素是确定性的,是按一定规律变化的因素,需要明确的是其影响关系。

例如,考察量块尺寸的热稳定性,需要通过测量给出其线膨胀系数;对于标准电阻的热稳定性,则要通过精密测量给出其温度系数;对于任何仪器的热稳定性,都要通过实验给出其热特性。通过实验给出的仪器热稳定性可用于示值修正或特性评价。

对于时间的稳定性,其影响因素很多。

影响短时稳定性的因素有:机械位移、力变形、热变形、电子器件及电子线路的热变化、光学元器件的热变化、电源波动、电磁环境变化、测量条件变化等,特别是热的影响是最为普遍的。

影响长期稳定性的因素:无器件的老化、材料性能的渐变、应力释放、机械磨损、变形、工作状态的缓慢变化等。

5.6.3　参数设计

对于特定因素的稳定性参数设计,要考虑仪器特性及使用要求。

对时间的稳定性参数设计,要考虑:

(1)考察时间段的长短。

(2)允许示值变化的范围。

(3)调整方法。

(4)校准和评定方法。

1. 短时稳定性(漂移)设计

考察时间段的长短和允许示值变化的范围是短时稳定性定义的两大要素,是评定短时稳定性的基本数据。

(1)考察时间段的长短。

考察短时稳定性的时间段由仪器的特性和使用要求决定。考察时间段应是一次开机连续工作的时间,在仪器特性允许的条件下,考察的时间段应尽可能长,以保证仪器实际使用时,一次开机连续工作的要求。考察短时稳定性的时间段的长短决定了仪器的调整周期。

(2)示值变化允许值。

在考察时间段内,仪器的示值变化应控制在允许的限度内,使其对测量结果不产生显著影响,即短时稳定性所规定的示值变化范围相对于示值误差的最大允许值应是微小的,示值变化应小于示值误差最大允许值的 $1/3$。

此外,设计时除了要考虑时间段长短,允许示值变化的范围,还要考虑以下几点。

(1)校准方法。

通过校准,给出仪器示值的变化,从而判定其示值稳定性。通常在一次开机连续工作时间内,仪器的示值变化需要在测量现场校准并调整、补偿。因而,校准方法应满足简便、易于操作的要求,以便现场实时校准。

(2)调整环节的设置。

实现对示值变化的调整,使零位复原,也常称"调零",调整操作常在仪器开机进行,因此调整周期就是短时稳定性考察的时段。调整环节应在调整周期内保持稳定,避免调整环节影响示值,并有足够的调整灵敏度。

(3)仪器系统设计的误差补偿。

采用误差补偿环节、抑制漂移、采用对称设计等措施对漂移的控制有显著效果。

(4)测量仪器的预热。

电子仪器等有源仪器,电热影响常是引起示值漂移的重要因素,仪器设计中,除考虑控制热源而外,通常要考虑仪器使用中的预热,预热使仪器达到热平衡而使其工作处于平衡状态。预热时间应保证仪器达到热平衡,但过长的预热时间给使用带来不便。

2. 长期稳定性参数设计

同样,考察长期稳定性的时间段和示值的允许变化值决定了长期稳定性,是长期稳定性参数设计、评定、引用考虑的基本因素。

(1)考察长期稳定性的时间段。

在考察时间段内,仪器示值变化应在允许范围内。仪器长期稳定性考察的时间段决定了检定周期,因此考察时段尽可能长,以延长检定周期,通常长期稳定性的考察时段为一年或更长。受仪器特性限制,考察时段加长,会使示值变化增大,超出设计要求,因而考察周期也不能太长。

(2)在考察时段内仪器示值变化允许范围。

在考察时段内仪器示值变化应在允许范围内,该允许值应不大于其示值误差允许值,以保证使用精度。仪器的检定周期不能过短,这决定了仪器长期示值变化不易控制在十分微小的程度。

长期稳定性参数设计时,除考虑考察时间段的长短,示值允许变化的范围,还需对下述问题予以考虑。

①检定周期。检定周期尽可能长,便于计量管理,节约成本,一般限定为一年或更长,但必须满足稳定性要求。

②调整环节设置。经检定后,仪器示值的变化可借助于调整环节消除,要求该环节具有足够的调整灵敏度和极好的稳定性,保证在检定周期内无显著变化。

③补偿环节设置。补偿环节可对示值的长期变化予以补偿,改善其稳定性。

④老化处理。对元器件、材料老化处理,包括过载老化和时效老化。老化处理加速元器件和材料的微观变化,使其趋于稳定。

5.6.4　稳定性参数评定

仪器稳定性反映其示值随时间(或其他因素)而变化的误差因素的影响,属于系统误差,因此评定时只计系统误差,而排除随机误差的影响。

对时间的稳定性评定可有两种方式:一种是考察计量特性变化一定量的时间;另一种是考察一定时间段内,计量特性变化量,一般采用后者。

对于零位稳定性(零点漂移),只需考察仪器在起止时间的零位变化。例如,起始时间在仪器为 0 输入的情况下,仪器连续开机一个规定的考察时间段以后,仪器输出偏离 0 的量值变化为零位稳定性。

对于长期稳定性的评定,按检定周期检测仪器的示值变化,该示值变化是指对于同一被测量,被考察的仪器在测量时段前后的测量示值变化,所得示值变化即表示其长期稳定性。检定所用仪器设备、检定方法、数据处理等都与示值误差的检定方法一致。

5.6.5　稳定性数据的引用

影响仪器稳定性的是系统误差,稳定性反映仪器示值的系统变化。但由于仪器稳定性数值为其示值变化的范围而不是具体的系统偏差,故不可用于对测量数据进行修正,只能作为不确定度分析。

一般该项影响未包含在示值误差中,所以测量结果不确定度分析中应计入稳定性的影响,特别是长期稳定性。若仪器的精度参数中,示值误差已包含了长期稳定性的影响,则在分析测量精度时,无需再考虑其影响。

只有在用校准的方法给出某一具体测量仪器因稳定性误差而产生的示值变化,此时所给示值变化的具体数据才可用于仪器示值修正。此时影响测量精度的仅是校准误差。

5.7　测量仪器的线性度

5.7.1　线性度的概念

测量仪器输入、输出特性线偏离直线关系的程度称为线性度误差。不同的仪器,其具体的定义也有差异,由相应的标准给出。其评定和引用,应严格依据定义做出。显然,这一误差的影响与测量范围有关,一般测量范围越大,其影响就越大。因此线性度的定义应包含考察的示值范围和相应的线性度误差两项因素。

出于设计、制造和使用等方面的考虑,通常仪器设计的输入-输出特性线(或称定度曲线当量转换曲线)为直线。但仪器的实际的输入-输出特性线则常偏离线性关系。

通常的各类传感器的输入-输出特性线以非线性居多,因此这类非线性误差是测量仪器中较为普遍的一类误差。非线性误差常是测量仪器重要的误差因素之一,有时甚至是主要的误差因素。

当给定测量仪器特性曲线时,非线性误差为已知的系统误差,可通过修正或补偿消除其影响。通常的测量仪器并不给出这一特性曲线,而只是给出仪器测量范围内非线性误差的最大值,应视为误差的区间估计,在将其引入测量的不确定度分析中,应按扩展不确定度分量处理。

一般,测量仪器的示值误差评定中包含了非线性误差的影响,故在分析测量结果的不确定度时不再单独将这一分量引入。

5.7.2　影响线性度的因素

影响线性度的因素为系统误差。其可能的来源有多种。

(1)原理误差。

非线性关系近似按线性关系处理,引入原理误差。如图 5.5所示,在正弦原理测量机构中,被测小角度 α 与直接测量的线位移 s 的关系为 $\sin \alpha = \dfrac{s}{l}$。当 α 很小时,可近似为 $\alpha = \dfrac{s}{l}$,则 s 的非线性误差为

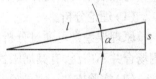

图 5.5　正弦原理测量机构示意

$$\delta = \alpha l - l\sin \alpha = l(\alpha - \sin \alpha)$$

原理误差常可依据测量原理进行分析计算,必要时可进行补偿处理。

(2)器件非线性。

器件特性的非线性引起仪器系统的非线性,如测温电阻与温度关系的非线性,电容位移传感器电容与位移关系的非线性,应变式测力传感器应变片的变形与力值的非线性等。在各类传感器中,器件的非线性是常见的。

（3）系统非线性。

机械系统的非线性传动、电路系统、光路系统等输入输出关系常具有非线性，都可对仪器特性产生非线性影响。可以说，测量系统的非线性是普遍存在的，只是通常这一非线性不明显，可视同线性关系。

（4）环境因素的非线性。

环境因素的非线性变化，如环境温度的非线性变化、电压波动及其他因素的变化。

非线性因素中，有大周期的非线性，在测量范围内非线性误差具有一个周期，小周期变化的非线性则在仪器的测量范围内呈多周期变化。通常测量仪器的非线性以大周期为主。例如光栅测角仪器中，光栅盘的安装偏心引起的误差服从正弦规律，为大周期误差，是其主要的误差成分。其次还有若干小周期误差，通常其量值较大周期误差小得多。

5.7.3　参数设计

测量仪器的线性度以测量范围内非线性误差的最大值表示。该最大值常以特性曲线的峰–峰值给出，即以测量仪器的特性曲线相对特性直线的最高点与最低点输出坐标之差，如图 5.6 所示，以定度直线为轴，非线性曲线最高点 a' 最低点 b' 纵坐标之差为

$$\Delta = (y_a' - y_a) - (y_b' - y_b)$$

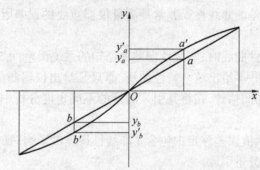

图 5.6　特性曲线的线性度

即为其特性的线性度。

特性曲线的获得方法如下：

（1）理论分析。

原理误差常可通过分析计算获得，可获得较为准确的结果，方法简便，易于实现。但使用场合并不广泛，有其局限性。

（2）实验方法。

与示值误差的检测相同，在仪器的测量范围内逐点检测，给出特性曲线（拟合方法）。这是获得仪器输出特性的基本方法，应用广泛。因为实验方法需要有高一级精度的测量仪器作为标准，进行测试实验，故实施也受限制。

对测量仪器特性评定时，按如下步骤实施：

（1）确定测量范围。测量范围与线性度数值有密切关系，必须严格按仪器规定的工作范围评定。

（2）做出特性曲线。在测量范围内通过分析或测量实验给出仪器的特性曲线。

（3）评定线性度或进行修正。由获得的特性曲线按定义评定仪器的线性度，也可按给定的特性曲线对测量数据进行修正，或对仪器实施误差补偿。

一般线性度只给出仪器特性最大非线性误差（按绝对值给出），此时线性度误差的影响不应超过示值误差的最大允许值（按绝对值给出）。

当按特性曲线进行误差补偿时，则影响测量结果的仅是特性曲线的测试误差，以测量不确定度表示，应有

$$U_\Delta \leqslant \Delta_{s\,max} \tag{5.19}$$

式中　U_Δ——特性曲线测试的不确定度；

Δ_{smax}——仪器示值最大允许误差。

例如，经激光测长仪检测得到光栅尺的特性曲线。当不做误差补偿，使用光栅尺测长时，其非线性误差主要的影响示值误差。将该光栅尺装于测长机上直接使用，则光栅尺的非线性误差产生的测量误差不能大于测长机的示值误差最大允许值。当对该非线性误差进行补偿，则该非线性误差不再对测长机示值产生影响。影响测长机示值的仅是光栅尺特性的检测误差，即激光测长仪的误差，其影响以激光测长仪在测试特性曲线时的测量不确定度表示。应严格控制这一测量不确定度，使之满足测长机示值误差修正的精度要求。

控制非线性误差可考虑如下措施：

（1）克服误差因素。这是根本的措施，但受条件限制，系统中常难以完全消除非线性误差。

（2）采取误差补偿技术。当按一定精度获得特性曲线后，可通过数据处理系统对测量输出予以补偿，也可据以对给出的测量结果进行修正，这一措施具有直接效果。

（3）控制测量范围。一般，测量范围越小，非线性误差的影响就越小，有时可将仪器示值分成几挡，高精度挡测量范围小，依次各挡精度降低，但测量范围增大。这可缓解精度与测量范围的矛盾。对克服非线性误差影响有显著效果。

（4）确定适当的分度特性直线。对于同样的特性曲线，分度特性直线不同，影响也会不同。图 5.7 所示仪器的特性曲线，分度线依次按 a, b, c 配置，其效果渐次有所改善。图 5.7（a）所示分度线是过零点仪器特性线的切线最大示值误差在最大示值处，其值最大；图 5.7（b）所示分度线是仪器特性线两端点的连线，最大误差在中部，其值小于前者；图 5.7（c）所示分度线分割特性曲线使最大误差分散，从而显著减小非线性误差的影响。

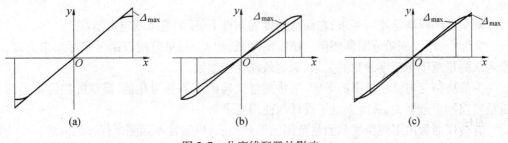

图 5.7　分度线配置的影响

5.7.4　特性曲线的引用

当给出仪器的输入-输出特性曲线时，非线性误差为系统误差，可按该曲线进行误差补

偿,不对测量结果产生影响。影响测量结果的仅是特性曲线的检测误差,此时检测不确定度作为分量可引入测量结果的不确定度分析。

当仅给出特性线的峰-峰值,有时则应将其视为扩展不确定度分量计入测量结果。

如图 5.8(a)所示,测量示值 x 的误差为 δ,以其单边最大值作为不确定度分量引入测量结果的不确定度合成中;如图 5.8(b)所示,测量示值为 x_2-x_1,则影响测量结果的是 $\delta_2-\delta_1$,故此时应以峰-峰值作为不确定度分量引入测量结果的不确定度分析。

可见,对测量结果的影响,与示值误差不完全相同。要考虑误差作用机制,确切分析其影响。

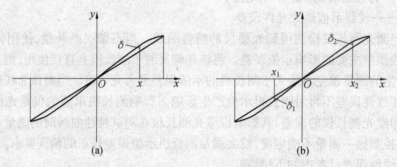

图 5.8　线性度误差的引用

5.8　测量仪器的测量范围

5.8.1　测量范围的概念

仪器的测量范围是指其所能测量的被测量的范围。测量范围是仪器的主要特征参数之一,是表示测量仪器性能的具有指标意义的参数。

测量范围反映测量仪器的一种能力。虽然测量范围不是反映精度的参数,但与测量精确度密切相关。一般来说,测量范围与测量精度成反比例关系。当以相对误差评定精度时,精度参数反映了这一关系。

5.8.2　参数设计

测量范围应满足使用要求,在保证精度的条件下,使测量范围越大越好。

实际上,增大测量范围常要伴随精度的降低,因此,测量范围以满足实际要求为度。综合考虑测量范围与精度参数的关系,确定最佳性能参数。

为解决精度与测量范围的矛盾,常将测量仪器的示值分为几挡,高精度挡测量范围小,低精度挡测量范围大,从而满足了设计与使用要求。

有些仪器做出不同精度和测量范围的系列产品,以满足不同测量任务的需要。

测量范围应是满足精度要求的示值范围,不能满足精度要求的测量范围是没有意义的。

因此,测量范围与测量精度参数是紧密相关的,不能割裂讨论。

5.9　测量仪器动态参数概述

前述仪器的计量参数属于静态参数,即对于固定不变的被测量,测量仪器表现出的计量特性。静态参数反映了测量仪器的基本计量特性,是评价测量仪器的基本参数。动态测量针对的是变化量的测量,动态测量对于仪器提出了不同的新要求。动态测量仪器应能准确地反映动态量的变化。反映仪器动态测量性能的参数从不同角度反映了仪器的快速反应能力,这是不同于静态参数的,但静态参数仍是其基本特性描述。本节仅概要地叙述动态测量仪器的基本参数。

对于恒定不变的被测量的测量工作,通常称之为静态测量。对于随时间(或空间等)变化的被测量的测量工作,通常称之为动态测量。

动态测量数据具有时变性,即测量数据随时间或空间等参量的变化而变化。被测量随时间(或空间等)的这一变化应视为随机过程,测量仪器应能确切地反映这一变化,准确地给出测量曲线。

随时间(或空间等)变化的测量数据可按时域描述或频域描述。如图 5.9 所示,按时域描述时,动态数据可用函数式表述为随时间变化的函数。其特性曲线的横轴表示时间(或空间等),纵轴表示被测量幅值,其量值是依时间(或空间等)而变的变量。如电网电压随时间波动变化,实验室温度随时间波动变化,螺纹导程误差随其轴向坐标而变,空间飞行器的空间位置随时间而变。时域描述简单直观,但不能反映数据的频率结构。

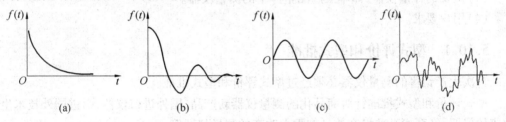

图 5.9　测量数据的时域表示

如图 5.10 所示,按频域描述时,动态测量数据表示成频率强度关于频率的函数,横轴表示频率,纵轴表示频率强度,该函数反映了数据的频率结构。

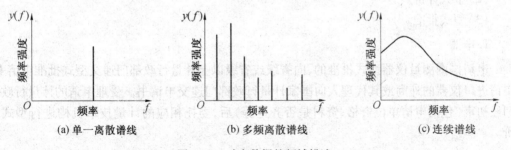

图 5.10　动态数据的频域描述

动态测量针对不同的描述方法,测量方法和数据处理方法也有不同要求。

与静态测量仪器的计量特性要求不同,动态测量仪器必须对变化的动态量具有快速反应的能力,保证准确反映动态量的瞬态变化。这就要求采样、量值转换、放大、数据处理等各环节都具有良好的动态性能,对元器件、材料、系统构成、数据处理算法等都提出了相应的要求。

5.10 测量仪器特性评定的形式

按中华人民共和国国家计量技术规范《测量仪器特性评定》(JJF 1094—2002),测量仪器特性评定形式包括型式评价、检定及校准三种形式。特殊的也可采用其他形式,如核查、比对等。

评定的依据可以是国家计量技术规范、相应的检定规程、校准规范、技术标准、仪器说明书、技术合同、标书等。当没有适当的评定依据时,可直接依据规范 JJF 1094—2002 制定相应的评定方法。因为型式评价和检定属于法制计量,而校准不属于法制计量范畴,故国际法制计量文件《OIML/D15 测量仪器检验用特性的选择原则》中仅规定了型式评价和检定两种评价形式,而未将校准列入其管辖范围。但由于校准工作已成为我国计量工作的重要内容,特别是在工程计量中更是占据重要地位,并日益显现出不可替代的作用,因此我国计量技术规范将校准纳入其管辖范围。

在下列情形中,需对测量仪器进行特性评价:

(1)首次生产销售的测量仪器。

(2)涉及公共利益的测量仪器。

(3)重要的计量仪器,如军工产品生产中的测量仪器。

(4)用户要求。

5.10.1 型式评价和型式批准

首次生产销售的测量仪器必须经过型式评价和型式批准。

型式评价和型式批准针对商品化的测量仪器新产品、国外进口仪器、引进国外技术生产销售的仪器、经型式批准投产前又有重大改变的测量仪器等。

型式评价和型式批准按如下程序实施:

(1)申请。

(2)型式评价。

(3)型式批准。

1. 申请

申请国内测量仪器型式批准的,向省级或省级以上计量行政部门递交型式批准申请书,申请进口仪器的外商或其代理人向国家计量行政部门递交申请书。受理申请的计量行政部门经初审(包括申请单位资格、资料是否齐全等)后,委托相应的计量技术机构进行型式评价。

2. 型式评价

申请型式评价的单位向进行型式评价的计量技术机构提交完整的技术资料和实验样机,由计量机构在一定时间内完成型式评价,并提供评价的技术文件(包括型式评价大纲、型式评价报告、型式注册表等)。

型式评价的内容包括审查技术文件、资料,制定型式评价大纲,进行性能试验,出具型式评价报告等技术文件并上报。评价内容概括如下。

（1）技术资料审查。

审查技术资料是否齐全,是否符合行政管理要求,审查计量技术指标是否合理。

（2）型式评价大纲制定。

依据国家计量检定规程或国家相关标准,参照国家有关推荐标准、国际建议、企业标准等制定型式评价大纲。凡国家计量检定规程中规定了型式评价要求的,按规程执行。

（3）性能实验。

实验项目包括:样机的规格型号、数量的验收、外观检查、标志及法制性结构要求的检查,标准条件下计量性能实验,额定条件下计量性能变化实验,抗干扰性实验,可靠性与寿命实验,安全实验,运输、储存的适应性实验,关键材料与元器件实验及其他特殊实验。

对于改进型仪器,可只做改进部分的实验,对于费事费时、耗损大的项目（如稳定性实验,运输储存适应性实验等）可在研制单位或分包到其他有条件的单位进行实验。

实验的环境条件按型式评价大纲要求规定的标准条件和额定条件实施。

（4）型式评价结果的判定。

型式评价结果的判定原则如下:系列产品中,凡有一种规格不合格的,判该系列不合格。对单一规格产品,凡有一台样机不合格,则判定该批次不合格。

判定方式:分为单项判定和综合判定。实验项目可分为主要项目和非主要项目。主要项目为影响法制管理要求、计量性能、安全性能等方面的项目。非主要项目指不影响法制管理要求、计量性能、安全性能等方面的项目。综合判定依据单项判定结论做出,凡满足以下两种情形之一,即综合判定为不合格:①有一项或一项以上主要单项不合格;②两项或两项以上非主要单项不合格。

（5）型式评价结论。

给出合格与否的结论及其他说明,如分包项目、单位、现场实验等。

不合格的可在 3 个月内改进,改进后送原评价机构重新进行型式评价。

3. 型式批准

计量技术机构完成型式评价以后,向委托方计量行政部门报送型式评价的技术文件,由计量行政部门审查,审查合格的向申请单位颁发型式批准证书,准予使用国家统一规定的型式批准标志和编号。经审查不合格的,需书面通知申请单位。

需申请全国通用型式的,经型式批准后,由计量行政部门将型式批准证书复印件、型式评价大纲、型式评价报告、测量仪器型式注册表报国家计量行政部门审核,审核通过予以公布。

对于已批准的型式不得随意改动、变更。

特殊情况下,国家计量行政部门可给予临时型式批准。

计量技术机构必须对申请单位提供的技术资料保密。

型式评价中产生的纠纷由省级以上计量行政部门调解或仲裁。

5.10.2　测量仪器的检定

测量仪器的检定是测量仪器特性评定的法定形式,它是在经型式评价和型式批准之后的法制计量活动。检定针对量值传递系统的计量仪器、标准器和涉及社会公众利益的计量器具。检定由法制计量部门执行,其他部门没有这一权限。检定实施方法的依据是检定规程,检定规程由计量管理部门颁布。

1. 检定的特点

检定具有法制性。它是为保证量值统一而实施的计量管理的技术手段,为保证科学技术、工农业发展及维护公众利益创造基本条件。

量值传递系统中的检定按计量系统法制要求进行,由基准逐级传递量值直至工作标准,逐级检定标准器,按计量法规文件实施。包括实施检定的框图、使用器具、实现方法、条件要求、数据处理方法等,必须依据相应规程严格执行。

对于涉及社会生活的测量仪器和器具必须通过检定,保证其计量学特性满足使用要求,以保护公众利益,从而纳入法制管理范畴。检定的结果给出检定证书或加盖印记,从而具有法制性。

检定的依据是检定规程,检定规程具有法制性,检定活动必须受检定规程的约束。因此可归纳出检定的法制性表现为:

(1)检定工作受法制性技术文件——检定规程的约束,按规程的方法、仪器、程序来执行。

(2)检定须按检定规程规定的测量不确定度实施,通过严格执行相关计量标准来保证检定的精度要求,其测量不确定度满足检定要求的分析报告已提交给该检定规程的审批部门。

(3)检定结果需给出检定证书或标记等具有法制效力的结果。

2. 检定的执行

(1)测量仪器的首次检定和随后检定。

①测量仪器的首次检定。对于经型式批准投产后,将投入使用的测量仪器须进行首次检定,以保证其计量特性与批准的型式相符,具有法制特性。

首次检定工作包括直观检验和一系列性能实验。

首次检定的执行部门:法制计量部门、计量器具的制造厂或被授权的相关实验室,这取决于其技术能力、仪器设备条件及经济性因素。

首次检定时间:计量器具出厂前、销售前或使用前,依情况和法规而定。

首次检定地点:生产厂,用户现场,法制计量部门的实验室或被授权的独立实验室。

首次检定结果:给出检定证书或标记,表明合格与否,赋予其法制特性。

②测量仪器的随后检定。测量仪器使用一段时间以后所做的检定为随后检定,用以保证测量仪器经一定使用时间以后的计量学性能仍满足相关标准的要求,确认其法制特性。随后检定包括直观检验和一系列的实验。

随后检定的方式:同一型式的仪器全部检定或取抽样部分仪器检定。

随后检定的执行部门:一般由法制计量技术部门负责。也可委托授权独立机构承担,但须审查其是否具备资格。

随后检定的时间:按相关法规规定,或由计量管理部门做出行政决定,特殊的可由用户、修理、校准部门或顾客对计量仪器的疑义而提出。

　　考虑仪器性能保持能力的下降,随后检定的时间间隔应适当缩短。除定期的随后检定外,修理、重新校准、调整、已察觉的功能失常及其他可疑状况,可随时送检。

　　随后检定的时效:随后检定结果的有效性延续至法定周期结束,法定有效期已过尚未检定的仪器则不能使用。特殊的,因某种原因其计量学特性受到质疑,其有效期自动终止。

　　随后检定的地点:由相关法规和具体情况而定,测量过程的检定或重大仪器设备不便运输的应在用户所在地;商品抽样一般在法制计量实验室或授权的其他实验室。

　　检定结果:出具检定证书或加注标记,表明该仪器是否合格,从而重新赋予其法制特性。

　　(2)测量仪器的强制检定和非强制检定。

　　①强制性检定。强制性检定是为保证量值统一,维护公众利益而必须进行的检定。

　　强制性检定步骤及范围:计量传递标准,企、商业单位的最高计量基准,以及用于贸易结算、安全防护、医疗卫生、环境监测等方面涉及公众利益的计量仪器(列入《中华人民共和国依法管理的计量器具目录》《中华人民共和国强制检定的工作计量器具检定管理办法》及其补充规定中)。

　　强制检定的特点如下:

　　a.由政府计量行政部门统一管理,由法定机构或授权的技术机构执行。

　　b.固定送、检关系,定点送检。

　　c.检定周期按检定规程执行,或由计量管理部门按实际情况确定。

　　强制检定的实施如下:

　　a.各级计量行政部门制定实施强制检定的明细目录,规定实施强制检定项目,确定计量标准和方法。

　　b.确定实施的计量技术部门,配备相应的技术手段和具有相应资格的检定人员。

　　c.使用强制检定仪器的单位,应按规定登记造册,报当地计量行政部门备案。

　　d.确定送检周期,并通知使用单位按时送检。

　　e.使用单位应制定使用,维护制度及相应人员。

　　f.计量行政部门对强制检定实施情况进行经常性监督、检查。

　　②非强制性检定。非强制性检定也是法制检定的一种形式,其技术行为仍具有法制性,须按计量检定系统和计量检定规程执行。

　　非强制性检定涉及范围:使用单位中除强制检定以外的其他计量标准和计量仪器。

　　非强制性检定的特点如下:

　　a.非强制性检定由使用单位依法自行管理。

　　b.非强制性检定的送检渠道无需固定。

　　c.检定周期由使用单位按计量检定规程允许的范围自行规定。

　　非强制性检定的实施如下:

　　a.企、事业单位对单位的测量仪器制定具体的检定管理制度,建立测量仪器明细目录及相应的检定周期,适时实施送检,确保仪器的量值准确。

　　b.政府计量行政部门依法监督检查。

　　3.检定规程

　　为使检定工作规范化,必须建立相应的检定规程,这是实现其法治性的基本保证。检定规程以文件的形式将检定工作所使用的仪器、操作方法、程序、数据处理等予以具体的规定,使之操作具有可重复性,他人能按检定规程规定的方法重复进行检定操作,并按规定的精度要求获得检定结果。

检定规程的制定应全面地反映检定的软硬件要求、实施程序等。检定规程的内容包括:应用范围、引用文件、技术要求、检定条件、检定方法、检定数据的处理、检定结果的给出和检定的时间间隔等。检定规程的制定,必须进行检定的不确定度的分析,规程报批时必须提供详细的分析材料,以保证检定工作的精度要求。

应保证检定工作满足精度要求,具有可操作性、唯一性,即具有量值可溯源性。

检定规程由国家计量管理部门组织制定,并颁布执行。检定规程一旦颁布,就具有法制效力,必须遵守。

5.10.3　测量仪器的校准

1. 校准的概念

校准是依据校准规范,由测量标准复现的量值按一定的精度传递至被校准仪器所指示的量值的技术操作,是实现量值溯源的过程。

校准的目的是保证仪器测量示值具有溯源性,在一定精度水平上达到量值的统一。

校准的内容:在规定的条件下,以测量标准对测量仪器的特性赋值,并确定其示值误差,实现测量仪器示值在一定精度的意义上的溯源。

校准的特点:测量仪器的校准不属法制管理范畴,是企业自主的量值溯源行为;校准只确定测量仪器的示值误差,而不判断仪器合格与否,校准实验室只对校准精度的可靠性负责。

校准的溯源性:按预定的精度要求,选定量值标准,建立量值溯源链,确定校准方法、仪器设备、校准环境条件、数据处理方法,并给出校准数据。校准实验室将量值溯源方法、内容与相应的校准不确定度一并列入校准证书,校准方法一般由校准规范统一规定,有时也可自行规定。

校准不确定度是校准精度的表述,应按不确定度的分析方法分析。不确定度常以扩展不确定度表述,各不确定度分量一般应按 t 分布合成。

2. 校准方法设计

因为测量仪器的校准不属于法制计量范畴,一般不一定完全由法制计量系统实现校准活动。校准的实现需要设计相应的校准方法,包括校准的仪器设备、环境条件、操作方法、数据处理及量值传递系统、标准量的选择使用等。

精度分析是校准方法设计的核心内容,用以指导校准方法的设计。精度分析采用不确定度的分析方法。

最终校准方法的可行性应由校准不确定度来评价。

校准方法应由校准规范予以规定,以文件的形式加以固定,以确保校准工作的规范性、可复现性。

概括起来说,校准方法设计应包括如下内容:

(1)进行精度设计,用以选定标准量,确定量值溯源链。

(2)设计量值溯源方法,涉及仪器设备、环境条件、操作方法、数据处理方法等。

(3)校准不确定度的分析,给出校准方法的扩展不确定度表述。

(4)制定校准规范,以技术文件的形式将校准方法程式化、规范化。

3. 校准不确定度

在校准方法设计中,校准不确定度的分析计算具有关键性意义。分析的结果表征校准方法设计的可行性。校准方法的扩展不确定度分析、合成按 t 分布方法处理,即应严格按中华人民共和国国家计量技术规范《测量不确定度评定与表示》(JJF 1059.1—2012)中规定的方法处理,详见第 3 章。

4. 校准规范

为实现校准工作的规范化,使之具有可复现性,以保证量值的可溯源性,必须建立相应的校准规范。校准规范属法规性文件,它以文件的形式将校准工作中所使用的仪器、操作方法、程序、数据处理等予以具体的规定,使之操作具有可重复性,他人能按校准规范规定的方法重复进行校准操作,并按规定的精度要求获得校准结果。

全国性的校准规范由国家计量管理部门负责组织制定,部门性的校准规范则由相应的部门,如各种独立校准实验室等负责组织制定,研制的新型仪器,则由研制单位编制相应的校准规范并经型式批准。

校准规范内容应全面地反映校准的软硬件要求,实施程序和最后校准结果的形式,包括:应用范围、引用文件、技术要求、校准条件、校准项目和校准方法、校准结果的处理和校准时间间隔等。

应保证校准工作满足精度要求,具有可操作性、唯一性,即具有量值可溯源性。

例 5.7　由标准电压表测量标准电阻 R 上的电压 V,给出标准电流 $I = \dfrac{V}{R}$,用以校准直流电流表的示值误差 Δ。给出校准结果并分析校准的不确定度。

若将标准电流 I 输入电流表,电流表的示值为 I_x,则该电流表的示值误差为

$$\Delta = I_x - I$$

当标准电压 $V = 1$ V,示值误差允许值为 2.0×10^{-4} V;标准电阻 $R = 0.2$ Ω,准确度等级为 0.02 级,电流表 10 次测量示值分别为 5.002 5 A,5.003 2 A,5.002 8 A,5.003 0 A,5.002 3 A,5.003 8 A,5.003 5 A,5.002 6 A,5.003 1 A,5.002 7A。

(1)给出电流表该处的示值误差 Δ 和示值重复性。

(2)分析所给示值误差 Δ 的扩展不确定度 $U_\Delta (P = 99\%)$。

解　(1)校准结果。

① 示值误差。

按定义,示值误差应排除随机误差的影响,故其示值结果应取 10 次测量结果的算术平均值,该算术平均值与给出的标准电流之差即为电流表在示值 5 A 处的示值误差。

$$\Delta = \bar{I}_x - I = \frac{1}{n} \sum_{i=1}^{n} I_{xi} - \frac{V}{R} = \frac{1}{10} \sum_{i=1}^{10} I_{xi} - \frac{1 \text{ V}}{0.2 \text{ } \Omega} = 0.002\ 95 \text{ A}$$

② 示值重复性。

计算测量结果的算术平均值为

$$\bar{I}_x = 5.002\ 95 \text{ A}$$

则各测量结果的残差按下式计算：

$$v_i = I_{xi} - \bar{I}_x = I_{xi} - \frac{1}{n}\sum_{i=1}^{n} I_{xi}$$

得各残差如下：

$v_1 = -0.000\ 45\ \text{A}, v_2 = 0.000\ 25\ \text{A}, v_3 = -0.000\ 15\ \text{A}, v_4 = 0.000\ 5\ \text{A}, v_5 = -0.000\ 65\ \text{A}$

$v_6 = 0.000\ 85\ \text{A}, v_7 = 0.000\ 55\ \text{A}, v_8 = -0.000\ 35\ \text{A}, v_9 = 0.000\ 15\ \text{A}, v_{10} = -0.000\ 25\ \text{A}$

则标准差为

$$s = \sqrt{\frac{\sum_{i=1}^{n} v_i^2}{n-1}} = 0.000\ 465\ \text{A}$$

其相应的自由度为

$$v = n - 1 = 10 - 1 = 9$$

按置信概率 $P = 99\%$，自由度 $v = 9$，查 t 分布表，得 t 分布系数

$$t = 3.25$$

示值重复性以扩展不确定度表示为

$$W = ts = 3.25 \times 0.000\ 465\ \text{A} \approx 0.001\ 5\ \text{A}$$

（2）示值误差 Δ 的校准扩展不确定度 U_Δ。由测量方程

$$\Delta = \bar{I}_x - \frac{V}{R}$$

得误差式

$$\delta\Delta = \delta\bar{I}_x - \frac{1}{R}\delta V + \frac{V}{R^2}\delta R$$

其相应的标准不确定度合成式为

$$u_\Delta = \sqrt{u_{\bar{I}x}^2 + \frac{1}{R^2}u_V^2 + \frac{V^2}{R^4}u_R^2}$$

现分析各项分量。

① 电流表读数标准不确定度。电流表读数误差影响校准的仅是其重复性误差，可由贝赛尔公式估计以上结果：

$$s = \sqrt{\frac{\sum_{i=1}^{n} v_i^2}{n-1}} = 0.000\ 465\ \text{A}$$

自由度为

$$v_I = n - 1 = 10 - 1 = 9$$

算术平均值的标准差，即算术平均值的标准不确定度为

$$u_{\bar{I}} = s_{\bar{I}} = \frac{s}{\sqrt{n}} = \sqrt{\frac{\sum_{i=1}^{n} v_i^2}{n(n-1)}} = 0.000\ 147\ \text{A}$$

其自由度为

$$v_{\bar{I}} = v_I = 9$$

② 标准电压的标准不确定度。标准电压表的示值误差可视为其示值的 $k = 3$ 的扩展不确定度,其标准不确定度为

$$u_V = \frac{U_V}{k} = \frac{2.0 \times 10^{-4} \text{ V}}{3} = 6.67 \times 10^{-5} \text{ V}$$

其相对不确定度估计为

$$p = \frac{\Delta u_V}{u_V} = 0.1$$

则自由度估计为

$$v_V = \frac{1}{2} \left(\frac{u_V}{\Delta u_V} \right)^2 = 50$$

③ 标准电阻值的标准不确定度。标准电阻精度等级标示其相对误差,其扩展不确定度为

$$U_R = R \times 0.02\% = 0.2 \text{ } \Omega \times 0.02\% = 4 \times 10^{-5} \text{ } \Omega$$

其置信概率为 $P = 95\%$,即 $k = 2$,则标准不确定度为

$$u_R = \frac{U_R}{k} = \frac{4 \times 10^{-5} \text{ } \Omega}{2} = 2 \times 10^{-5} \text{ } \Omega$$

其相对不确定度估计为

$$p = \frac{\Delta u_R}{u_R} = 0.1$$

则其自由度为

$$v_R = \frac{1}{2} \left(\frac{u_R}{\Delta u_R} \right)^2 = 50$$

④ 合成标准不确定度。合成各项分量为

$$u_\Delta = \sqrt{u_{Ix}^2 + \frac{1}{R^2} u_V^2 + \frac{V^2}{R^4} u_R^2} =$$

$$\sqrt{0.000\,147^2 + \frac{1}{0.2^2} \times (6.67 \times 10^{-5})^2 + \frac{1}{0.2^4} (2 \times 10^{-5})^2} =$$

$$6.18 \times 10^{-4} \text{ A}$$

⑤ 合成有效自由度。

$$v_c = \frac{u_\Delta^4}{\sum\limits_{i=1}^{n} \frac{a_i^4 u_i^4}{v_i}} = \frac{(6.18 \times 10^{-4})^4}{\frac{(1.47 \times 10^{-4})^4}{9} + \frac{(5 \times 6.67 \times 10^{-5})^4}{50} + \frac{(25 \times 2 \times 10^{-5})^4}{50}} = 94$$

⑥ 按 t 分布求扩展不确定度。

按置信概率 $P = 99\%$,自由度 $v_c = 94$,查表得 t 系数为

$$t_{99} = 2.629$$

U_Δ 按 t 分布给出为

$$U_{\Delta 99} = t_{99} u_\Delta = 2.629 \times 6.18 \times 10^{-4} \text{ A} = 1.6 \times 10^{-3} \text{ A}$$

例 5.8　光照度计示值校准中,标准灯按标准光强发光,在某一固定距离上,被校准的光照度计接收标准灯发出的光,读出光照度计的读数,连续读取 10 次读数 $E_i (i = 1, 2, \cdots,$

10)，则光照度计示值误差为

$$\Delta E = \overline{E} - \frac{I}{L^2}$$

式中　　$\overline{E}$——照度计示值的算术平均值，$\overline{E} = \frac{1}{n} \sum_{i=1}^{n} E_i$；

　　　　I——标准灯的发光强度；

　　　　L——标准灯丝面至照度计测试面的距离。

已知：标准灯光强 $I = 1\,000$ cd，相对扩展不确定度 $U_{reI} = 1.2\%$，其不确定性为 $p = \frac{\Delta U_{reI}}{U_{reI}} = 0.1$；距离 $L = 1$ m，相对扩展不确定度为 $U_{reL} = 0.2\%$，其不确定性为 $p_L = \frac{\Delta U_{reL}}{U_{reL}} = 0.1$。

由照度计 10 次读数得测量数据（单位为 lx）：1 014，1 016，1 013，1 019，1 017，1 010，1 015，1 016，1 012，1 016，试给出该照度计的示值误差、重复性，并分析校准不确定度。

解　（1）校准结果。

① 照度计在 1 000 lx 处的示值误差为

$$\Delta E = \overline{E} - \frac{I}{L^2} = \frac{1}{n} \sum_{i=1}^{n} E_i - \frac{I}{L^2} = \left(\frac{1}{10} \times 10\,148 - \frac{1\,000}{1^2} \right) \text{lx} = 15 \text{ lx}$$

② 照度计的重复性。由贝塞尔公式可得测量数据的标准不确定度（标准差）为

$$u_E = \sqrt{\frac{\sum_{i=1}^{n} v_i^2}{n-1}} = \sqrt{\frac{\sum_{i=1}^{n} (E_i - \overline{E})^2}{n-1}} = 2.625 \text{ lx}$$

其自由度为

$$v = n - 1 = 10 - 1 = 9$$

按置信概率 $P = 99\%$，自由度 $v = 9$，查 t 分布表得系数

$$t = 3.25$$

则照度计的示值重复性按扩展不确定度表示为

$$W_E = t u_E = 3.25 \times 2.625 \text{ lx} = 8.5 \text{ lx}$$

（2）示值误差校准的不确定度。测量示值的误差表达式为

$$\delta \Delta E = \delta \overline{E} - \frac{1}{L^2} \delta I + \frac{I}{L^3} \delta L = \frac{1}{n} \sum_{i=1}^{n} \delta E_i - \frac{1}{L^2} \delta I + \frac{I}{L^3} \delta L$$

标准不确定度表达式为

$$u_{\Delta E} = \sqrt{\frac{1}{n} u_E^2 + \frac{1}{L^4} u_I^2 + \frac{I^2}{L^6} u_L^2}$$

现分析各项分量：

① 照度计的标准不确定度分析。影响校准精度的因素应是照度计的重复性，故按其重复性估计。由重复测量数据，按贝赛尔公式计算

$$u_E = \sqrt{\frac{\sum_{i=1}^{n} v_i^2}{n-1}} = \sqrt{\frac{\sum_{i=1}^{n} (E_i - \overline{E})^2}{n-1}} = 2.62 \text{ lx}$$

其自由度为

$$v_E = n - 1 = 10 - 1 = 9$$

② 标准灯发光强度 I 的标准不确定度。按《光照度计检定规程》（JJG 245—1991），该标准灯发光强度的相对扩展不确定度为 $U_{\text{re}I} = 1.2\%$，当发光强度为 1 000 cd 时，其扩展不确定度为

$$U_I = IU_{\text{re}I} = 1000 \text{ cd} \times 1.2\% = 12 \text{ cd}$$

设其不确定性为

$$p = \frac{\Delta U_I}{U_I} = 0.1$$

则其扩展不确定度的自由度为

$$v_I = \frac{k^2}{2}\left(\frac{U_I}{\Delta U_I}\right)^2 = \frac{3^2}{2}\left(\frac{1}{0.1}\right)^2 = 450$$

按置信概率 $P = 95\%$，自由度 $v_I = 450$，查 t 分布表得

$$t_I = 1.96$$

则标准不确定度为

$$u_I = \frac{U_I}{t_I} = \frac{12 \text{ cd}}{1.96} = 6.12 \text{ cd}$$

③ 距离 L 的标准不确定度。标准灯丝面到照度计的测量受光面的距离 $L = 1$ m，按 JJG 245—1991 规定，L 值的相对扩展不确定度为 $U_{\text{re}L} = 0.2\%$，其扩展不确定度为

$$U_L = LU_{\text{re}L} = 1 \text{ m} \times 0.2\% = 2 \times 10^{-3} \text{ m}$$

设其不确定性为

$$p = \frac{\Delta U_L}{U_L} = 0.1$$

则其自由度为

$$v_L = \frac{k^2}{2}\left(\frac{U_L}{\Delta U_L}\right)^2 = \frac{3^2}{2} \times \left(\frac{1}{0.1}\right)^2 = 450$$

按置信概率 $P = 95\%$，自由度 $v_L = 450$，查 t 分布表，得

$$t_L = 1.96$$

则其标准不确定度为

$$u_L = \frac{U_L}{t_L} = \frac{2 \times 10^{-3} \text{ m}}{1.96} = 1.02 \times 10^{-3} \text{ m}$$

合成各标准不确定度分量

$$u_{\Delta E} = \sqrt{\frac{1}{n}u_E^2 + \frac{1}{L^4}u_I^2 + \frac{I^2}{L^6}u_L^2} =$$

$$\sqrt{\frac{1}{10} \times 2.62^2 + \frac{1}{1^4} \times 6.12^2 + \frac{1000^2}{1^6} \times (1.02 \times 10^{-3})^2} = 6.26 \text{ (lx)}$$

计算有效自由度为

$$v_{\Delta E} = \frac{u_{\Delta E}^4}{\dfrac{\left(\dfrac{1}{\sqrt{n}}u_E\right)^4}{v_E} + \dfrac{\left(\dfrac{1}{L^2}u_I\right)^4}{v_I} + \dfrac{\left(\dfrac{I}{L^3}u_L\right)^4}{v_L}} =$$

$$\dfrac{6.26^4}{\dfrac{\left(\dfrac{1}{\sqrt{10}}\times2.62\right)^4}{9}+\dfrac{\left(\dfrac{1}{1^2}\times6.12\right)^4}{450}+\dfrac{\left(\dfrac{1000}{1^3}\times1.02\times10^{-3}\right)^4}{450}}=484$$

按置信概率 $P=99\%$，自由度 $v_{\Delta E}=484$，查 t 分布表，得

$$t_{\Delta E}=2.576$$

则在 1 000 lx 处对照度计示值进行校准的扩展不确定度（即所给照度计的示值误差 ΔE 的扩展不确定度）为

$$U_{\Delta E}=t_{\Delta E}u_{\Delta E}=2.576\times6.26\ \text{lx}=16\ \text{lx}$$

相对扩展不确定度为

$$U_{\text{re}}=\dfrac{U_{\Delta E}}{E}=\dfrac{16}{1000}=1.6\times10^{-3}=0.16\%$$

5.11 按计量学特性评定仪器的精度等级

所有生产、销售和使用中的测量仪器都必须做符合性评价，即通过计量学手段评定其计量特性是否满足相应标准的要求。

通过检定或校准给出仪器的各项性能参数的数据，与标准规定的相应参数相比较，看其是否在最大允许值的范围内。若各项特性参数均在其允许值范围内，则判定仪器符合标准规定，为合格品，否则为不合格品。

对仪器的符合性评价以仪器的示值误差为中心，示值误差是量值传递的主参数，但同时要求其他各项参数也都满足相应的要求。

对仪器的符合性评价方式分为两种：

（1）按标准规定的限值做符合性评价。即经检定或校准给出仪器的示值误差及其他相应的参数，看其是否满足标准预定的要求，若满足要求，则判定仪器的该项参数合格。用户按该参数精度选择、使用仪器。

（2）按精度等级对仪器进行评价。为便于生产、使用和管理，对于应用范围广、数量大的常规仪器，常按仪器准确度对仪器进行等级划分。通过检定给出测量仪器的示值误差，当该值不超过某一挡次的最大允许示值误差要求，并且其他相关特性参数也符合规定要求时，即可判定测量仪器符合该准确度等级。

国家计量技术规范《测量仪器特性评定》（JJF 1094—2002）中对仪器的评定方法做了规定，以示值误差为主的各相关计量特性参数的合理组合评定测量仪器的准确度等级。

测量仪器准确度等级有两种形式：按"级"评定和按"等"评定。简单地说，按"级"评定仪器是按其示值误差的最大允许值评定其级别，按其示值直接使用；按"等"评定仪器是按检定的不确定度评定其等别，按其修正后的示值使用。因此，一般来说，按"等"评定仪器能更好地发挥仪器的精度潜力。

5.11.1 按"级"评定仪器的准确度级别

按"级"评定测量仪器的准确度级别时，是以仪器示值误差的最大允许误差为主要标

志,考察被评定的测量仪器的示值误差是否超出该最大允许误差。按"级"评定测量仪器的准确度级别是仪器精度评定最通用的形式。

利用检定的手段给出若干示值位置上的示值误差,当所得示值误差值都不超出标准或规范中所规定的最大允许示值误差,并且其他计量特性参数也同时满足相应要求时,则判定仪器符合该级别的准确度级别,否则判定为不合格。

(1) 按"级"评定仪器准确度级别的特点。

相对于按"等"评定仪器的准确度级别,按"级"评定的仪器以其示值误差最大值判定其准确度级别,其准确度级别决定于仪器本身的准确度,在检测方法的不确定度满足要求的前提下,其检测精度与仪器准确度级别并无直接关联。

按级使用仪器不考虑示值的修正,直接由其示值给出结果,使用简单方便,特别在各种生产实践环境中,非常便于操作者使用。

作为准确度级别评价的主要指标——示值误差,其表示形式可为绝对误差,也可为相对误差,视具体情形而定。

(2)检测的精度要求。

仪器示值误差的检定或校准的精度应满足评定的精度要求,使检定或校准的误差不能显著影响到检测结果。一般应保证检定或校准的扩展不确定度不大于待评定仪器示值误差最大允许值的1/3,即按1/3 原则确定:

$$U_P \leqslant \frac{1}{3}\Delta_S$$

式中　U_P——检定或校准的置信概率为 P 的扩展不确定度;

　　　Δ_S——被检测的仪器示值误差最大允许值。

必要时也可采用 $U_P = 1/5\Delta_S$ 或更小。

注意,这里仪器示值误差最大允许值 Δ_S 系指其绝对值。

(3)测量采样要求。

仪器示值误差的检测应满足:

①在其示值范围内选取具有代表性的若干点,要求有足够的检测点。

②在其示值的正、负工作行程上均要进行检测。

③在仪器的各挡位均要进行检测。

(4)符合性判断。

符合性判断的依据是相应的标准或技术规范,只有满足以下条件才能判定仪器符合相应准确度级别:

①正、负行程全部测量范围内,各检测点上的示值误差绝对值均不超过该准确度级别的最大允许误差值。

②各挡位的示值误差绝对值均不超过该准确度级别的最大允许误差。

③仪器其他计量特性也均满足该准确度级别的要求。

否则判定为不符合该准确度级别。

(5)仪器按"级"使用。

按某一准确度级别使用测量仪器时,应考虑:

①按其相应准确度级别的示值误差最大允许值和其他参数值选择使用,其精度参数可

查阅相应的技术标准、技术规范或产品的检定证书及其他技术资料。

通常选用仪器的主要指标是仪器的示值误差,但有时也需要更重视其他参数,这要视具体的测量要求而定。例如在测长仪中,用于瞄准的光电瞄准显微镜用于瞄准测量刻线,影响测量精度的是其分辨力和重复性,故应按分辨力和重复性选用显微镜。

②仪器不同挡位的示值误差最大允许值是不同的,应考虑所使用仪器的挡位能否满足测量的精度要求。

③根据测量原理分析仪器的何种计量特性与测量精度有关,其相应的参数引入测量不确定度分析中。

④通常仪器的示值误差直接影响测量结果,此时应将示值误差的最大允许值作为测量的扩展不确定度而引入测量不确定度的分析中。

⑤其他精度参数对测量精度的影响通常也以其相应的最大允许值引入,作为测量方法的扩展不确定度分量。

5.11.2　按"等"评定仪器的准确度等级

按"等"评定仪器的准确度等级时,是依据对仪器进行检定的不确定度判定其准确度等级的,利用检定结果修正仪器的测量示值。此时,影响仪器使用精度的仅是检定的准确度。

(1)按"等"评定仪器准确度等级的特点。

按"等"评定仪器精度等级的特点是以检定或校准的不确定度划分等级,并且必须给出仪器在整个测量范围内的示值误差的修正值。使用时,仪器的测量示值必须加以修正值,决定仪器使用精度的是检定或校准的不确定度。因此,按"等"使用仪器可有效地提高仪器的使用精度。

(2)实施方法。

通过检定或校准给出仪器测量范围内的示值误差,并赋予测量仪器相应的数据列表,供以后使用仪器进行测量工作时,用于修正测量示值。

(3)检测的精度要求。

和按"级"评定仪器准确度级别一样,按"等"评定仪器准确度等级时,也要求检定具有足够的精度。但因按"等"评定是给出示值的修正值,用于修正测量示值,因此决定仪器使用时的示值准确度的是修正值的准确度,即此时仪器精度决定于检定精度。故应规定检定的不确定度不大于相应等级准确度要求。

(4)测量采样要求。

测量采样应满足:

①要求在仪器的各挡位测量范围内均要检测。

②正负测量行程的全部测量范围内均要检测。

③在测量范围内选取足够的检测点,以保证给出足够的示值修正数据。

④其他参数需做相应检测。

(5)符合性判定。

判定仪器符合某"等"别,应满足:

①按规定给出仪器示值的完整的修正值数表。

②检定的不确定度不大于该"等"别的最大允许值。

③仪器示值误差及其他计量特性参数都满足该等别的要求。

（6）仪器按"等"使用时决定精度的因素。

仪器按等使用时需要加入由检定或校准给出的修正值,修正仪器的测量示值。此时,影响仪器测量示值结果的仅是修正值的准确度,因此仪器所给测量结果的准确度仅取决于检定的不确定度,而与测量仪器原本的示值误差并无直接联系。

因此按等使用仪器时,测量不确定度的分析中,应以检定或校准的不确定度来表征仪器的示值误差对测量结果的影响。即在分析测量精度时,仪器对测量结果产生的不确定度分量应以仪器的检定或校准的不确定度代入。

5.11.3　按"级"和按"等"评定仪器方法的应用

测量仪器的多样性决定了评定方法的复杂性,有些仪器只按"级"评定,有些仪器只按"等"评定,有些仪器既按"级"评定,也按"等"评定,采用按"级"或"按"等评定仪器的准确度等级要视具体情况而定,有些仪器则不划分等级而直接按其精度参数进行符合性评定。

（1）以精度参数直接评定仪器的符合性。

对于通常的实验室仪器以及特殊的仪器、专用仪器、高精度仪器及其他应用面不广的仪器,准确度无等级的划分。这类测量仪器应用面不广,无需划分精度等级。若对于这类仪器有不同的精度要求,可通过不同型号予以表述,利用相应的计量技术规范对其计量参数予以规定。通过检定或校准给出示值误差和其他计量特性参数数值,按技术标准或技术规范规定的计量特性参数最大允许值,对其进行符合性评定。若符合规定,则判为合格,否则判为不合格。这是很普遍的情形,涉及仪器种类繁多。

（2）按"级"评定仪器的准确度级别。

对于各行业普遍使用的通用测量仪器和测量器具,如电压表、电流表、电子秤、温度计等仪器,由于量值传递对其使用精度有不同的要求和使用的广泛性,为便于管理和使用,适合于按准确度级别评定测量仪器。计量传递系统中各种计量器具如量块、砝码、标准电池、标准线纹尺等有不同准确度级别的要求,需要分级使用和管理。通过计量检定的方法,给出仪器的示值误差或其他相关特性参数值,按相应标准评价其符合的准确度级别。准确度级别常用数字或字母标示。

例如,一般工业用电压表,电流表按引用误差分为 0.1 级、0.2 级、0.5 级、1 级、1.5 级、2.5 级及 5 级,共 7 个等级。0.1 级精度最高,5 级精度最低。其引用误差最大允许值分别为 0.1%,0.2%,0.5%,1%,1.5%,2.5%,5%。

电子秤按检定分度数分为 I、II、III 及 IV 共 4 级,其检定分度数分别为 10^5 以上,$10^3 \sim 10^4$,$10^3 \sim 10^4$ 和 $10^2 \sim 10^3$。分度数为测量范围与分度值之比,反映仪器精度与测量范围相对关系的量,这与示值误差最大允许值不同。

（3）按"等"评定仪器的准确度等别。

按"等"评定仪器的准确度等级主要适用于计量传递系统中的计量标准器具的准确度评定,如标准活塞压力计、标准水银温度计、标准玻璃线纹尺等,按等评定其准确度等级时,测量使用中加入示值的修正值,可相应提高其使用的准确度。这对改善计量系统效能具有巨大的意义。

例如,标准活塞压力计,按其检定的不确定度分为一等、二等、三等,其检定的扩展不确

定度分别为 2×10^{-2} kPa，5×10^{-2} kPa，2×10^{-1} kPa；长度在 1 m 以内的标准金属线纹尺按其检定精度分为一等、二等和三等，其检定的扩展不确定度分别为 $(0.1+0.4L)$ μm、$(0.2+0.8L)$ μm 和 $(5+10L)$ μm，其中 L 为标准尺的长度，单位为 m；标准铂电阻温度计（在适用温度范围内）分为工作基准、一等标准和二等标准。

（4）既按"级"也按"等"评定仪器准确度等级。

对于某些标准计量器具，既在计量传递系统中用于标准量值传递，也在工业生产中大量使用。用于计量系统中做量值传递，需要获得尽可能高的精度，应采用按"等"评定的计量器具，这样可通过修正的方法提高其使用精度。但用于工业生产中的测量活动，首先需要方便、快捷，在满足精度要求的情况下可采用按"级"评定的计量器具，此时无需考虑量值的修正。这类计量器具常按"级"，又按"等"评定，保证其具有应用的灵活适应性。

例如，量块按其中心长度的最大允许偏差（同时对其他参数也做相应的要求）规定为 00 级、0 级、K 级、1 级、2 级、3 级；按其中心长度的检定不确定度规定为一等、二等、三等、四等、五等。量块加工、检验是按"级"实施的，出厂时，是按"级"销售的。在一般的工业测量中，将购置的量块验收合格后直接按级使用其中心长度，简化了测量工作。在计量传递系统中或某些精密测量工作中，为获得更高的使用精度，需要对购得的量块进行检定，做出"等"的评定，并给出量块中心长度的修正值。按等评定的量块作为端度尺寸标准用于尺寸传递，精密测量，其中心长度需加入修正值，由此提高了量块的使用精度。

作为直流电路电动势量具的标准电池分为一等、二等和 0.000 2 级、0.000 5 级、0.001 级、0.005 级、0.01 级。

直流电阻器分为工作基准、一等标准器、二等标准器和 0.000 05 级、0.000 1 级、0.000 2 级、0.000 3 级、0.000 6 级、0.001 级、0.002 级。

5.12 本章小结

（1）仪器的计量特性由多个特性参数描述，不同特性由不同的参数表征。

（2）不同的测量仪器，特性参数不同，但有其共同性。

（3）仪器的示值误差是仪器的基本计量特性，具有指标性意义。

（4）仪器的特性参数及其评定方法有相应的技术规范予以规定。

（5）测量活动中，将仪器特性参数引入测量不确定度的分析中，应依具体情况而定。

（6）测量仪器特性参数的评定具有法制性，评定形式包括型式评价、检定和校准，分别按相应的标准（规程、规范）执行。

（7）对于普遍使用的通用仪器常按示值误差（并考虑其他相应的计量特性参数）值，将其按"等"或"级"做精度划分，便于通用仪器的使用管理。

5.13 思考与练习

5.1 怎样理解测量仪器特性的同一性？

5.2 测量仪器特性参数的规范化有何意义？

5.3 测量仪器特性参数的描述有何特点？

5.4　说明测量仪器的特性参数与测量不确定度的关系。

5.5　说明测量仪器示值误差的概念及其表示方法。

5.6　测量仪器示值误差参数设计中应考虑哪些问题？

5.7　测量仪器示值误差参数评定中应考虑哪些问题？

5.8　测量活动中如何引用仪器的示值误差？

5.9　说明仪器示值重复性的概念。影响示值重复性的因素有哪些？

5.10　说明仪器示值重复性参数的设计任务和设计要求。

5.11　仪器示值重复性参数评定的原则是什么？

5.12　说明仪器示值重复性参数评定方法。

5.13　讨论在测量不确定度评定中仪器示值重复性的引用。

5.14　说明仪器示值稳定性的概念。

5.15　讨论短时稳定性参数的设计。

5.16　讨论长期稳定性参数的设计。

5.17　讨论稳定性参数的评定。

5.18　讨论在测量不确定度评定中稳定性参数的引用。

5.19　仪器的测量范围与其各特性参数有何关系？

5.20　讨论仪器的测量范围参数设计。

5.21　测量仪器特性评定有哪几种形式？

5.22　说明仪器的型式评价和型式批准。

5.23　测量仪器的检定有何特点？

5.24　如何实施测量仪器的检定？

5.25　建立检定规程的意义是什么？

5.26　校准的意义是什么？

5.27　如何设计校准方法？

5.28　建立校准规范的意义是什么？

5.29　仪器重复测量数据为：10.32,10.36,10.33,10.30,10.31,10.34,10.38,10.35, 10.36,10.35,10.34,10.36,10.34,10.39,10.35,按贝塞尔公式计算标准差 s,并按 $U=3s$ 给出仪器的重复性,与按测量数据极差（测量数据最大值与最小值之差）给出的结果做一比较。

5.30　利用天平以 F_1 等级砝码检测 F_2 等级砝码,数据如下 50.000 8,50.001 2, 50.001 0,该 F_1 砝码的误差为 0.2 mg,试给出该 F_2 砝码的修正值。

5.31　对量程为 250 V 的 0.5 级电压表,经检定给出其示值结果为：

标准表示值/V	0	25	50	75	100	125	150	175	200	225	250
被检表示值/V	0	25.2	50.3	75.3	100.4	125.5	150.7	175.1	200.8	225.6	250.5

判别该表示值是否合格。

5.32　对某电流表示值进行校准,已知标准电流计示值为 2.008 A,修正值为 -0.004 A。重复读取待校准的电流表的读数如下：2.015 A,2.006 A,2.008 A,2.005 A, 2.009,2.012 A,2.007 A,2.011 A,2.008 A,2.010 A。试给出电流表在该处的示值误差及示值重复性。

5.33　对某电压表示值进行校准测量,已知标准电压为 50 V,测得电压数据如下:50.005 V,50.009 V,50.002 V,50.006 V,50.007 V,50.011 V,50.008 V,50.006 V,50.005 V,50.004 V。试给出该电压表 50 V 处的示值误差及示值重复性。

5.34　对某电压表示值进行校准测量,已知标准电压为 100 V,测得电压数据如下:99.994 V,99.991 V,99.997 V,99.995 V,99.992 V,99.989 V,99.991 V,99.993 V,99.994 V,99.996 V。试给出该电压表 100 V 处的示值误差及示值重复性。

5.35　对某温度计示值进行校准,已知标准温度计示值为 20.20 ℃,重复读取待校准的温度计的读数如下:20.21 ℃,20.24 ℃,20.18 ℃,20.23 ℃,20.21 ℃,20.24 ℃,20.22 ℃,20.22 ℃,20.19 ℃,20.26 ℃。试给出该温度计在 20.20 ℃处的示值误差及示值重复性。

5.36　对某电子秤示值进行校准,已知标准砝码为 50 g,重复测量读数如下:50.06 g,50.03 g,50.05 g,50.08 g,50.02 g,50.04 g,50.05 g,50.03 g,50.09 g,50.06 g。试给出该电子秤在 50 g 处的示值误差及示值重复性。

第6章　测量仪器的量值溯源

6.1　概　　述

科学技术的发展、工农业生产活动以及经贸往来,要求在国际范围内实现量值统一。因此,测量仪器的示值必须具有量值溯源性,即在一定的精度要求的条件下与量值基准保持一致。

国际上,规定了计量单位,确定了相应的计量基准及其复现方法,建立了系列的量值传递系统。

基准及量值传递系统为量值溯源提供了基本条件。量值传递活动是法制计量活动,量值传递系统是法制系统。量值溯源需要借助于量值传递系统,但量值传递活动不能代替量值溯源活动。量值溯源不属于法制计量范畴,需按个案方式处理。因此,在测量仪器的研制、生产、使用等各环节中都离不开量值溯源活动。

6.2　计量单位和计量基准

6.2.1　计量单位

1.国际单位制基本量单位

计量单位是量值表达和计量的基础,现有多种计量单位制,其中国际单位制是由国际计量大会采用和推荐的一贯单位制,是一种国际上具有主导意义的单位制。

国际单位制中规定了 7 个基本量,即 SI 基本量,它们是长度、质量、时间、电流、温度、物质的量和发光强度,见表6.1。基本量之间是相互独立的,其他量则为导出量。SI 基本量的测量单位称为基本单位,SI 导出量的计量单位为 SI 导出单位,以 10 的方次形式表示的基本单位的词头为 SI 倍数单位。SI 基本单位、SI 导出单位和 SI 倍数单位,构成了国际单位制基本要素。

SI 辅助单位有两个:①弧度,平面角单位,无量纲,代号 rad;②球面度,立体角单位,无量纲,代号 sr。

表6.1　国际单位制中规定的七个 SI 基本单位

量值种类	单位及代号	量值代号
长度	米, m	l, L
质量	千克, kg	m
时间	秒, s	t
电流	安[培], A	I
温度	开(尔文), K	T, θ
物质的量	摩(尔), mol	N
发光强度	坎[德拉], cd	I

注:①人物名称命名的用大写字母;
②表示单位的字母都写成正体;
③表示量的字母用斜体;
④有专门名称的导出单位的中文名称的简称可用作符号使用,称为中文符号(如牛、帕等)

2. SI 导出单位

　　SI 的导出单位很多,用 SI 基本单位表示的有专门名称的导出单位有 19 个,这些单位也有确定的符号,见表6.2。有些单位也可用其他 SI 单位导出。

表6.2　具有专门名称的 SI 导出单位

量的名称	SI 导出单位			
	名称	符号	用其他 SI 单位的表示式	用 SI 基本单位的表示式
频率	赫[兹]	Hz		s^{-1}
力	牛[顿]	N		$m \cdot kg \cdot s^{-2}$
压力,压强,应力	帕[斯卡]	Pa	N/m^2	$m^{-1} \cdot kg \cdot s^{-2}$
能[量],功,热量	焦[耳]	J	$N \cdot m$	$m^2 \cdot kg \cdot s^{-2}$
功率,辐[射能]通量	瓦[特]	W	J/s	$m^2 \cdot kg \cdot s^{-3}$
电荷[量]	库[仑]	C		$s \cdot A$
电压,电动势,电位[电势]	伏[特]	V	W/A	$m^2 \cdot kg \cdot s^{-3} \cdot A^{-1}$
电容	法[拉]	F	C/V	$m^{-2} \cdot kg^{-1} \cdot s^4 \cdot A^2$
电阻	欧[姆]	Ω	V/A	$m^2 \cdot kg^{-1} \cdot s^3 \cdot A^{-2}$
电导	西[门子]	S	A/V	$m^{-2} \cdot kg^{-1} \cdot s \cdot A^2$
磁通[量]	韦[伯]	Wb	$V \cdot s$	$m^2 \cdot kg \cdot s^{-2} \cdot A^{-1}$
磁通密度,磁感应强度	特[斯拉]	T	Wb/m^2	$kg \cdot s^{-2} \cdot A^{-1}$
电感	亨[利]	H	Wb/A	$m^2 \cdot kg \cdot s^{-2} \cdot A^{-2}$
摄氏温度	摄氏度	℃		K
光通量	流[明]	lm		$cd \cdot sr$
[光]照度	勒[克斯]	lx	lm/m^2	$m^{-2} \cdot cd \cdot sr$
[放射性]活度	贝克[勒尔]	Bq		s^{-1}
吸收剂量	戈[瑞]	Gy	J/kg	$m^2 s^{-2}$
剂量当量	希[沃特]	Sv	J/kg	$m^2 s^{-2}$

3. SI 倍数单位

　　量值的大小相差悬殊,只规定一个主单位在实用上是不够的。为使用上的方便,国际单位制中规定了倍数单位,即 SI 词头。SI 词头共计 20 个,与 SI 单位构成十进制的倍数单位和分数单位。我国法定计量单位中,SI 倍数单位的中文名称在 $10^{-6} \sim 10^6$ 部分为中文数词,其他部分为音译。SI 倍数单位见表 6.3。

SI 单位借助倍数单位,可在广阔的量值范围内方便地表述量值。除极个别的情形外,已可满足相当长的时期内量值表达的需求。

表 6.3　SI 倍数单位

因数	词头名称		符号	因数	词头名称		符号
	英文	中文			英文	中文	
10^{24}	Yotta	尧[它]	Y	10^{-1}	deci	分	d
10^{21}	Zeta	泽[它]	Z	10^{-2}	centi	厘	c
10^{18}	Exa	艾[克萨]	E	10^{-3}	milli	毫	m
10^{15}	Peta	拍[它]	P	10^{-6}	micro	微	μ
10^{12}	Tera	太[拉]	T	10^{-9}	nano	纳[诺]	n
10^9	Giga	吉[咖]	G	10^{-12}	pico	皮[可]	p
10^6	mega	兆	M	10^{-15}	femto	飞[母托]	f
10^3	kilo	千	k	10^{-18}	atto	阿[托]	a
10^2	hector	百	h	10^{-21}	zepto	仄[普托]	z
10^1	deca	十	da	10^{-24}	yocto	幺[科托]	y

注:词头小于 10^6 时,符号为正体小写字母,10^6 及大于 10^6 名称为正体大写字母

4. 制外单位

目前,除国际单位制之外还有一些单位被广泛使用,这就是制外单位,有 4 类情形:

(1)与国际单位制并用的制外单位。

这类单位长期在科研生产、社会活动各领域广泛使用,影响巨大,不能由国际单位制单位取代,将与国际单位制单位长期并行使用下去。如表示时间的分、小时、日;表示平面角的度、分、秒;表示体积的升、表示质量的吨,还有如电子伏、原子质量单位、天文单位光年等。它们与国际单位规定有确定的关系。

(2)暂时与国际单位制单位并用的制外单位。

这类单位在某些场合应用较广,如长度单位的海里,压力单位巴,面积单位公亩,速度单位节、迈等。

(3)具有专门名称的 CGS 单位制单位。

CGS 制即厘米克秒制,如达因、尔格、泊、高斯、奥斯特等。

(4)其他非 SI 单位。

其他的一些以往常用的单位,如居里、伦琴、托、标准大气压、卡等。此外少数国家还在使用英制单位,如英尺、加仑、磅等。

第一类制外单位将长期使用,后三类制外单位将会在相当长的时期内逐渐被国际单位制单位取代,如无特殊必要性,应避免使用。

中华人民共和国国家标准 GB 3100—93 规定的法定计量单位以国际单位制单位为基础,保留了少数其他计量单位。国家法定的计量单位内容构成包括:SI 基本单位及其导出单位、倍数单位和国家选定的其他一些非 SI 单位。

我国选定保留的其他非 SI 单位见表 6.4。这些制外单位在应用上有使用方便等优点,

在各领域被广泛应用,因而有其保留的必要性,它们与 SI 单位有确定的关系,可与 SI 单位并用。

表 6.4　国家选定的非国际单位制的单位

量的名称	单位名称	单位符号	换算关系与说明
时间	分	min	1 min＝60 s
	(小)时	h	1 h＝60 min＝3 600 s
	日(天)	d	1 d＝24 h＝86 400 s
平面角	(角)秒	(″)	1″＝(π/648 000)rad
	(角)分	(′)	1′＝60″＝(π/108 00)rad
	度	(°)	1°＝60′＝(π/180)rad
旋转速度	转每分	r/min	1 r/min＝(1/60)s^{-1}
长度	海里	n mile	1n mile＝1 852 m(只用于航海)
速度	节	kn	1 kn＝1 n mile/h＝(1 852/3 600)m/s(只用于航行)
质量	吨	t	1 t＝10^3 kg
	原子质量单位	u	1 u≈1.660 540×10^{-27} kg
体积	升	L,(l)	1 L＝1 dm^3＝10^{-3} m^3
能	电子伏	eV	1 eV≈1.602 177 33×10^{-19} J
级差	分贝	dB	
线密度	特(克斯)	tex	1 tex＝10^{-6} kg/m＝1 g/km
面积	公顷	hm^2	1 hm^2＝10^4 m^2

6.2.2　计量基准

保证国际社会量值统一是科学研究、工农业生产和社会生活中的基本要求。建立统一的基准是实现量值统一的前提条件。

1. 基本概念

计量基准指按最高精度以物质形式复现出来的计量单位的量值。

在国际社会中,经各国协议承认的具有最高精度的计量标准,作为各国计量标准定值的依据,这就是国际基准。

一国的国家计量基准是该国计量标准定值的依据。国家基准根据需要参与国际对比,使其与国际计量基准的量值保持一致。

计量基准应具有最高的准确度和稳定性,需要采用最新科学技术成就,最高的工业技术和相应的人员,以最高技术水平去实现。

2. 计量基准的分类

计量基准现分为人工基准和自然基准。

人工基准是人为制造的复现基本单位量值的宏观基准。稳定性是影响量值的主要因素,其复现精度较低。

自然基准是按自然现象复现基本单位的,具有精度高、稳定性好的特点,易于复现。

目前在 SI 七个基本量基准中,只有质量基准是人工基准,其他六个基准都已建立了自然基准。

按层次等级计量基准可分为国际基准、国家基准、副基准和工作基准。

(1)国际基准。

国际计量基准是国际间的最高量值基准,作为提供各国基准定值的依据。为保证其量值的精度,需精心维护。特别是人工基准,其量值易受损失,因此,只在非常必要时才能使用。例如,质量的国际基准千克原器的使用,要经过国际计量委员会的批准。

(2)国家基准。

国家计量基准,主基准只有一个,参与国际对比,为全国计量标准定值的最高依据,国家基准不直接用于通常的量值传递工作,只用于对副基准和工作基准的校准。

(3)副基准。

副基准属于国家基准的备用基准,一旦国家基准损毁,副基准可用以替代国家基准,副基准由国家基准直接校准或对比来定值。根据实际情况,可设副基准,也可不设。

(4)工作基准。

工作基准用作经常性的量值传递工作,用以校准一等计量标准或高精度的计量器具。工作基准由副基准校准定值,或直接由国家基准校准定值。

设置工作基准可避免频繁使用国家基准,利于保持其计量特性。

国家基准和工作基准是必须设置的,副基准则视情况而定。

6.3　国际单位制基本单位及其复现

国际单位制中共有七个基本单位,以下简述其定义和复现方法(即基准的建立)。

6.3.1　长度单位米的定义及其复现

1. 长度单位米的定义

长度单位米现按光速定义。

1983 年第 17 届国际计量大会通过,米定义为:光在真空中在 1/299 792 458 s 的时间间隔内行程的长度。定义中以真空光速 $c \equiv 299\ 792\ 458$ m/s 为依据。该定义有如下特点:

(1)通过光速 c 使米(m)与时间(s)联系起来,实现了长度与时间单位的统一。

(2)并未限定某种单一复现方法,复现方法和复现基准装置有充分的发展空间。

(3)属微观自然基准。

2. 长度单位米的发展

米定义经历了三次变革。第一次定义,是 1889 年第一次国际计量大会通过的米原器定义的米:国际计量局保持的铂铱米尺上两端中间刻线在 0 ℃时的距离。该尺定义的米的不确定度为 1×10^{-7}。

这一定义来源于 1791 年法国国民大会提出的米定义:米为地球子午线长的四千万分之一,1799 年制成了铂档案尺。其后国际上采用了这一长度单位,制成米原器,并于 1889 年第一届国际计量大会通过。

第二次变革是 1960 年第 11 届国际计量大会按波长定义米：米为同位素氪 86（Kr86）原子的 $2P_{10} \sim 5d_5$ 能级之间跃迁的辐射在真空中波长的 1 650 763.73 倍。工作温度为氪的 3 相点（63.146 K），复现精度为 4×10^{-9}。

第三次变革是 1983 年第 17 届国际计量大会决定按光速定义米：米是光在真空中 1/299 792 458 s所走过路程的长度。这一定义是以光速的最新测量结果为依据，即光速值按

$$c \equiv 299\ 792\ 458\ \text{m/s}$$

该结果作为约定值不变，即上述 c 值已定义为常数。则波长 λ 值可由测得的频率 γ 准确求得，即

$$\lambda = c/\gamma$$

故可按波长复现米。

3. 米基准和米的复现

按米的定义，真空中光速恒定值是米值复现的依据条件。作为复现米的基准光辐射，目前国际计量委员会已推出 13 类辐射，其中复现不确定度最小的$'H, 199\ Hg^+, 171\ Yb^+$的谱线的不确定度达10^{-14}量级。$^{115}In^+, ^{40}Ca, ^{88}Sr^+$的不确定度达$10^{-13}$量级。这些谱线精度高，但装置复杂，不易复现，且没有广泛应用的次级标准，因而实用性差。以 633 nm 的碘稳定的氦氖激光器，装置轻便、使用方便，且易于通过拍频方法将其频率传递至作为工作标准器的、广泛应用的 633 nm 稳频氦氖激光器，现被各国作为复现米定义的实用长度基准而广泛使用。国际计量局规定，作为长度基准的 633 nm 的碘稳频氦氖激光器的频率复现性应在 2.5×10^{-11} 以内，为保证这一要求，国际计量局经常性地与各国的同类装置进行对比。

我国研制的长度基准的频率复现性达到了国际计量局的要求，最新研制的米基准复现性达 1×10^{-11}。

可有三种方法复现米定义：

（1）测距法。

依据公式

$$l = ct$$

式中　t——光在真空中行进的时间；

　　　c——光在真空中的光速，约定值 $c=299\ 792\ 458\ \text{m/s}$；

　　　l——光在 t 时间内走过的距离。

测得时间段 t，即可按上式求得相应的距离 l，因此该方法又称飞秒法。

测距法适用于大距离的测量。

（2）测频法。

测频法依据下式求得：

$$\lambda = c/\gamma$$

式中　γ——激光或其他光的振荡频率；

　　　c——真空光速；

　　　λ——激光或其他光的真空波长。

当测得光频 γ，即可得波长 λ。当用干涉法测长时，长度为

$$l = \frac{1}{2}N\lambda$$

式中, N——干涉测量波数的计数数目。

（3）使用推荐值法。

采用由国际计量委员会（CIPM）推荐的已知辐射的频率及其导出的真空波长值复现出来。这一方法与第二类方法一致。

6.3.2　时间单位及其复现

1. 时间单位秒的定义

国际单位制中时间单位是秒（s），而分、小时、日则为世界通用的制外单位。

1967 年国际计量大会通过的秒的定义：秒是铯-133 原子基态的两个超精细能级之间跃迁辐射的 9 192 631 770 个周期持续的时间。

这样定义的秒也称为原子秒（世界时秒），第一台铯原子钟以历书秒为依据测量得到铯原子钟跃迁辐射频率为

$$v = 9\ 192\ 631\ 770\ \text{Hz} \pm 20\ \text{Hz}$$

其相对不确定度为 2×10^{-9}。这一频率值就作为铯原子跃迁辐射频率的定义值，用以定义原子秒。因此原子秒与历书秒保持了连续性。

原子秒以辐射频率定义，因此时间计量与频率计量具有同一含义，原子秒基准也称原子频标。

2. 时间单位秒定义的变革

最早秒是按地球自转周期定义的，1820 ~ 1960 年一直使用平太阳秒的定义，平太阳秒为

$$平太阳秒 = 平太阳日 / 86\ 400$$

式中，平太阳日是一年内所有太阳日的平均值，而太阳日是以太阳为参照物观测的地球自转周期，它比地球的实际自转周期长。平太阳秒的精度为 1×10^{-8}。

1960 年对秒定义进行了变革，以回归年定义秒，这就是历书秒。回归年指地球两次经过春分点的时间间隔，它与平太阳秒有如下关系：

$$1 回归年 = 31\ 556\ 925.974\ 7\ 平太阳秒$$

该定义中的回归年是用 1900 年的回归年定义的，即历书秒按下式定义：

$$1900\ 年的回归年 = 31\ 556\ 925.974\ 7\ 历书秒$$

历书秒是以地球公转周期为基础定义的，其准确度提高了一个量级，达到 1×10^{-9}。但这一定义观测周期长，方法繁琐，不利于使用。这一定义仅使用到 1967 年。

1967 年进行第三次秒定义变革，采用以铯-133 原子跃迁辐射频率定义的原子秒。实现了微观量子效应定义时间单位。按这一定义，量子频标具有高度的稳定性，其复现精度有了大幅度的提高。

原子秒按频率定义，测时和测频具有同一含义，这使长度单位和时间单位建立了密切关系，实现了长度单位和时间单位的统一。

3. 时间基准及其复现

按原子秒定义：以铯-133 原子跃迁辐射频率提供时间基准，这就是量子频标。

第一台铯原子钟的相对不确定度为 2×10^{-9}，目前国际上的大铯原子钟准确度已达 1×10^{-14} 量级，我国的 $C_S Ⅲ$ 也达 10^{-13} 量级。商品化的小铯钟的准确度为 1×10^{-12}，采用多台小铯钟构成平均时间尺度可提高其稳定性。

目前量子频标技术还在不断发展，出现了原子喷泉钟和光频标（光抽运铯束基准频标），其准确度达到了 10^{-15} 量级，有望取代目前的微波频标。

我国国家授时中心时频基准保持实验室承担国家时间标准的产生和保持及与国际时间的比对，由一组铯原子钟和氢原子钟通过比对，GPS 共视比对，卫星双向时间频率比对，与国际原子时标联系，稳定度为 10^{-14}。

时间频率基准是所有基准中复现精度最高的，这为以后建立统一的单位体系提供了有利条件。

6.3.3　质量单位及其复现

1. 质量单位的定义

国际单位制中质量单位为千克（kg）。

1901 年第三届国际计量大会定义：千克为质量单位，它等于国际千克原器的质量。

国际千克原器为铂铱合金制成的圆柱形砝码，编号 K Ⅲ，保存于巴黎国际计量局（BIPM）。国际千克原器为人工基准器，千克是七个基本单位中唯一以人工基准定义的单位，其他基本单位都采用了微观自然基准。

我国于 1965 年由国际计量局 BIPM 引进编号为 No.60 和 No.61 质量基准器，以 No.61 作为国家质量主基准，当时质量为 1 kg+0.271 mg。在 1992 年的国际比对中，我国质量基准 No.60 的质量为 1 kg+0.295 mg。

我国质量基准器保存于中国计量科学研究院。为保持其质量的恒定性，避免空气环境等因素对其质量的影响，质量基准存放于严格的密封环境中，并采取了极为缜密的技术措施和管理措施。

2. 质量单位的历史沿革

质量单位千克来源于米制计量制度。1791 年法国国民代表大会规定，在 4 ℃时，1 立方分米水的质量为 1 kg，并用铂制造了基准千克，作为千克量值基准，保存于国家档案局。后来的测量结果表明该基准器质量较原定义相差 28 mg，但由于它具有法制性，后来就以它的质量定义为 1 kg。

1878 年国际计量局订制了三个铂铱合金的圆柱体砝码，编号分别为 K Ⅰ，K Ⅱ，K Ⅲ。比对的结果 K Ⅲ 最接近档案千克。1889 年第一届国际计量大会决定将 K Ⅲ 作为国际千克原器，并于 1901 年第三届国际计量大会做了明确规定。

其后国际计量局又分两批订制了 No.1 ~ No.63 的铂铱合金制成的圆柱体砝码分发给各米制公约成员国。其中 No.30，No.31 为国际计量局用的工作原器，K Ⅰ 与 No.1 为国际原器的两个做证基准。

以千克原器定义质量单位，至今已跨越三个世纪，一百余年，是七个基本单位中唯一的一个未做更改的单位，也是唯一的以人工基准定义的单位。

现国际上正致力于质量单位的微观量定义的研究，力图以微观自然基准取代人工的千克基准,实现质量单位定义及复现的变革。

3. 质量单位的复现

千克量值的复现需借助专用的精密天平完成,用于千克原器比对的天平称为原器天平。质量复现过程是一极为缜密的操作过程,原器天平被装于封闭容器内,通过操纵机构远距离操作,以避免热影响、接触影响等人为因素的影响。为消除天平不等臂的影响,采用替代法(用标准砝码替代同一称盘里的被计量的砝码)或交换法(把两个秤盘里的基准原器与被计量的砝码交换)。此外,还要考虑空气浮力等因素的影响。

目前,质量单位的复现精度为 1×10^{-8}。

6.3.4　电流单位及其复现

在国际单位制中,电流单位安培(A)的定义是 1948 年第九届国际计量大会通过的,规定:在真空中相距 1 m 的两无限长而圆截面可忽略的平行直导线内通过一恒定电流,若该电流使两根导线间每米长度上产生的力等于 2×10^{-7} N,则该电流为 1 A。

这一定义的物理基础是毕奥-萨伐尔定律和安培力公式,并引入精确的磁常数(真空磁导率)μ_0。

按物理学概念,电流是单位时间通过导体截面的电量,若 1 s 时间内通过导体截面的电量为 1 C,则导体中的电流为 1 A。在国际单位制中,电量库仑是导出单位,电流安培是基本单位,因此电流安培不能以电量库仑来定义。

经长时间的研究,最终给出了上述电流单位的定义。该定义以长度、时间、质量等基本单位获得和复现电流单位,这表明电流单位既是独立的基本单位,又与其他量保持了联系。

电流单位安培的复现:电流单位不易保持,因此实际上的实物基准是由电压基准和电阻基准按欧姆定律复现的,欧姆定律为

$$I = U/R$$

式中　I——电流,A;

U——电压,V;

R——电阻,Ω。

而电功率为

$$P = UI$$

据此,只要确定上述四个电量中的任何两个量,即可由上述公式求得另外的两个量,从而可用于复现和保持电流单位。电流单位的日常保持主要用电压和电阻作为实物基准。目前多采用惠斯顿饱和标准电池作为电压的实物基准,锰钼合金电阻作为电阻的实物基准。我国采用的主基准电池和副基准电池各由 20 只标准电池组成,电压的年漂移为 $(1 \sim 2) \times 10^{-7}$。电阻的主基准与副基准各由 10 只标准电阻器组成,其电阻的年漂移为 10^{-8} 量级。

各国标准电池和标准电阻均需定期与国际计量局的相应标准进行比对,并根据比对结果进行处理,得出国际上电压、电阻单位改值数据。

20 世纪 70 和 80 年代,在物理学研究中所发现的约瑟夫逊效应和量子化霍尔效应用于建立电压标准和电阻标准,为量子基准取代实物基准奠定了基础。90 年代后量子基准取代了实物基准。

用约瑟夫逊标准电压和量子化霍尔效应标准电阻复现电流单位,可按下式计算:

$$P = U^2/R$$

式中　　P——电功率，W；

　　　　U——电压，V；

　　　　R——电阻，Ω。

利用相应的系统复现电流单位安培。

6.3.5　温度单位及其复现

1954 年第 10 届国际计量大会采用了热力学温标，作为定义温度单位的基础（开氏温标），1967 年第 13 届国际计量大会决定将开氏度（°K）改为开尔文（K），规定热力学温度开尔文为温度单位，定义为：水三相点的热力学温度的 1/273.15。

在国际单位制中，温度单位的定义是在热力学温标的基础上建立起来的。热力学温度273.15 K 即为 0 ℃，它以水的三相点复现，其复现精度高。因此摄氏温度与热力学温度开尔文有如下关系：

$$t(℃) = T(K) - 273.15$$

热力学温度的复现：由绝对 0 点至水三相平衡点为 273.15 K，由此定义了热力学温度单位 K。水三相点具有很好的稳定性，其复现性可达 0.1 mK。

根据热力学原理，基于水三相点的热力学温度，利用理想气体方程等物理方程给出热力学温标中温度的比值，从而获得若干利于复现的温度固定点。这些温度固定点可用作温度计量仪器校准时的基准温度。

目前使用的气体基准温度计，在 3 ~ 1 400 K 范围内具有较高的准确度，在这一范围内的固定点都由该温度计给出。

气体温度计依据理想气体方程确定温度比值，当气体体积固定不变时，气体温度与压力有如下关系：

$$T_1/T_2 = P_1/P_2 \tag{6.1}$$

式中　　T_1, P_1——第一状态下的气体温度和气体压力；

　　　　T_2, P_2——第二状态下的气体温度和气体压力。

当气体压力不变时，气体温度与体积有如下关系：

$$T_1/T_2 = V_1/V_2 \tag{6.2}$$

式中　　T_1, V_1——第一状态下的气体温度与气体体积；

　　　　T_2, V_2——第二状态下的气体温度和气体体积。

令 T_1 为水三相点的热力学温度，经过精密计量获得相应的气体参数，按式（6.1）或式（6.2）进行比值计算，获得 T_2。

6.3.6　物质的量的单位及其复现

1971 年第 14 届国际计量大会通过了物质的量的单位摩尔，定义为：摩尔为一系统的物质的量，该系统中所包含的基本单元数与 0.012 千克碳-12 的原子数目相等。应指明基本单元是分子、原子、离子、电子或其他粒子或是这些粒子的特定组合。

物质的量与物质的基本单元数成正比，对于任何物质都有常数——阿伏加德罗常数 N_A，1 摩尔物质所含粒子数为 N_A。阿伏加德罗常数为

$$N_A = 6.022\ 141\ 99 \times 10^{23}\ \text{mol}^{-1}$$

其相对不确定度为 7.9×10^{-8}。

根据摩尔的定义,可导出它与原子质量单位,相对原子质量和宏观质量的关系。

物质的量摩尔的复现:由定义,摩尔可通过准确测量阿伏加德罗常数 N_A 来复现,也可通过相对原子质量和物质基本单元质量的测量来复现。

相对原子质量是元素的基本常数,可用质谱仪精确测量,其不确定度达 10^{-7} 量级或更高。

6.3.7　发光强度单位及其复现

1979 年第 16 届国际计量大会通过了发光强度坎德拉的新定义:坎德拉是光源在给定方向上的发光强度,该光源发出频率为 540×10^{12} Hz 的单色辐射,且在此方向上的辐射强度为 1/683 瓦每球面度。

该定义建立了坎德拉与光功率单位瓦特之间的联系,与人眼主观因素无直接关系,为一客观物理量。

坎德拉作为推行的统一的发光强度单位,最早在 1948 年定义为在铂凝固点温度下,黑体发生的光亮度为 60 新烛光每平方厘米。

1967 年,第 13 届国际计量大会定义了发光强度单位坎德拉(candela),规定"坎德拉是在 101 325 Pa 压力下,处于铂凝固点温度的黑体的 $1/600\ 000\ \text{m}^2$ 表面在垂直方向上的发光强度"。

1979 年的新定义与原定义的坎德拉的量值保持不变。

发光强度单位的复现依靠绝对辐射计等标准装置实现,我国建立的低温辐射计标准装置复现不确定度可达 0.1%。

6.4　量值传递和量值传递系统

6.4.1　量值传递

1. 概述

国家最高基准以物质形式按最高精度复现计量单位,全国的相应量值都要按一定精度统一于最高基准。为此必须将最高基准按一定精度逐级传递,直至工作计量器具,从而适应各种不同精度的大量的计量测试工作。

计量单位由国家基准通过校准或检定的方法传递至低一级精度的计量标准,然后这低一级精度的计量标准再向下一级精度的计量标准传递量值,依次传递量值,直至最低一级标准器,这就是量值传递。

量值传递按法制化程序运作,由相应的规程予以规定。

2. 量值传递的意义

科学研究、工农业生产及社会活动中涉及的计量仪器种类繁多,计量特性和精度要求各不相同。不同部门、不同地区的计量器具的量值都应具有量值溯源性,即在一定精度水平上与国家基准保持一致,这就需要有相应精度的量值标准,通过计量实验确定计量器具与国家基准的一致性。这种一致性要求依仪器精度要求而不同,因此需要有系列的不同精度级别的量值标准用以统一计量仪器的量值。所以,国家基准及相应各精度级别的量值标准是保证全国量值统一的基础,这是量值传递的基本意义。

新生产的或修理后的计量器具,必须通过校准或检定的手段实现量值溯源,即通过不间断的测量链与相应精度等级的计量标准来确定其量值准确度,对于使用中的计量器具,由于老化、失调、损坏、环境因素等方面的影响,其量值准确度是否符合标准要求也要应用相应精度等级的计量标准予以确认。

6.4.2　量值传递系统

国家最高计量基准只有一个,为了量值传递的需要,应按不同的精度要求"复制"这一基准,供相应精度等级的计量仪器进行量值"校准"。这系列"复制"的基准就是量值传递中的各级标准。计量基准及系列标准构成了量值传递的核心内容。显然,各精度等级的标准中,精度等级越低的标准越多,以计量基准在顶端构成金字塔状,形成量值传递网络。

由高一级精度的标准向低一级精度的标准传递量值时需要做比较测量,这就要求设置相应的计量仪器、设备和实验条件,并且需要配备相应的技术人员和管理人员,构成完备的量值传递系统。量值传递按确定的方法实施,以保证相应的精度要求,实施的技术要求和管理方法纳入法制管理系统。

量值传递工作由专门的计量机构实施,我国最高计量机构为国家计量科学研究院,保存有大部分的国家计量基准,并具有向下一级精度等级的标准传递量值的仪器设备和技术能力。在国家计量院之下,则是省级或部委级计量技术机构及对计量要求较高的大中型企业的计量机构,保存有较高准确度级别的标准,并具有向下一级标准传递的能力。这些标准必须定期送国家计量院检定,由基准传递量值。较低精度等级的标准则分别配置于市、地、县等计量技术机构,这些标准必须定期送上一级计量机构检定,确认其量值。同时这些计量机构具有向下一级精度的标准传递量值的能力,这是量值传递的物质保证和组织保证。

量值传递已纳入国家的法制管理范畴。以中华人民共和国计量法为核心的一批计量法规对量值传递的实施,管理及技术规范都做出了明确规定。这些计量法规包括计量管理实施法规,计量技术规范,技术标准等,这是实现量值统一的法制基础。

量值传递的法制管理,计量技术组织机构及量值传递系统构成了完备的量值传递体系,这是保证量值统一的法制体系。

我国目前已建立的量值传递系统共94种,覆盖了计量检定的各个领域,概括了量值传递的全貌。计量检定必须按照规定的计量检定系统表进行,国家计量检定系统表框图以框图的形式简明、直观地表述了计量检定系统的构成、实施路径和实施要求。中华人民共和国国家标准 JJ G2001 ~ JJG2094,规定了国家这 94 个计量检定系统表框图。

以下选取几例 SI 基本量的计量检定系统框图供参考。表 6.5(JJG 2001—1987)为长度量的线纹尺计量器具检定系统框图,表 6.6(JJG 2007—2007)为时间频率计量器具检定系统框图。

由框图给出的传递系统可见,不同量的传递情形不同,同一量的传递也不一定是单一的。以长度量为例,传递系统包括线纹和端度两大传递系统。表 6.5 线纹尺计量器具检定系统框图中,由 0.633 μm 波长基准向下传递量值的路径有三条,越向下路径越多,这是由具体的传递量值的条件所决定的。

表 6.5　线纹计量器具检定系统框图（JJG 2001—1987）

计量基准器具

0.633 μm 波长基准
$\delta_0 = \pm 4 \times 10^{-9}$

比对

0.633 μm 波长副基准
$\delta_0 = \pm 4 \times 10^{-9}$

比较测量

工作基准器
双频激光干涉仪
1—24 m
$\delta_0 = \pm 5 \times 10^{-7}$

比较测量

工作基准器
激光干涉比长仪
$0 \sim 1\,000$ mm　$\delta = \pm (0.1+0.1)$ μm
殷钢基准尺　　　石英基准尺
$0 \sim 1\,000$ mm　　$0 \sim 200$ mm
$\delta = \pm (0.1+0.1\,L)$ μm
$\delta = \pm (0.08+0.12\,L)$ μm

计量标准器具

一等

直接测量

石英杆尺
1 m
$\delta = \pm 0.2$ μm

干涉测量

一等标准金属线纹尺
3 m
$\delta = \pm 0.8$ μm

直接测量

一等标准金属线纹尺
$1 \sim 1\,000$ mm
$\delta = \pm (0.1+0.4\,L)$ μm

一等标准玻璃线纹尺
$1 \sim 1\,000$ mm
$\delta = \pm (0.1+0.5\,L)$ μm

二等

维塞拉干涉仪

标准殷钢基线尺
24 m
$\delta = \pm 20$ μm

比较测量

二等标准金属线纹尺
$1 \sim 1\,000$ mm
$\delta = \pm (0.2+0.8\,L)$ μm

比较测量

二等标准玻璃线纹尺
$1 \sim 1\,000$ mm
$\delta = \pm (0.2+1.5\,L)$ μm

比较测量

三等

直接测量

检定基线场
$1 \sim 100$ m
$\delta_0 = \pm 3 \times 10^{-6}$

标准钢卷尺
$1 \sim 100$ m
$\delta = \pm (10+10\,L)$ μm

直接测量

三等标准金属线纹尺
$1 \sim 1\,000$ mm
$\delta = \pm (5+10\,L)$ μm

直接测量

直接测量

计量标准器具

直接测量

测距仪
$1 \sim 5$ km
$\delta_0 = 2 \times 10^{-5}$
$\sim 2 \times 10^{-6}$

直接测量

一级钢卷尺
$1 \sim 100$ m
$\Delta = \pm (0.1+0.1\,L)$ mm

二级钢卷尺
$1 \sim 100$ m
$\Delta = \pm (0.3+0.2\,L)$ mm

殷钢水准尺
3 m
$\delta = \pm 30$ μm/m

三棱比例尺
300 m
$\delta = \pm 0.2$ mm

直接测量

钢直尺
$150 \sim 2\,000$ mm
$\Delta = \pm (0.1 \sim 0.35)$ mm

直接测量

精密机床类
$1 \sim 2\,000$ mm
$\Delta = \pm (5 \sim 10)$ μm/m

直接测量

精密机床类
$1 \sim 1\,000$ mm
$\Delta = \pm (2 \sim 4)$ μm/m

悬链状带尺寸
$\delta_0 = \pm 3 \times 10^{-3}$
$\sim \pm 1 \times 10^{-5}$

布卷尺
$5 \sim 50$ m
$\Delta = \pm (2+0.8\,L)$ mm

测绳
50,100 m
$\Delta = \pm 60$,
100 mm

横基尺
2 m
$\Delta = \pm 0.2$ mm

折叠尺
0.5,1 m
$\Delta = \pm (0.3 \sim 1)$ mm

木制水准尺
$3 \sim 5$ m
$\delta = \pm 1$ mm/m

竹木直尺
$300 \sim 1\,000$ mm
$\delta = \pm (1 \sim 1.5)$ mm

测长仪器类
$1 \sim 1\,000$ mm
$\delta = \pm (1 \sim 10)$ μm/m

注：δ——不确定度（绝对误差），置信度为 99.73%；δ_0——不确定度（相对误差），置信度为 99.73%；
　　Δ——系统误差；L——测量长度，单位为 m。

表 6.6　时间频率计量器具检定系统表框图(JJG 2007—2007)

计量基准	国际原子时 TAI, 协调世界时 UTC 频率准确度 $<1\times10^{-14}$
	GPS 共视比对系统 最佳测量能力: 时差 20 ns
	激光冷却–铯原子喷泉 时间频率基准装置 频率值 5 MHz, 准确度 5×10^{-15} · 原子时标 UTC(NIM) 基准装置 频率值:5 MHz, 10 MHz　频率准确度:5×10^{-14} 北京时间:UTC+8 h 时差 |UTC(NIM)–UTC|<50 ns, 不确定度 (U): 20 ns(k=2)
	频率测量仪器:时差测量仪, 比相仪 最佳测量能力:2×10^{-14} (τ=1 d) GPS 远程校准最佳测量能力:5×10^{-14} (τ=1 d) · 时间测量仪器: 时差测量仪 最佳测量能力: 1 ns · 电视网、电话网、互联网时刻编码不确 定度:电视网 1 μs, 电话网 10 ms, 互联 网 1 s(k=2)

计量标准	原子频标, 石英晶体频标 频率值:5 MHz, 10 MHz 频率准确度:$1\times10^{-8}\sim5\times10^{-13}$ · 标准数字时钟 时差不确定度 (U): 0.1~3 μs (k=2) · 电视台和广播电台报时钟 时差不确定度 (U): 10 ms (k=2)
	测量仪器 频标比对器:最佳测量能力 1×10^{-13}(τ=100 s) 计数器:最佳测量能力 1×10^{-11}(τ=100 s)

工作计量器具	频率合成器 晶振频率: 5 MHz, 10 MHz 频率准确度: $1\times10^{-5}\sim1\times10^{-10}$	时间合成器 晶振频率: 5 MHz, 10 MHz 频率准确度: $1\times10^{-5}\sim1\times10^{-10}$	频率计数器 晶振频率: 5 MHz, 10 MHz 频率准确度: $1\times10^{-5}\sim1\times10^{-10}$	时间间隔测量仪 晶振频率: 5 MHz, 10 MHz 频率准确度: $1\times10^{-5}\sim1\times10^{-10}$	其他电子仪器 晶振频率: 5 MHz, 10 MHz 频率准确度: $1\times10^{-5}\sim1\times10^{-10}$	计算机时钟 时差不确定 度: 3 s (k=2)

注:计量器具可能会有新的产品或不同的名称, 在检定系统表中不可能全部列出, 对未列入检定系统表的工作计量器具, 必要时可根据被测量、测量范围和工作原理, 参考检定系统表中列出的计量器具的测量范围和工作原理, 确定适合的量值传递途径。

　　除基本量的传递系统而外, 根据量值溯源的需要, 多数导出量也建立了量值传递系统, 这给量值溯源提供了极大的方便。

　　选取几例具有专门名称的导出单位量值的传递框图, 表 6.7(JJG 2023—1989)为压力计量器具检定系统框图。表 6.8(JJG 2086—1990)为交流电压计量器具检定系统框图。

严格按相应标准实施计量检定,所给结果的不确定度可满足预定要求,这已由计量检定系统的设计安排给予保证。

表 6.7　压力计量器具检定系统框图(JJG 2023—1989)

表6.8　交流电压计量器具检定系统框图(JJG 2086—1990)

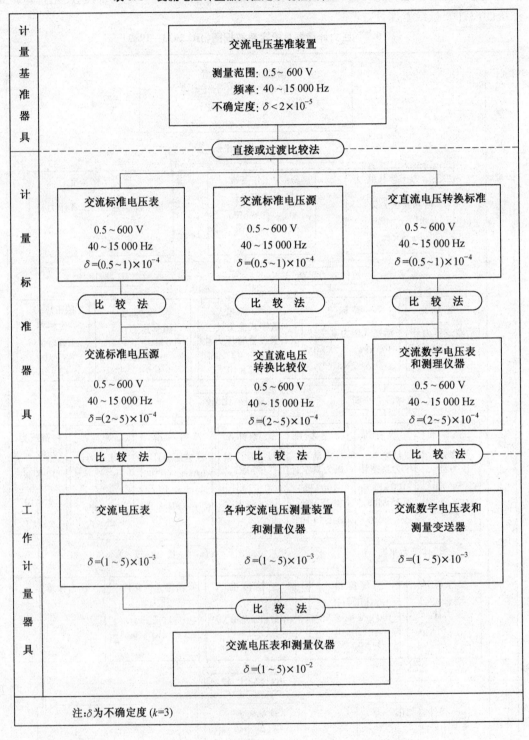

| 计量基准器具 | 交流电压基准装置　测量范围: 0.5~600 V　频率: 40~15 000 Hz　不确定度: $\delta<2\times10^{-5}$ |

6.5　量值溯源

　　为了实现全国的量值统一,所有的测量仪器都要在各自相应的精度范围内与国家基准保持一致,即任何测量仪器必须具有量值可溯源性。

　　所谓量值溯源是指通过一条具有规定不确定度的不间断的比较测量链,使测量仪器示值与国家标准比较并赋值,这一比较测量的操作实施应是能重复的,保证准确度要求,并由法规性的技术文件(如校准规范等)予以规定。

　　量值溯源过程需要借助于量值传递系统,实现量值溯源不能简单地看作是量值传递的逆过程。量值传递系统是法制系统,量值溯源则针对计量工作器具。量值传递系统中,基准及各等级标准都以最简单的形式复现量值,且传递的量值为单位量或有限的分数或倍数量。因此仅依靠量值传递系统实现各种仪器的量值溯源是不可能的,也是没有必要的。

　　事实上,量值传递通常仅指法制系统的标准传递环节部分,而量值溯源则指所论计量器具量值至相应精度级别的量值传递标准的量值传递环节,两者所讨论的范畴是不同的。

　　(1)计量器具特征与标准特征不同。

　　量值传递系统只提供量值溯源的主干,各种仪器量值溯源性需要针对具体情况专门研究、实现。

　　例如,对测量塞规的外径的测量仪器,可用量块传递系统直接传递尺寸。选用相应精度等级的量块直接校准,其原理如图6.1(a)所示。

　　对于测量标准环规的内径的测量仪器,则不能用标准量块直接比对校准,必须研究一种比较测量方法,以量块的外尺寸校准环规的内尺寸,如图6.1(b)所示。

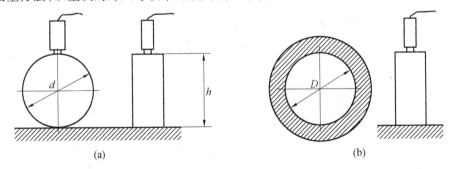

图6.1　计量器具特征与标准特征

　　对于某些复杂对象,如螺纹、齿轮等复杂零件参数更无法由计量标准直接传递量值,需要设计相应的器具和方法实现量值溯源。再如,现场环境的温度测量,实际电路的电学量测量,具体光学系统参数的测量常无法直接由量值传递系统的标准量进行校准测量。这就要求设计专门的校准系统,进行计量比对,实现量值溯源。

　　(2)复合量测量仪器的校准。

　　复合量测量仪器与计量标准无直接对应关系,无法直接比对校准。

　　例如,三坐标机测量空间位置坐标属复合量,其精度决定于三个轴向坐标及轴间垂直度,因此不能由计量标准直接校准三轴量值确定空间坐标的精度。事实上,三坐标机的量值溯源是一件很复杂的事情。

线膨胀系数测量仪通过测量温度变化 ΔT 和长度变化 ΔL，按

$$\alpha = \frac{\Delta L}{L\Delta T}$$

计算线膨胀系数。α 为温度与长度量的复合量，显然不能由量值传递系统实现 α 值的校准，需要对温度测量和长度测量分别校准后的综合结果推断 α 的量值准确度。

（3）测量仪器量值与计量标准量值不对应。

测量仪器量值与计量标准量值常是不对应的。一般计量标准常为单位量标准，测量仪器示值则常为单位量的若干倍或对单位量进行细分。因此一般常无法直接由计量标准校准仪器。

基于上述原因，为实现测量仪器量值溯源，一般来说，总需要进行相应的设计分析、实验，以便建立完整的量值溯源链。量值溯源链包括两部分：一部分为测量仪器至相应精度级别的计量标准的量值溯源链；第二部分为该精度级别的计量标准至最高基准的传递链。量值传递链是法制计量系统，是公共资源，无需仪器设计者考虑。仪器设计者要考虑的是测量仪器至相应精度等级的计量标准的量值溯源链，这一量值溯源链一般来说应由仪器设计者建立，这是实现量值溯源的关键。

量值溯源链示意图如图 6.2 所示，其中校准仪器（包括相应的设施、条件等）是实现量值溯源的专门条件。

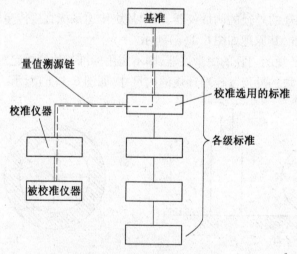

图 6.2　量值溯源链示意图

建立完整的量值溯源链的工作包括：

（1）确定量值传递系统的计量标准。

测量仪器的量值溯源应借助于量值传递系统溯源于量值基准，这就需要按仪器计量特性确定适当的量值传递链，并按仪器精度确定相应精度等级的量值传递系统的标准量。

（2）确定实验方法、实验仪与设备。

为实现量值溯源，应依据测量仪器的计量学特性和精度要求，确定仪器量值与相应精度等级的计量标准比较测量的途径方法（包括测试实验、数据处理及分析判断）和测量仪器、设备、测试条件，这是实现量值溯源的物质基础。

仪器的量值溯源活动称为"校准"（见第 5 章），包括测试实验、数据处理及分析判断。

（3）确定校准精度。

分析确定量值溯源过程中校准实验的精度,给出相应的不确定度。校准不确定度应按不确定度的分析方法给出,其值应满足仪器示值校准要求。

（4）建立校准规范。

以技术文件的形式规范化量值溯源的标准量和校准实验的仪器设备、实验方法、实验条件,保证量值溯源在一定精度的条件下能重复实施,因而具有可复现性。该技术文件即称为校准规范。

校准规范应包括如下内容:引用文献、计量特性、校准条件、校准方法、校准结果表达及复校时间间隔等。

校准规范一般列入国家计量技术规范,作为法规性文件遵照执行。研制的新型仪器没有国家的校准规范,则需要自行编制校准规范,以利于产品生产过程的产品质量控制及产品质量评价。这是计量仪器商品化过程的必备文件之一。

例 6.1　研制的铂电阻温度计的测量范围为 $0 \sim 50\ ℃$,示值误差允许值为 $0.03\ ℃$,现设计量值溯源方法。

解　校准原理与校准方法:如图 6.3 所示,利用恒温槽给出恒温环境,以标准铂电阻给出标准温度以校准研制的铂温度计。在测量范围内预设若干校准点,除零点用冰水混合物构成三相点的零度基准外,都以标准铂温度计提供标准温度。

校准点确定为 $0\ ℃,5\ ℃,10\ ℃,15\ ℃,20\ ℃,25\ ℃,30\ ℃,35\ ℃,40\ ℃,45\ ℃,50\ ℃$,共 11 点。零度按冰水混合物温度定度,其他 10 点由标准铂电阻校准。校准数据按二次方程拟合:

$$y = ax^2 + bx + c$$

式中　y——仪器温度示值,由标准温度计读数;

　　　x——相应于温度示值的测量信号电压,由被校准的温度计读数;

　　　a,b,c——方程式系数。

利用最小二乘法求解方程系数 a,b,c,可得二次曲线方程,其特性曲线如图 6.4 所示。

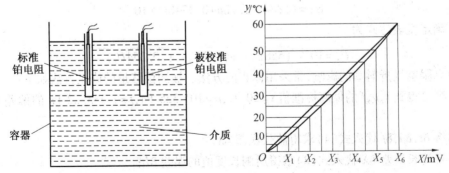

图 6.3　恒温槽定温　　　　　　　图 6.4　铂电阻的特性曲线

该方程即作为被校准仪器的特性曲线,以后仪器在测量使用时,就按这一特性曲线给出示值。因此,仪器的各项误差基本被排除,影响仪器精度的主要因素是校准误差。

故可认为示值误差允许值 Δ_s 即为校准不确定度 U_J。由设计要求,示值误差的允许值为 $0.03\ ℃$,考虑到铂电阻的示值变化(稳定性误差),该值取为 $0.02\ ℃$,即

$$U_J = \Delta_s = 0.02\ ℃$$

影响校准方法的因素有标准铂电阻和恒温槽,现分别规定其不确定度。设标准铂电阻温度计的示值不确定度为 U_B,恒温槽的温度不均匀性引入的不确定度为 U_H,应有

$$U_J = \sqrt{U_B^2 + U_H^2}$$

按等作用原则(见第 8 章 8.2.3)规定两项分量,有

$$U_B = U_H = \frac{1}{\sqrt{2}} U_J = \frac{1}{\sqrt{2}} \times 0.02 \ ℃ = 0.014 \ ℃$$

按这一要求选用二等标准铂电阻和相应的恒温槽满足精度要求。

例 6.2 激光测长仪量值溯源设计,要求测长仪测量不确定度不大于 1×10^{-6}。

解 激光测长仪以激光波长为标准量测量长度,测量方程为

$$L = \frac{1}{2} N\lambda \tag{1}$$

式中 L——被测位移量;

N——测长仪计数的波数;

λ——测量激光波长。

微分可得误差式

$$\delta L = \frac{1}{2}\lambda\delta N + \frac{1}{2}N\delta\lambda \tag{2}$$

式中 δL——测得位移量的误差;

δN——波数误差;

$\delta\lambda$——空气波长误差。

由于波数误差很小,可忽略不计。因此,光波波长直接影响测量结果。影响波长的因素除激光真空波长而外,主要是空气折射率的影响。测量光束在空气中的波长随空气的温度、气压、湿度等空气参数而变化,由艾伦公式给出这一关系:

$$\delta n = (-92.9\delta t + 0.27\delta p - 0.045\delta f) \times 10^{-8} \tag{3}$$

由此引起的波长误差为

$$\delta\lambda = (588\delta t - 1.7\delta p + 0.354\delta f) \times 10^{-9} \tag{4}$$

写成不确定度表达式为

$$U_\lambda = 10^{-9}\sqrt{(558U_t)^2 + (1.7U_p)^2 + (0.354U_f)^2} \tag{5}$$

为克服空气折射率的影响,常采用修正的方法。被测位移量的修正方法如下:

①测量得到 t,p,f 的偏离标准值 $t = 20 \ ℃$,$p = 101\ 325 \ Pa$,$f = 1\ 333.22 \ Pa$ 的偏差 $\delta t,\delta p,\delta f$。

②将 $\delta t,\delta p,\delta f$ 代入式(4)求得波长误差 $\delta\lambda$。

③将波长误差 $\delta\lambda$ 代入式(2)求得所测长度值的误差 δL;

④将修正值 $-\delta L$ 加到测得值 L 上,得 $L' = L - \delta L$,即为最后结果。

现讨论量值溯源方法的精度设计。

由式(2),测量长度的不确定度为

$$U_L = \sqrt{\left(\frac{1}{2}\lambda U_N\right)^2 + \left(\frac{1}{2}N U_\lambda\right)^2} \tag{6}$$

考虑第一项可忽略不计,只写第二项,得

$$U_L = \frac{1}{2} N U_\lambda \tag{7}$$

将式(5)代入式(7),得

$$U_L = \frac{1}{2} N \sqrt{(558 U_t)^2 + (1.7 U_p)^2 + (0.354 U_f)^2} \times 10^{-9} \tag{8}$$

据此规定温度 t、大气压力 p、空气湿度 f 的测量精度要求。

按等作用原则(见第 8 章),由式(8)规定各项分量,得

$$558 U_t = 1.7 U_p = 0.354 U_f = \frac{1}{0.5 \times 10^{-9} N} \cdot \frac{U_L}{\sqrt{3}} \tag{9}$$

由设计要求知,相对扩展不确定度要求为

$$U_{Lr} = \frac{U_L}{L} \leqslant 1 \times 10^{-6}$$

得

$$\bar{U}_L = L U_{Lr} \leqslant 10^{-6} L \tag{10}$$

由式(1),得

$$U_L = 0.5 N \lambda U_{Lr} \leqslant 0.5 \times 10^{-6} N \lambda \tag{11}$$

将式(11)代入式(9),得

$$558 U_t = 1.7 U_p = 0.354 U_f = \frac{\lambda U_{Lr}}{10^{-9} \sqrt{3}} \leqslant \frac{10^{-6} \lambda}{10^{-9} \sqrt{3}} = 5.774 \times 10^2 \lambda \tag{12}$$

式中,空气中波长 $\lambda = 0.632\,8\ \mu m$,于是有

$$558 U_t = 1.7 U_p = 0.354 U_f \leqslant 3.654 \times 10^2$$

于是可规定各项分量为

$$U_t \leqslant \frac{3.654 \times 10^2}{558}\ ℃ = 0.655\ ℃$$

$$U_p \leqslant \frac{3.654 \times 10^2}{1.7}\ Pa = 215\ Pa$$

$$U_f \leqslant \frac{3.654 \times 10^2}{0.354}\ Pa = 1\,032\ Pa$$

按这一校准精度要求确定环境温度、气压、湿度的校准方法,选定校准标准和校准仪器,规定校准路线,并制定校准规范予以规定。

6.6　本章小结

(1)计量单位与计量基准。
(2)国际单位制的基本单位及其复制。
(3)量值传递与量值传递系统。
(4)量值溯源及校准规范。
(5)校准不确定度的分析。

6.7　思考与练习

6.1　构成国际单位制的基本要素是什么?

6.2　建立计量基准的意义是什么?

6.3　说明计量基准的分类。

6.4　说明长度基准单位米的定义及其复现。

6.5　说明时间基准单位秒的定义及其复现。

6.6　说明质量单位千克的定义及其复现。

6.7　说明电流单位的定义及其复现。

6.8　说明温度单位的定义及其复现。

6.9　说明物质量的单位的定义及其复现。

6.10　说明发光强度单位的定义及其复现。

6.11　建立量值传递系统有何意义?

6.12　说明量值传递系统的构成。

6.13　说明量值溯源的意义。

6.14　如何实现量值溯源?

6.15　照度计的光照度示值校准中,由光强度为 I 的标准灯发出的光在距离 L 处产生的照度 I/L^2 为实际值(修正值为 0.003 cd),由被校准的照度计在该处重复测量 10 次,取 10 次测量结果的平均值 $\overline{E}$ 为该照度测量值,则照度计在该处的示值误差为 $\Delta E = \overline{E} - \dfrac{I}{L^2}$,设:

(1)10 次测量结果为:502,496,508,510,498,518,515,506,505,511(lx);

(2)标准灯光强 $I=500$ cd,对应于置信概率为 99% 的相对扩展不确定度为 $U_{reI}=1.5\%$,甚不确定范围为 $U_{reL}\times15\%$;

(3)距离 $L=1$ m,对应于置信概率为 99% 的相对扩展不确定度为 $U_{reL}=0.2\%$,其不确定范围为 $U_{reL}\times15\%$。

要求按 t 分布评定校准的扩展不确定度(置信概率为 95%)。

6.16　校准电子水平仪示值,其结果可表示为

示值误差

$$\Delta = E - (H_2 - H_1)/L(\mu m/m)$$

式中　E——被测电子水平仪示值,$\mu m/m$;

　　　　H——两标准量块实际尺寸差,即

$$H = (H_2 - H_1),\ H = 80\ \mu m$$

　　　　L——两测头距离,0.2 m。

进行 10 次测量,取其平均值作为被检测的电子

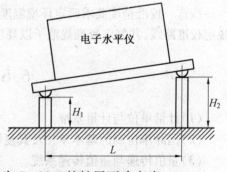

水平仪的最终示值 E,试给出示值误差 Δ 的置信概率为 $P=99\%$ 的扩展不确定度。

已知被检测的电子水平仪的示值重复性 $3s=0.3$ $\mu m/m$(计算 s 的测量数据的数目,$n=20$);$H=80$ μm 的 $P=95\%$ 的扩展不确定度 $U_H=0.2$ μm,其量值变动范围为 10%;$L=200$ mm 的 $P=95\%$ 的扩展不确定度 $U_L=0.5$ μm,其量值变动范围为 10%。

6.17　由标准电压 V 与标准电阻 R 给出标准电流 I, 用以检定直流电流表的示值误差 Δ, 若将标准电流 I 输入电流表, 电流表的示值为 I_x, 则该电流表的示值误差 $\Delta = \bar{I}_x - \dfrac{V}{R}$。已知: (1) 电流 I_x 的标准差由 10 个测量数据按贝塞尔公式求得 $s = 3.4 \times 10^{-4}\text{A}$;

(2) 标准电压 $V = 1\ \text{V}$, 其置信概率 $P = 99\%$ 的扩展不确定度 $U_V = 2.3 \times 10^{-5}\ \text{V}$, U_V 的误差范围为 $U_V \times 25\%$;

(3) 标准电阻 $R = 0.2\ \Omega$, 其准确度级别为 0.02 级 (即相对不确定度 0.02%, $P = 99\%$), 该值的误差范围为 $U_R \times 10\%$。

要求: 按 t 分布评定电流表的示值误差 Δ 的检定的扩展不确定度 U_Δ (按置信概率 $P = 95\%$)。

6.18　用离心机校准加速度计, 当离心机以旋转角速度 ω 旋转, 测量旋转半径 R 处的加速度计的示值, 可表示为 $a = \omega^2 R$, 若不计加速度计的示值分散性, 按 t 分布给出置信概率为 95% 的校准相对扩展不确定度。已知: $\omega = 4\pi$, 测量的扩展不确定度为 $U_\omega = 5''$ ($P = 99\%$), 其数值不确定性为 20%; $R = 2\ 000\ \text{mm}$, 测量扩展不确定度为 $U_R = 5\ \mu\text{m}$ ($P = 99\%$), 其数值不确定性为 20%。

第 7 章 提高测量仪器精确度的途径

7.1 概 述

除考虑经济性外,仪器性能是以其精度参数为主的计量特性来考量的。通过技术进步,不断提高测量仪器的精确度,是测量仪器发展中的核心内容。

测量仪器的种类繁杂,量值特点、被测对象、仪器原理、构成特点、测量方法等诸多因素的差异,使所考虑的测量仪器的误差成分、来源、类型、量值及影响千差万别,难以有完全相同的处理方法。但就普遍意义说,依据前述的误差分析的基本理论,克服仪器误差、提高仪器精度的技术手段可考虑如下几方面:原理方案、结构、参数、器件材料、工艺方法、实验方法、数据处理方法等。

特别指出,为提高测量仪器精度所考虑的诸项因素中,还应顾及测量仪器的使用,包括被测量及被测对象、测量方法、测量条件、测量操作者等。应把测量仪器看作测量系统中的一个环节,充分考虑测量系统中各个环节、各项因素的相互作用、联系,而不应孤立地看待测量仪器。

7.2 合理地拟定测量原理方案

测量仪器设计中,其原理拟定、测量环节的安排、系统关键参数设计等方面对决定仪器计量性能具有关键性意义。

测量原理的优劣,对仪器的性能具有决定性意义,就其精度来说,可按前述误差理论及不确定度分析方法给出定量的分析和判断。并且,这种定量分析还可指导原理方案的选择和改进。

例 7.1 电子信号的频率测量。

电子信号的频率测量可分为测频法和测周法,原理方法不同,适用的情形也不同。通过精度分析的方法,可给出定量的分析。

(1)电子计数器测频方法。

测频原理如图 7.1 所示,被测电信号经脉冲整形电路形成同频率的脉冲信号送入阀门的输入端。经由阀门控制,通过一定数量的脉冲信号。阀门由门控制电路控制,由高稳定度的石英振荡器和一系列数字分频器组成的时基信号发生器给出时间基准信号,门控电路据此给出闸门开通与闭合信号。设闸门开通时段为 T,在 T 时段内通过闸门的脉冲数为 N,则所测信号频率为

$$f_x = \frac{N}{T}$$

脉冲数 N 由计数器计数后将计数结果送入计算器,由计算器按上式求得所测频率 f_x。

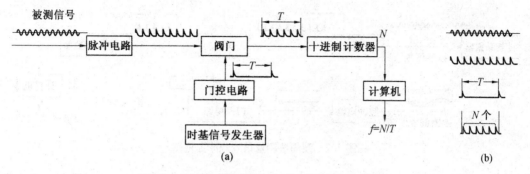

图 7.1　电子计数器测频法测量信号频率方框图

现分析测量误差。由 f_x 式得频率误差为

$$\delta f_x = \frac{1}{T}\delta N - \frac{N}{T^2}\delta T$$

写成相对误差的形式

$$\frac{\delta f_x}{f_x} = \frac{\delta N}{N} - \frac{\delta T}{T}$$

式中　　δN——频率计数误差；

　　　　δT——时基信号周期误差。

频率误差值应为 $\delta N = \pm 1$，故 $\dfrac{\delta N}{N} = \dfrac{\pm 1}{N} = \dfrac{\pm 1}{Tf_x}$。

时基信号周期误差 δT 与石英晶体振荡频率 f_c 的误差 δf_c 直接相关，经分析有

$$\frac{\delta T}{T} = \frac{\delta f_c}{f_c}$$

故有

$$\frac{\delta f_x}{f_x} = \frac{\pm 1}{Tf_x} - \frac{\delta f_c}{f_c}$$

由上式可见，由计数器测频的误差主要有两项，即计数误差和标准频率误差。

当计数误差 $\dfrac{\pm 1}{Tf_x}$ 较小时，则影响测频精度的主要因素是石英晶体振荡器的误差 $\delta f_c/f_c$。因此，测频精度不可能高于石英晶振的精度，即测频误差不小于 $\delta f_c/f_c$。这就给出了频率计设计或使用时的精度极限，指导仪器的设计和选用。

当 T 一定，f_x 越大，或 f_x 一定，T 越大时，计数误差越小。反之，当 T 一定，f_x 越小，或 f_x 一定，而 T 越小，则计数误差越大。因此在测量低频时，由计数误差 ± 1 所产生的误差将是不可接受的。例如 $f_x = 10$ Hz，$T = 1$ s，则 $\pm 1/Tf_x = 10\%$。因此，测量低频信号时，采用测频原理是不适宜的。

(2)测周方法。

对于低频信号测量，由下述分析可知，应采用测周方法。定量分析给出了仪器设计或选用时的数量界线。

测周原理如图 7.2 所示。

被测频率信号输入脉冲形成电路，产生同频率的脉冲信号，送主门控电路形成脉宽为

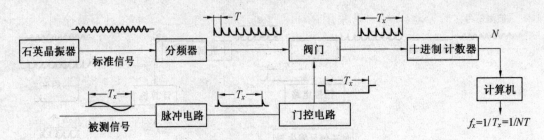

图 7.2　测周法测量信号频率方框图

$T_x = \dfrac{1}{f_x}$ 的门控信号送入主门作为控制其开、闭的信号。石英晶振器产生的标准频率经分频器分频,形成周期为 T 的时基信号,令 $T < T_x$,则时基信号送入闸门,受门控信号控制通过的时基信号脉冲数为

$$N = \frac{T_x}{T}$$

由计数器计数得 N,则信号周期为

$$T_x = NT$$

而被测频率为

$$f_x = \frac{1}{T_x} = \frac{1}{NT}$$

这就是测周法原理。

由式 $T_x = NT$,可得 T_x 的相对误差表达式为

$$\frac{\delta T_x}{T_x} = \frac{\delta N}{N} + \frac{\delta T}{T}$$

由前述可知

$$\delta N = \pm 1$$

$$N = \frac{T_x}{T}$$

$$\frac{\delta T}{T} = \frac{\delta f_c}{f_c}$$

代入上式,可得

$$\frac{\delta T_x}{T_x} = \pm \frac{T}{T_x} + \frac{\delta f_c}{f_c}$$

在测量低频信号时,T_x 值大,T/T_x 值很小,因此计数误差的影响很小,可见,测周法适合测量低频信号。

上例表明,测量原理不同会有不同的效果。精度分析的结果对测量方法的优劣给出了定量分析,这一定量分析对测量方案的设计具有指导意义。

测量原理方案涉及测量的数学模型、测量环节安排、主要参数设计、关键零部件及材料的选择等方面。

其中测量的数学模型反映了测量仪器的基本面貌,对测量仪器的计量特性具有决定性的意义。

例7.2 在质量测量中,杆称采用杠杆原理,影响测量的误差因素多,且不易控制,因此精度不高。弹簧秤利用虎克定律工作,影响精度的误差因素较易控制,易于获得较高精度的测量结果。而天平则利用等臂杠杆原理,实质上是采用了相对测量(或称比较测量),具有一定的对称性。按这一原理测量时,被测量与标准砝码质量直接比较获得测量结果,诸多误差易于控制,一些误差因素如重力加速度的影响、温度的影响、空气浮力的影响等在很大程度上被排除。因而按这一原理测量质量可获得很高的精度,故在质量的量值传递与高精度的质量测量中都使用相应精度级别的天平和砝码。

例7.3 电测量仪中常采用测量电桥,如图7.3所示桥路中一个桥臂接入标准电阻 R,另一臂接入被测电阻 r,桥路输入端加以测量电压 V,则输出端会给出测量输出信号,该输出反映了两支桥臂的平衡信号,即 r 与 R 的比较差值,这是一种差动测量,由于桥路的对称性,对电压波动,温度影响,热效应等引起的漂移等诸项误差都有很强的抑制作用,有利于实现高精度测量,是单边测量电路无法比拟的,因此广泛应用于多种测量电路中。

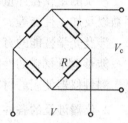

图7.3 测量电桥

事实上,各种相对测量(比较测量),差动测量的测量环节安排都具有某种对称性,测量系统的对称安排有利于消除多种误差因素,应是优先考虑的方案。

例7.4 测量仪器的输出特性曲线如图7.4所示,其分度直线若按过 O 点的曲线的切线 a,分度直线的斜率 $k=y/x$,即表示仪器的设计的输入输出特性。此时在 O 点附近误差最小,对测量微小量有利,但在整个测量范围内,测量误差最大值 Δ_a 过大。当改变定度直线斜率 k,使仪器设计的分度线为测量范围内实际特性曲线两端点连线 b。此时的最大误差为 Δ_b,显然要小。当改变 k 值,令分度直线位于 c,使其最大误差分散并降至最小,则在整个测量范围内获得最高的精度。

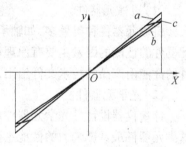

图7.4 输出特性比较

测量仪器原理拟定中,其基本参数设计往往具有关键性意义,常成为影响精度特性的重要因素。

测量仪器的研制中应用新理论、新技术、新方法常会获得突破性的效果。

激光技术、光栅技术、光纤技术、光电技术等新技术的出现并应用于计量领域,研制了大批新型测量仪器,促使计量技术产生了巨大进步。

计算机的飞速发展,为测量仪器的自动化创造了有利条件,在误差补偿、数据处理及测量控制方面的迅速发展极大地提高了测量仪器计量特性。

小波理论、神经网络算法、遗传算法等理论和方法,对复杂的系列测量数据和动态测量数据的处理,提高最终结果的精度,产生了突破性的成效。

可以说,新理论、新技术、新方法是促进测量仪器计量特性发展的动力。

7.3 材料和元器件的选择

选择性能优良的材料和元器件对测量仪器的计量特性具有重要的意义,有时甚至具有关键性的意义。随着科学技术的飞速发展,现有的材料和元器件的性能不断改进完善,新材料、新器件不断涌现,对测量仪器计量特性的提高提供了必要的条件。

测量仪器的设计中,材料和元器件的选择应考虑:

(1)选择性能优良的材料和元器件,满足仪器计量性能和其他性能要求。

(2)考虑经济性,以满足仪器性能为度。

1. 各种材料的性能

涉及测量仪器计量特性的材料机械性能有:材料的刚度、硬度、摩擦因数、密度、线膨胀系数以及加工性能等。

涉及光学性能的有:材料的折射率、透射率、热稳定性等。

涉及电学材料的性能有:电阻、电阻的温度系数、电热性能、压电效应、光电效应等。

测量仪器使用的材料有多种,包括金属材料、非金属材料、复合材料等。

2. 仪器涉及的各种元器件的性能

测量仪器涉及的元器件种类繁杂,可分为机械零件、器件、光学元、器件、电学元器件。随着科学技术的进步,新的元器件不断涌现。一般元器件已商品化、系列化、标准化,有些元器件则为非标器件,需研制者自行设计制造。

(1)机械元器件。

机械元器件种类繁多,如轴承、导轨、螺纹件、杠杆、齿轮、蜗轮蜗杆、弹簧等。影响这类元器件的性能的因素主要有原理和工艺设计、加工、装调精度及材料机械特性。其成品元器件的性能由产品的技术文件给出,单件生产的元器件则要通过精度实验确定其性能。

(2)光学元器件。

计量仪器设计的光学元器件众多,如透镜、反射镜、分光镜、发光元件、光电转换器件等。这类元器件最具影响力的性能主要为各类像差、分辨率、放大率、工作范围等,这些性能决定于设计、工艺和材料的光学性能等因素。其性能需要通过相应的实验给出。通用的器件有系列化的产品,可按需要的性能选购,特定的高性能的元器件则常需自行设计制造。

(3)电学元器件。

电学元器件如电阻、电容、电感、基准电压、基准频率、A/D转换器、变压器、继电器、各种集成芯片、电子驱动元器件等广泛的使用于测量仪器系统中。这类元器件中,除变压器等少数元器件在某些情况下可能是单件生产而外,基本上都实现了商品化的批量生产,产品性能相对稳定一致。其性能可由其生产厂商给出的技术资料查得,也可通过相应的实验获得。

7.4　工艺方法的改进

工艺方法、工艺要求是决定测量仪器计量特性的关键因素之一。

仪器工艺方法的内容包括加工、装配和检验。

7.4.1　仪器构件的加工和加工精度

在工艺过程中,测量仪器构件的加工方法和加工精度是决定仪器精度和其他性能要求的基本要素之一。

仪器关键零部件的尺寸、形状及表面质量等加工精度,重要零部件(如轴系、导轨、定位机构)的加工精度对仪器精度具有决定性的影响,其加工精度要求由仪器的精度设计给出。

加工精度要求与经济性直接相关,成本将随加工精度的提高急剧增加,因此加工精度要求应是适当的,故构件的加工精度尽量按经济的加工精度加工,过高的精度要求不仅使成本增加,也无实际意义。

由于工艺水平的限制,单靠提高加工精度的手段往往不能达到预期的精度。为克服工艺水平的限制,可通过测量环节的调整、误差补偿、数据处理等方法予以弥补,以获得更高的精度。

7.4.2　仪器的装配调整

装配、调整是仪器生产工艺过程的重要一环,加工的零部件和购置的元器件组装成测量系统,并经修配、调整达到仪器的设计指标。加工精度为保证仪器精度提供了条件,装配、调整则决定了测量仪器的最终精度,因此装配、调整环节在仪器研制生产中是决定测量仪器计量特性的关键一环。

为实现仪器的设计目标,要求拟定完善的装配、调整的工艺路线,装配、调整的工艺装备和实施方法。对于装配、调整中的关键环节则需仪器设计者予以关注。

装配、调整的设计,除了要考虑经济性(成本、现有条件、人力资源等)等因素外,还要考虑以下内容:

(1)精度设计。这是首先要考虑的工作,通过精度设计确定装配调整设备、方法的精度要求,确保满足仪器的精度要求。

(2)工艺流程设计。科学地规定装配、调整步骤及要求。

(3)工艺装配设计。以精度设计为基础设计,选用通用或专用装备,包括加工设备、装调专用工、卡具、检验器具等,配置完整的工艺系统。

(4)方法设计。以精度设计为指导,恰当的设计装配、调整的具体操作方法、检测验收方法等。

(5)技术配置。从事装调人员的技术能力应能保证技术要求,这往往是装调水平的关键因素之一。当然,优秀的工艺设计应尽力地减少对人的依赖。

7.4.3　测量仪器的工艺检测

工艺检测是测量仪器工艺过程的必备手段,用以检测工艺过程中各步骤的效果,以指导工艺过程。

工艺检测的设计需考虑:

(1)经济性。

(2)足够的测试精度。

(3)方便,易于操作。

对于重要的工艺环节的检测,仪器设计者应参与设计工作。

7.5　测量仪器调整环节的设置

工艺过程或使用中的调整是提高测量仪器精度的关键技术之一,调整环节是测量仪器的基本环节之一。

7.5.1　设置调整环节的意义

输入的被测量在测量仪器传递转换的测量链中,各环节的诸项误差经测量链转换,累加至输出端叠加于测量示值,表现为最终的测量结果。在测量链的适当位置上设置调整环节,通过调整可使某些误差因素的影响减为最低的限度。调整环节的设置对于降低加工装配要求,提高仪器的整体精度有重要意义。

调整的方法主要用于克服系统误差,如加工偏差、装配误差、使用中的某些误差、环境条件变化造成的误差、仪器的稳定性误差等。

有时也可通过调整减小某种随机误差,如通过调整机构调整运动副的间隙,可减小由于间隙引起的测量示值的随机变化;调整电路参数(如放大比)可使噪声减小;调整光路参数可使分辨率提高。

7.5.2　调整环节的设置

1. 生产中的调整环节

用于生产过程中的调整环节,在仪器装配调整时调整仪器系统的性能参数,仅供仪器装调者使用。要求施工方便、稳定可靠,调整完成以后即需固定,不可轻易再动。尤其不允许用户随意调整,因为这类环节的调整有时会影响到仪器的基本特性。由于这类环节的调整工作往往较为复杂,所以常常需要在有相应的配套装备和一定的条件下实施,因而不能在其他场合随意调整。例如,仪器传动机构调整之后,常需将调整件封固,防止松动和人为的改动;电路中的放大比调整完成后用固定电阻代替可调电阻以保证示值稳定可靠。

2. 维修中的调整环节

仪器维修时的调整环节对于维修工作十分重要。用户使用期间经检定精度参数超差,则需维修使其恢复原计量特性,设置调整环节供维修人员通过调整达到这一目的。

维修中使用的调整环节要求稳定可靠,调整后不易变动;调整工作应简便,无需复杂精密设备、器具,便于现场操作;这类调整环节的调整操作需要相应的技术能力,故也不许用户随意调整。

调整后经检测,判定相应计量参数满足要求,调整工作即告完成。随即封固调整环节,使之保持调整后的特性状态。

3. 使用中的调整环节

用户使用中,因使用条件变化及其他各种因素引起一定的示值变化(如零点漂移),为克服这一影响常需在适当位置设置调整环节,供使用者调整使用。这一环节用于克服仪器使用中常易出现的特性变化,所做调整涉及范围有限。

使用中的调整环节的设置要求:具有足够的调整灵敏度,保证调整的精度要求;使用方便,常置于仪器外部,可直接用手或借助简单工具进行调整,调整手续简便;具有一定的稳定性,以便在仪器测量工作过程中状态不变;其次要保证安全,避免误操作损坏仪器或破坏仪器的正常状态而无法恢复;调整完成以后易于判断调整结果,并固定调整状态。

7.5.3　调整环节的设计

1.调整环节的类型

按调整环节在测量链中的位置分为两种情形:

(1)设置在误差产生的环节。此时调整环节只用于该环节误差的调整补偿,通常用于误差影响显著,且其误差可掌握的环节。

(2)设置在测量链末端。此时调整环节可用于仪器测量链各环节误差综合影响的调整补偿,用于仪器整机的误差调整。

按调整环节在测量链中的作用分为以下环节。

(1)局部调整环节。局部调整环节只对局部特性进行调解,如机械系统调整环节、光学系统调整环节、电学系统调整环节等,通常置于相应系统中。这类调整环节常用于工艺过程和维修工作中。

(2)整机调整环节。整机调整环节对仪器各系统的影响做综合调整,用于对仪器参数的最终调整,整机调整常置于测量链的末端,有时也可置于某个测量环节。例如,可通过放大比的调整环节调整仪器的特性曲线(有时这一调整可由数据处理系统完成),从而调整仪器的示值误差。

2.调整环节的调整精度和调整范围

调整环节应能精细、可靠地调整相应的特性参数,保证获得设定的仪器计量参数。调整精度应该满足以下要求,以使调整误差对仪器精度参数的影响可忽略不计,保证通过调整获得满足要求的参数精度。

$$调整误差(调整灵敏度)<允许误差(\frac{1}{10} \sim \frac{1}{3}示值误差)$$

这里调整误差常由调整的灵敏度决定。

调整环节的调整工作范围应能保证调整需要,即调整范围须大于参数偏移值的范围。调整范围应满足以下要求,以保证调整环节具有足够大的调整工作范围,使其能有效地调整、弥补仪器的参数误差。

对于生产装配中的调整环节:

$$调整范围>可能的最大工艺误差$$

对于维修和使用中的调整环节:

$$调整范围>可能的示值最大变化$$

例 7.5　仪器底座水平调整螺丝设计。

解　某仪器底座水平调整误差要求不大于 $5''$,采用螺旋副调整。设底座在调整方向的长度为 $l=500$ mm,则要求螺旋副的调整灵敏度为

$$d = l\tan 5'' = 500 \text{ mm} \times 2.242\ 4 \times 10^{-5} = 0.012 \text{ mm}$$

设手轮直径为 $D=30$ mm 时,旋动手轮的敏感位移为 $t=2$ mm,该敏感位移相应于螺杆

位移为

$$h = \frac{ts}{\pi D}$$

式中,s 为螺杆螺距,则螺距为

$$s = \frac{\pi Dh}{t}$$

令 $h = d$,则

$$s = \frac{\pi Dh}{t} = \frac{\pi Dd}{t} = \frac{\pi 30 \times 0.012}{2} \text{ mm} = 0.565 \text{ mm}$$

故为满足调整误差不大于 5″的精度要求,调整螺旋副的螺距不能大于 0.56 mm,取标准螺距为 $s = 0.5$ mm。

又设仪器的地基水平差为 ±5 mm,则可确定设计的螺旋副的工作行程应大于 5 mm。

7.5.4 调整环节的可靠性

调整环节的可靠性是设置调整环节的基本要求之一。

生产中的调整环节、维修中的调整环节的稳定性要求高,应保证维修周期(检定周期)内稳定可靠,不影响仪器的计量性能。

使用中的调整环节,应保证一次开机使用时间内,仪器计量特性稳定可靠。调整环节多次使用不失效。

7.5.5 调整环节的应用

仪器在生产、维修和使用中,利用调整环节调整其特性参数时,需要配合有相应的实验手段。例如,对于仪器示值误差的调整,需要通过校准获知其示值的真实值,以此为依据调整仪器参数。对于仪器的线性度误差,也需要依据校准结果进行调整,以获得仪器的最佳特性。对于仪器稳定性误差,需要通过相应的稳定性实验验证调整结果,以便获得最佳调整结果。对于仪器的零点漂移则可直接读数获得调整结果。

7.6 误差补偿

对于有确定规律的仪器误差,可采用硬件系统或软件的措施确定这一规律性,并予以抵偿,这就是误差补偿技术。找出仪器误差的规律性并确定其量值是误差补偿技术实施的前提条件,可通过分析、实验确定仪器的误差特性及其量值,通过数据处理系统消除这一误差;也可按仪器误差规律性,设计相应的测量方法和数据处理方法自行抵偿消除。

应用误差补偿技术,可使之在一定工艺条件下,获得更高的精度,因而具有好的经济性;或在单靠工艺措施无法达到预期的精度要求时,误差补偿技术可使仪器获得要求的高精度。

误差补偿采取的方法有硬件补偿和软件补偿两类方法。

7.6.1 硬件补偿方法

应用硬件系统消除仪器的系统误差是常用的方法。通过设置相应的硬件环节,依据误差的规律性,将相应的误差抵偿掉。

硬件误差补偿环节的设置分为:

①对中间环节进行误差补偿。

②对最终结果进行补偿。

例7.6　测角仪中,分度盘安装时,其中心 O' 相对旋转中心 O 偏移 e,如图7.5所示。

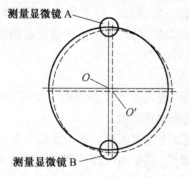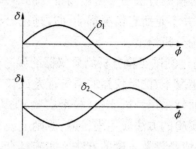

图 7.5　偏心误差补偿

由偏心 e 产生的误差服从正弦规律,测量显微镜 A 观测度盘刻度位置误差为

$$\delta_1 = e\sin\,\varphi_1$$

式中, φ_1 的零位按偏心 e 的方向计,符号按顺时针为正。

对于测量显微镜 B,其角度位置 $\varphi_2 = \varphi_1 + \pi$,则其观测的度盘刻度位置误差为

$$\delta_2 = e\sin\,\varphi_2 = e\sin(\varphi_1 + \pi) = -e\sin\,\varphi_1 = -\delta_1$$

因此在对径位置上设置两个测头读数,其角度位置相差 π,两测头测量读数的误差绝对值相等,符号相反。二路信号叠加则可将偏心误差消除。同样,对于因轴系误差引入的 n 次谐波,在相差 $\dfrac{\pi}{n}$ 角度位置上的测角误差分别为

$$\delta_1 = e\sin\,n\varphi$$
$$\delta_2 = e\sin\,n\varphi_2 = e\sin\,n\left(\varphi_1 + \frac{\pi}{n}\right) = e\sin(n\varphi_1 + \pi) = -e\sin\,n\varphi_1 = -\delta_1$$

有

$$\delta_1 = -\delta_2$$

在相差 $\dfrac{\varphi}{n}$ 的角度位置上放置两支测量读数头,则二路信号相叠加,即可使偏心误差被抵消。

当然,由于读数头的误差以及放置位置的误差,补偿的结果仍会残留一定的误差。

7.6.2　软件补偿方法

通过分析计算或校准实验,获得仪器误差系列数据(或误差曲线),将其存储下来,待仪器测量工作时,将其调出用于修正测量数据。或直接将获得的仪器特性函数按相应的程序对测量结果进行补偿。

这类方法的实施,要求测量仪器配置相应的数据处理系统——单片机或系统机实施数据补偿程序的运行,实现数据的自动补偿。这类方法易于实现,是新型测量仪器补偿技术常

用的方法。

进行误差补偿必须掌握测量仪器的误差的确定规律性,这是实施误差补偿的前提条件。仪器误差的规律性获得方法有两类,即理论分析的方法和实验测试的方法。

(1)用理论分析方法获得测量仪器误差规律性。

理论分析测量仪器某项系统误差的规律性,需要找出其依据的函数关系,见例 7.7。

理论分析的方法易于给出高精度的结果,也较方便、经济,易于实现。但这类方法也有其局限性,并不是所有情况都能通过理论分析给出误差规律,事实上多数仪器的系统误差无法通过理论分析给出。

(2)通过测试实验分析测量仪器的误差规律性。

多数情况下,测量仪器的系统误差或较为复杂,或由若干项误差综合而成,难以确定其规律性。通常采用测试实验(校准实验)的方法找出其规律性。

测试实验的方法应用很普遍,原则上说,这类方法总能实现。测试实验需要有校准的仪器设备、环境条件及正确的方法。实施具有一定难度,成本高。而且测试实验对应的是具体的个别仪器,给出的仅是单个的仪器误差规律性,所给结果一般仅适用于被校准的仪器。因而这一方法具有很大的局限性。

获得结果的精度决定于测试实验的精度,以满足仪器补偿精度要求而定。

例 7.7 经校准实验得传感器输入输出特性为一曲线,如图 7.6 所示。而分度线为一直线,二者之差即为传感器的示值误差曲线。将误差曲线存储于仪器的计算机内,测量工作时按误差曲线对测量数据进行补偿处理。可使测微仪的精度显著提高。

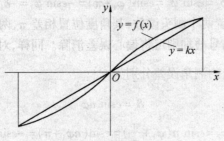

图 7.6　特性曲线补偿

例 7.8 正弦机构原理如图 7.7 所示,位移 s 与转角 θ 的关系成正弦关系。

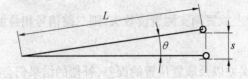

图 7.7　正弦机构

$$\sin \theta = \frac{s}{l}$$

测量系统测得 s 值,从而按上述关系给出角值 θ,二者为非线性关系。当 θ 为小角度时,可将其近似为线性关系。

$$\theta \approx \frac{s}{l}$$

按上式确定仪器的定度线为直线,由此造成的示值误差为

$$\delta = \frac{s}{l} - \arcsin\frac{s}{l}$$

按上式可得在测量范围内的误差曲线,将其存储于计算机中,即可用于仪器误差补偿。

例 7.9　激光测长误差补偿,原理如图 7.8 所示。

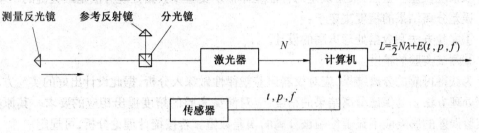

图 7.8　激光测长补偿原理

设测量光波波长为 λ,当测得激光波数 N,则被测长度为

$$L = \frac{1}{2}N\lambda$$

现场测量光路波长 λ 与空气折射率 n 直接相关,有

$$\lambda = \frac{\lambda_0}{n}$$

式中　λ_0——标准条件(温度 $t_0 = 20\ ℃$,气压 $P_0 = 101\ 325\ Pa$,湿度 $f_0 = 1\ 333\ Pa$)下的激光波长;

　　　n——现场空气折射率。

空气折射率与空气参数的关系为

$$n = f(t, p, f)$$

则测得空气参数 t, p, f,即可求得 n,进而获得 λ,于是测长误差为

$$\delta L = \frac{1}{2}N\lambda - \frac{1}{2}N\lambda_0 =$$
$$\frac{1}{2}N\left(\frac{\lambda_0}{n} - \lambda_0\right) =$$
$$\frac{1}{2}N\left(\frac{1}{n} - 1\right)\lambda_0 =$$
$$\frac{1}{2}N\left(\frac{1-n}{n}\right)\lambda_0$$

据此编制程序,可对环境误差进行补偿,实现高精度测量。

7.7　误差分离技术

测量仪器的误差常与被测量值的误差混为一体难以区分,则测量仪器的误差就成为测量结果的误差。若能通过一定的测量方法和数据处理方法将二者分解开来,则可对测量结果进行修正,或对测量仪器误差进行补偿处理,这就是误差分离技术。

测量仪器的误差常由多项因素综合作用而成,有时也可应用误差分离技术将各项因素

分解成各单项误差,以便分析误差因素,采取误差补偿或其他工艺措施抑制误差影响。

误差分离技术针对的是系统误差,系统误差具有确定的规律性,不同的系统误差因素具有不同的规律性,这是实施误差分离的基础。误差分离技术的要点是:分析不同系统误差规律特点,拟定测试实验方法,通过实验给出反映不同误差因素的实验数据,经数据处理得到各分项系统误差。显然,根据误差的特征规律拟定实验及数据处理方法是最关键的一步。

误差分离结果的精度决定于:

①实验方法和数据处理方法的设计。

②测试实验的精度。

为获得可靠的分离结果,应对仪器误差规律性做深入分析,据此设计出好的实验方法和数据处理方法。为保证分离结果的精度,应对测试实验的精度提出相应的要求。其原则应是实验误差的影响应不显著影响被分离的误差数值。若按统计理论分析,可规定

$$\delta_c \leqslant \left(\frac{1}{3} \sim \frac{1}{10} \right) \Delta_f$$

式中 δ_c——测试实验引入的最大误差,包括测试误差和方法误差;

Δ_f——在仪器工作范围内,待分离误差的最大值。

误差分离所得结果的精度(由 δ_c 表示)由方法误差和测试误差决定。方法误差属原理性误差,通过对所设计的分离方法的分析获得。测试误差则由测试设备决定,并与测试方法有关。测试误差对误差分离结果的影响决定于分离方法,也要通过对所设计分离方法的分析得到。

以上所述,经误差分离获得的仪器各误差分量用于误差补偿时,并不能完全消除该项系统误差的影响,必然还残留一定误差,这是由上述的测试误差和方法误差造成的,因此,对误差分离的结果尚需做出精度分析与评价。误差分离后,残留误差应包含系统误差和随机误差。

例 7. 10   为测量直尺的尺面平直度,将直尺放于平动工作台上,当工作台沿导轨做直线平移时,测微仪测头由直尺一端滑向另一端,直尺被测面的直线度误差就反映为测微仪的示值变化。但由于导轨的直线度误差也反映为测微仪示值变化,故测微仪的示值变化反映了直尺的直线度误差和工作台导轨直线度误差的综合影响。利用误差分离技术可将直尺的直线度误差与导轨直线度误差分解开来。获得的直尺直线度误差可作为直尺的直线度数据使用,而导轨的直线度误差可用于导轨使用时的误差补偿数据。

现讨论单尺反转法测量直尺直线度时的误差分离方法。

如图 7.9 所示,共进行两次测量,第一次测量如图 7.9(a)所示,被测尺平行于导轨 C 放在测量工作台上,测微仪测头与直尺被测面 A 接触测量。移动工作台,使其沿导轨 C 平动,测头相对于直尺滑过测量距离。由测微仪测得对应于尺面不同坐标位置 x 上的测量示值,该示值是直尺直线度误差和导轨直线度误差的叠加,即

$$s_1(x) = \delta_A(x) + \delta_C(x)$$

式中 $s_1(x)$——第一次测量结果(以 x 为坐标的误差曲线);

$\delta_A(x)$——被测尺面 A 的直线度误差(对应于 x 的误差曲线);

$\delta_C(x)$——导轨 C 的直线度误差(对应于 x 的误差曲线)。

第二次测量,将直尺反转放置于工作台上,如图 7.9(b)所示,测微仪传感器测头移至导

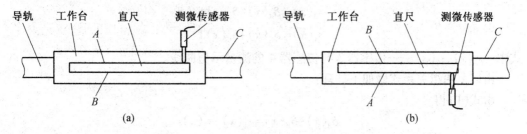

图 7.9　单尺反转法测量直尺直线度时的误差分离方法

轨另一侧,并仍与 A 面做测量接触。令工作台作与第一次测量同样的平行移动,则测微仪传感器测头在尺面 A 上滑过测量距离,得到测量示值(以 x 为坐标的误差曲线)

$$s_2(x) = \delta_A(x) - \delta_C(x)$$

由以上两式可得直尺直线度误差曲线和导轨直线度误差曲线为

$$\delta_A(x) = \frac{1}{2}[s_1(x) + s_2(x)]$$

$$\delta_C(x) = \frac{1}{2}[s_1(x) - s_2(x)]$$

例 7.11　二尺反转法测量直尺的直线度。二尺直线度做相对比较测量时,按如下方法分离二尺的直线度误差,如图 7.10 所示。

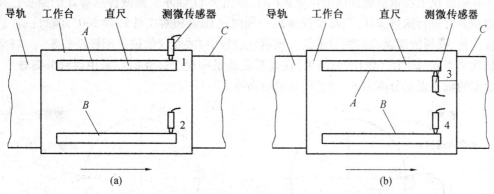

图 7.10　二尺反转法测量直尺的直线度误差分离

第一次测量:两只直尺与导轨平行放置于工作台上,被测尺面 A 与 B 同向,测微仪传感器 1 与传感器 2 的测头分别与 A,B 面做接触测量。工作台沿导轨面 C 平移,使两只传感器测头分别沿尺面 A,B 做测量运动,得到测量误差曲线为

$$\left.\begin{array}{l} s_1(x) = \delta_A(x) + \delta_C(x) \\ s_2(x) = \delta_B(x) + \delta_C(x) \end{array}\right\} \tag{1}$$

式中　$s_1(x), s_2(x)$——传感器 1 与传感器 2 测得的示值;

　　　$\delta_A(x), \delta_B(x)$——尺面 A 与尺面 B 的直线度误差;

　　　$\delta_C(x)$——导轨的直线度误差。

第二次测量:A 尺反转,使 A 面与 B 面相对,传感器随尺面移置于 3,4 的位置。令工作台沿导轨 C 移动,使传感器 3,4 测头分别沿尺面 A 与尺面 B 做测量运动,从而测得误差曲线为

$$s_3(x) = \delta_A(x) - \delta_C(x) \Big\}$$
$$s_4(x) = \delta_B(x) + \delta_C(x) \Big\}$$
$$\tag{2}$$

式中　$s_3(x), s_4(x)$——传感器 3 与传感器 4 的测量示值曲线。

由以上两组关系式做如下处理：

由式（1）得

$$\delta_A(x) - \delta_B(x) = s_1(x) - s_2(x)$$

由式（2）得

$$\delta_A(x) + \delta_B(x) = s_3(x) + s_4(x)$$

由以上两式得

$$\delta_A(x) = \frac{1}{2}\left[s_1(x) - s_2(x) + s_3(x) + s_4(x) \right]$$

$$\delta_B(x) = \frac{1}{2}\left[-s_1(x) + s_2(x) + s_3(x) + s_4(x) \right]$$

同样还可得到导轨的直线度误差曲线为

$$\delta_C(x) = \frac{1}{2}\left[s_1(x) - s_3(x) \right]$$

例 7.12　反向圆度误差分离。

在圆度仪上测量被测件圆度误差 $\delta_y(\varphi)$，如图 7.11 所示。测微传感器 B 的测头在 A 点接触被测件进行测量采样，当圆度仪旋转一周时传感器相对工件转动 360°，测得试件的轮廓度变化，获得圆度误差的测量示值。该测量过程中，圆度仪的轴系回转误差 $\delta_z(\varphi)$ 将叠加到圆度误差 $\delta_y(\varphi)$ 上，歪曲测量结果，在高精度测量中应予以克服。采用误差分离技术，可将仪器的轴系误差分离出去，显著提高测量精度。

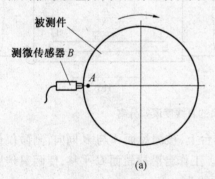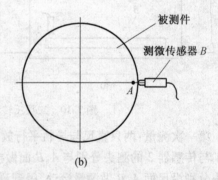

图 7.11　反向圆度误差分离

反向圆度误差分离法按如下方式实施。

测量运动：工件安置于工作台上固定不动，测微传感器随仪器旋转轴转动一周，对试件进行测量采样，共进行两次测量。

第一测回：测得 0°~360°的测量示值为

$$s_1(\varphi) = \delta_y(\varphi) + \delta_z(\varphi) \tag{1}$$

第二测回：被测试件转位 180°，测微传感器随之移至 180°的对经位置，进行第二次测量，传感器测头随旋转轴转动一周，得 0°~360°测量示值为

$$s_2(\varphi) = \delta_y(\varphi) - \delta_z(\varphi) \tag{2}$$

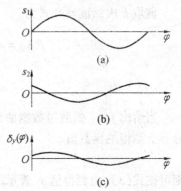

式(1)+式(2)得试件误差曲线,如图 7.12(c)所示:

$$\delta_y(\varphi) = \frac{1}{2}\left[s_1(\varphi) + s_2(\varphi)\right]$$

式(1)-式(2)得轴系误差曲线,如图 7.12(d)所示:

$$\delta_z(\varphi) = \frac{1}{2}\left[s_1(\varphi) - s_2(\varphi)\right]$$

高精度圆度测量中,广泛使用误差分离技术。圆度
测量的误差分离技术方法很多,内容十分丰富,可参阅相
关的技术文献。

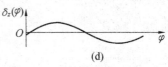

图 7.12　反向圆度误差分离法

　　例 7.13　谐波分析法。

测量仪器的周期误差通常包含一系列的谐波分量,
用谐波分析法可将各分量分解开来,所得结果可用于误
差分析,找出误差来源,据此采取技术措施克服其影响。

对于在区间 $[-l, l]$ 收敛的函数 $f(x)$,可展开成富氏
级数为

$$f(x) = a_0 + \sum_{n=1}^{\infty} a_n \cos \frac{n\pi}{l}x + \sum_{n=1}^{\infty} b_n \sin \frac{n\pi}{l}x = $$
$$a_0 + \sum_{n=1}^{\infty} c_n \sin\left(\frac{n\pi}{l}x + \varphi_n\right) \tag{1}$$

式中,富氏系数分别为

$$\left.\begin{array}{l} a_0 = \dfrac{1}{2l} \displaystyle\int_{-l}^{l} f(x)\,\mathrm{d}x \\[3mm] a_n = \dfrac{1}{l} \displaystyle\int_{-l}^{l} f(x)\cos\dfrac{n\pi}{l}x\,\mathrm{d}x \\[3mm] b_n = \dfrac{1}{l} \displaystyle\int_{-l}^{l} f(x)\sin\dfrac{n\pi}{l}x\,\mathrm{d}x \\[3mm] c_n = \sqrt{a_n^2 + b_n^2} \\[3mm] \tan\varphi_n = \dfrac{a_n}{b_n} \end{array}\right\} \tag{2}$$

式(1)表明,函数 $f(x)$ 在区间 $[-l, l]$ 上可分解为一恒定分量和一系列正弦谐波分量之
和,其中第 n 阶谐波的幅值为 C_n,初相角为 φ_n,周期为 $T = \dfrac{2l}{n}$。

函数的富氏级数展开式是谐波分析法的基础。实践上,则需做如下近似。

(1)谐波分量的截取。

高次谐波分量总是十分微小的,实践上不可能也不必顾及更多的谐波分量,只需截取一
定阶次的谐波分量而略去更高阶次的分量。

(2)函数 $f(x)$ 的离散化。

工程实践中,无法获得连续函数 $f(x)$,通常是通过实际测试获得 $f(x)$ 的离散值,按离散
值进行谐波分析。

截取 k 次谐波展开式为

$$f(x) = a_0 + \sum_{n=1}^{k} \left(a_n \cos \frac{n\pi}{l} x + b_n \sin \frac{n\pi}{l} x \right) =$$

$$a_0 + \sum_{n=1}^{k} c_n \sin\left(\frac{n\pi}{l} + \varphi_n \right) \tag{3}$$

当给出 $f(x)$ 的测量数据曲线,为便于分析计算,按偶数将一个周期等分为若干段,取等分点上测得的函数值。

$$y_i = f(x_i)$$

则可按式(3),由测得值 y_i 表示的富氏级数为(等分 m 段)

$$a_0 = \frac{1}{m} \sum_{i=0}^{m-1} y_i$$

$$a_n = \begin{cases} \dfrac{2}{m} \sum\limits_{i=0}^{m-1} y_i \sin \dfrac{2\pi ni}{m} & \left(n < \dfrac{m}{2} \right) \\[3mm] \dfrac{1}{m} \sum\limits_{i=0}^{m-1} y_i \cos \pi i & \left(n = \dfrac{m}{2} \right) \end{cases}$$

$$b_n = \begin{cases} \dfrac{2}{m} \sum\limits_{i=0}^{m-1} y_i \sin \dfrac{2\pi ni}{m} & \left(n < \dfrac{m}{2} \right) \\[3mm] 0 & \left(n = \dfrac{m}{2} \right) \end{cases}$$

$$c_n = \sqrt{a_n^2 + b_n^2}$$

$$\tan \varphi_n = \frac{a_n}{b_n}$$

式中 n——谐波阶次;

m——函数一个周期的等分数,常取为 12,24,48 等;

y_i——第 i 等分点上 $f(x)$ 的测量值。

为求 k 次谐波,一周期的等分数应为

$$m = 2(k+1)$$

将测量值 y_i 代入上式可给出富氏系数,于是按下式可得各项谐波分量:

$$C_n = c_n \sin(nx + \varphi_n)$$

而周期函数近似式

$$f(x) = a_0 + \sum_{n=1}^{k+1} a_n \cos nx + \sum_{n=1}^{k} b_n \sin nx$$

图7.13 所示为各谐波的叠加关系。分析的结果,对仪器误差构成、来源的认识,研究克服其影响的方法具有重要意义。

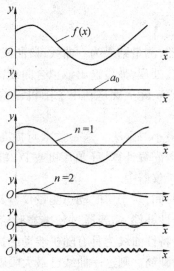

图 7.13　测量结果的谐波分量

7.8　随机误差抵偿性的应用

随机误差以其均值为中心对称分布,若干这种误差间会出现正负抵偿的效应,这种正负误差的抵消作用服从统计规律,称为随机误差的抵偿性。利用随机抵偿性减小误差的影响,通常采用统计学的方法,通过一定的数据处理方法实现。

经处理以后所得结果仍残留一定的误差。

7.8.1　重复测量数据的处理

对某一被测量多次等精度重复测量,得到系列测量数据 $x_1, x_2, \cdots, x_n$,则按算术平均值

$$\bar{x} = \frac{1}{n} \sum_{i=1}^{n} x_i$$

给出最终结果是最可信赖的,若测量的标准差为 s,则算术平均值的标准差为

$$s_{\bar{x}} = \frac{s}{\sqrt{n}}$$

显然,n 越大,$s_{\bar{x}}$ 越小,$\bar{x}$ 的精度越高。但其效果随 n 的增大而减缓,n 过大,测量时间增长,影响测量数率,会增加新的误差因素,因此 n 的增大受到限制。况且,取算术平均值只能抑制随机误差,对系统误差无效。

对于手动操作的仪器,将多次重复测量读数通过人工计算,求得算术平均值作为最终结果。

对于自动化的测量仪器,则一般是自动采样,取若干数据计算平均值,该平均值作为最终结果显示或输出。从采样、数据处理到结果输出,都由仪器自动完成。

这一方法对抑制随机误差具有显著效果,技术措施简单,只需配置计算机并编制相应的处理程序,实现测量过程控制和进行处理数据。在一些高精度测量仪器中经常被采用。但该项措施使测量时间增长,因而不适于实时动态测量仪器,特别是高速测量中更受限制。

7.8.2　测量曲线拟合

对于做连续动态测量的仪器,测量结果为一曲线,该曲线由采样结果的离散点构成。若利用计算机对该测量结果做拟合处理,最后输出该拟合曲线,则对测量的随机误差具有显著的抑制作用。对曲线的拟合处理实际上就是利用了随机误差的抵偿性,使输出曲线更贴近实际。

曲线拟合的基本依据就是最小二乘法。这一技术对提高输出结果的精度有显著效果,技术上并不困难,易于实现,只需配置计算机(单片机或 PC 机)并编制相应的数据处理程序即可。常用于高精度的连续测量仪器中。

由于数据拟合要占用一定时间,对于实时动态测量仪器其应用受到限制。

例如,为实现传感器的非线性补偿,需要通过校准实验给出其输入输出特性曲线,受随机误差的影响,校准实验给出的特性曲线为具有随机波动的折线。经拟合处理以后,获得一圆滑的曲线,其随机波动性大为减弱。则这一曲线已最大限度地排除了随机误差的影响,能较为切实地反映传感器的输入输出特性。

曲线拟合有不同的方法,拟合方法不同,参数不同,其效果也会有所差别,应做出分析。

7.9　测量信号的数字化

被测量信号与标准量比较以后获得测量信号,经转换放大后输出最终结果。

对于数字式仪器,测量信号经比较、放大环节获得足够的放大以后送入模数转换器,将模拟信号转换为数字信号,并以数字量显示、输出。测量数据数字化以后,便可利用计算机按相应的程序进行各项数据处理。一般,测量误差主要来源于模拟信号处理环节,数字信号处理环节则只存在运算模型误差,舍入误差及数字显示误差,而不会产生其他误差,数字信号传输过程也不会产生误差。

为实现数字化,需要配置计算机和相应的数字电路。

数字化仪器对于提高仪器精度具有如下优势:

(1)便于实现测量过程和数据处理的自动化。

测量信号数字化为仪器的自动化创造了条件,数字化的测量信号可利用计算机控制测量过程、处理测量结果,实现自动化。测量仪器的自动化不仅方便测量工作,而且减少人为因素的干扰,使测量过程稳定可靠,更有利于提高测量仪器的性能,是现代测量仪器通常采用的模式。

现代电子技术和计算机技术的发展为数字化技术在测量仪器中的应用创造了条件。

(2)便于数据优化处理。

数字化是使用计算机进行数据处理的前提条件,除测量数据的各种函数关系计算(尤其是一些复杂函数关系的计算)以外,数据的各种优化处理方法,如最小二乘法、频谱分析、有限元法、遗传算法、神经网络算法、小波处理方法等也都需要借助于计算机才能实现。因此,测量结果的数字化是实施各种优化处理方法的前提条件,对于提高仪器精度具有重要意义。可以认为没有数字化,各项优化处理是无法实现的。

（3）便于实现误差补偿处理。

很多误差补偿处理较为复杂，常要借助于计算机进行数据存储并完成运算处理，这就需要将测量结果数字化。

例如，传感器的非线性的补偿，当采用软件补偿方法时，需要存储校准数据，并进行曲线拟合处理。拟合曲线数据的存储、调用等也都需要借助于电子计算机完成，因此数字化是必备条件。

（4）有利于测量结果的传输。

模拟信号传输时因损耗和干扰，会使测量信号失真，因此不利于长距离传送。

而数字量则不然，数字信号传送时不会因线路损耗和干扰（在一定范围内）而失真，适于较长距离的传递。因此，数字化对于测量结果的传送使用创造了有利条件。例如，当对测量结果引用并做二次处理时，或引用测量结果用作控制信号时都需要精确地传送测量结果，此时数字化是最佳选择。测量信号长距离的无线电传送必定采用数字化的信号，否则无法实现测量信号的准确传输。

7.10　测量过程自动化

自动化的测量仪器易于控制误差因素，易于获得高精度。

测量过程自动化是指：试件安装、测位调整以后的测量过程的自动化，包括测量采样、测量比较、转换放大、模数转换、数据处理、结果显示、输出等各环节的工作都是自动进行的。因此要实现测量过程自动化，测量仪器应设置有测量控制系统，用以控制测量程序和测量动作：

（1）控制测量程序。

测量过程的采样、比较、转换、放大、模数转换、数据处理、显示输出等测量过程各步骤应由控制信号控制，严格按时间顺序顺次启动和结束工作。

（2）控制测量动作。

测量过程各步骤的机械动作、电路工作过程、数据处理程序、信号输出方法等也需要严格按预定程序执行，正确完成各步环节的工作。

测量控制系统包括计算机（单板机或 PC 机）和测量控制程序。

测量过程自动化对提高仪器精度具有重要意义：

（1）避免人为因素的干扰。

通常手动测量仪器测量过程是靠人工判断、控制来实现的。测量调整、测量采样、读数记录、数据处理等各环节的测量工作，靠人为操作来完成。操作者的技术水平、操作习惯乃至身体状况（人工操作还会影响到环境温度、力变形等环境条件），都会影响到测量结果。仪器的使用精度与操作者有密切关系，这就要求操作者有一定的操作技巧才能保证仪器工作的精度。因此，人工操作的仪器精度受人为因素影响，其不确定性大，难以实现高精度测量。

自动化的测量仪器除安装调整之外，整个测量过程完全自动进行，无须人为操作，避免了人的主观因素影响，测量结果更具客观性，测量结果稳定，精度易于提高。

（2）有利于实施提高精度的措施。

自动化的测量过程易于实现各类数据处理方法，包括各种优化算法、误差补偿算法等，这对提高仪器精度有重要意义。

（3）有利于控制环境因素的影响。

自动化有利于测量环境条件的控制，如环境温度的控制、振动等。高精度测量仪器都是在良好的实验室环境中工作的，自动化仪器在测量工作过程中排除了人为因素对环境的影响，测量环境易于控制。反之，良好的测量环境是测量仪器高精度测量工作的必备条件。

7.11　零部件的老化处理

仪器零部件的微观结构变化是导致仪器性能缓慢变化的主要原因之一。这种微观变化常是不可避免的，且随时间的推移变缓。

为避免这一影响，零部件工艺过程完成以后需经一定的稳定时间再使用，或进行下一步工艺处理。例如，铸造件因其内部微观结构的变化，铸造完成后的一段时间内有较大的尺寸形状变化，需要放置一段时间使之尺寸形状趋于稳定后再精加工，这就是时效处理。为加快这一变化过程、尽快达到稳定状态，常采用人工时效的方法，通过低温处理等手段短时间内达到稳定状态。电子元器件通电工作过程中，其性能参数产生缓慢变化。为避免其对仪器长期稳定性的影响，常采取老化处理方法使之性能趋于稳定，保证仪器装调之后性能长期稳定。电子元器件的老化处理一般是在一定的超限（超过额定电压、电流等）工作条件下连续通电一定时间，加速其特性变化过程，尽快达到稳定状态。

老化处理对改善仪器的稳定性有关键性意义，是提高仪器计量特性的重要措施之一。因此，一些重要的仪器设备（如航天、航空、军事工业等方面的仪器）的元器件均需做老化处理。

7.12　克服环境影响

仪器工作的环境条件至关重要，计量仪器工作的标准环境条件为温度 20 ℃，气压101 325 Pa，湿度60%。但实际上，仪器实际的工作环境很难完全满足这一要求，这就难免会引入示值误差。为控制这项误差的影响，需要改善环境条件，或降低仪器对环境因素的敏感性，以减小环境因素的影响。

克服环境因素影响可考虑如下措施：

（1）改善环境条件。

建立标准化的实验条件，满足仪器工作条件的要求。仪器设计中分析环境因素对仪器计量性能的影响，确定对环境条件的定量要求。在仪器的技术文件中应明确作出规定，指明对环境条件的确切要求，以使用户测量使用时遵照实施。这是保证仪器计量性能的基本措施。对环境条件的要求需要物质条件的保证和测量现场环境的限制，这一要求实践上并不是总能满足的。事实上，很多场合不能或不便按规定的条件实施。

（2）降低仪器对环境因素的敏感性。

仪器的设计中，原理方案要考虑环境因素的影响，具有对环境因素抵偿性。器件材料的选用要稳定可靠，对环境因素变化不敏感，从而降低环境因素的影响。

（3）环境因素影响的补偿。

可通过测量获得环境参数，根据仪器特性与环境因素的依赖关系便可对环境因素的影响予以补偿，或对测量数据进行修正。该方法可降低对环境条件的要求，有利于仪器在更宽泛的环境条件下使用，因而具有更积极的意义。例如，为了克服温度对机械构件的影响，测得环境温度,按温度偏差由线膨胀关系可计算出构件的尺寸变化,据此可对构件尺寸值进行修正。环境因素的补偿,需要两个条件:一是测得环境参数,二是获得环境参数与仪器性能参数的确定的函数关系。这种补偿可以是对仪器测量结果的修正,也可以将补偿环节构成为仪器的一个环节,作为仪器的组成部分,设置环境参数测量环节和数据处理环节。依赖该环节,仪器自动对环境因素的影响给予补偿。

7.13　本章小结

(1)合理地拟定仪器的测量原理方案。
(2)恰当地选择仪器的材料和元器件。
(3)改进仪器生产的工艺方法。
(4)测量仪器调整环节的设置。
(5)测量仪器的误差补偿。
(6)测量仪器的误差分离技术。
(7)随机误差抵偿性在仪器设计中的应用。
(8)仪器测量信号的数字化。
(9)仪器测量过程的自动化。
(10)仪器零部件的老化处理。
(11)克服仪器使用环境的影响。

7.14　思考与练习

7.1　合理的拟定测量的原理方案对提高仪器精确度有何意义?
7.2　恰当地选择材料和元器件对提高仪器精确度有何意义?
7.3　怎样规定仪器加工精度?
7.4　仪器工艺过程的装配调整有何意义? 如何设计装配调整工艺?
7.5　说明测量仪器工艺过程中配置工艺检测的意义和方法。
7.6　测量仪器设置调整环节的意义是什么? 有哪几类调整环节?
7.7　测量仪器调整环节的设计考虑哪些问题?
7.8　仪器系统中采用误差补偿技术有何意义? 误差补偿分为哪几类? 各有何特点?
7.9　说明误差分离技术的意义及实施要点。
7.10　说明随机误差抵偿性的应用对于提高仪器精度的意义。
7.11　说明应用随机抵偿性的实施方法。
7.12　说明测量仪器实现信号数字化的意义。
7.13　说明测量仪器自动化的意义。
7.14　说明仪器零部件老化处理的意义及实施方法。
7.15　说明环境因素对仪器精度的影响,可采取哪些措施克服或减小环境因素对仪器精度的影响?

第8章 测量仪器的精度设计

精度设计是仪器设计的基本依据,是仪器设计中最核心的内容。在仪器的精度设计中依据精度理论,分析仪器的计量特性,指导仪器的设计。

仪器精度设计涉及仪器原理方案拟订及参数设计,各环节精度要求及精度参数设计,校准方法设计及实验分析等。

精度设计方法有理论分析、实验分析及类比参照。

8.1 仪器精度参数设计的基本关系式

根据对仪器的计量特性的要求确定原理方案,给出相应的数学模型,据此可对相关仪器参数进行设计计算。

设描述仪器测量原理的数学模型为

$$y = f(x, h_1, h_2, \cdots, h_n) \tag{8.1}$$

式中　y——测量示值;

　　　x——测量采样值;

　　　$h_1, h_2, \cdots, h_n$——测量仪器各环节特性参数。

对式(8.1)求微分得误差式

$$\delta y = \frac{\partial f}{\partial x}\delta x + \frac{\partial f}{\partial h_1}\delta h_1 + \frac{\partial f}{\partial h_2}\delta h_2 + \cdots + \frac{\partial f}{\partial h_n}\delta h_n \tag{8.2}$$

或

$$\delta y = a_0 \delta x + a_1 \delta h_1 + a_2 \delta h_2 + \cdots + a_n \delta h_n \tag{8.3}$$

式中　δy——仪器示值总误差;

　　　δx——测量采样误差;

　　　$\delta h_1, \delta h_2, \cdots, \delta h_n$——各环节特性参数的误差因素;

　　　a_0——采样误差的传递系数,$a_0 = \dfrac{\partial f}{\partial x}$;

　　　$a_1, a_2, \cdots, a_n$——各环节误差的传递系数,$a_1 = \dfrac{\partial f}{\partial h_1}, a_2 = \dfrac{\partial f}{\partial h_2}, \cdots, a_n = \dfrac{\partial f}{\partial h_n}$。

若不考虑采样误差,则

$$\delta y = a_1 \delta h_1 + a_2 \delta h_2 + \cdots + a_n \delta h_n \tag{8.4}$$

即一般仪器各环节误差与示值误差可表示成线性关系。

但在有些情况下,仪器示值误差按定义给出

$$\delta y = f(x', h_1', h_2', \cdots, h_n') - f(x, h_1, h_2, \cdots, h_n) \tag{8.5}$$

为非线性形式。这种形式的误差式通常只用于计算已知的系统误差,而不能用于仪器的精度分析。

式(8.4)给出的线性误差式有两种用途。

①计算已知系统误差,用于分析已知系统误差对仪器精度的影响,据此采取补偿或修正等技术措施。

②导出各环节相关特性参数与仪器精度参数的关系,用于评定随机误差和不确定的系统误差对仪器精度参数的影响。此时,应按统计方法进行分析,即按方差合成式进行分析,此时误差式必须采用线性形式。

对于已知的系统误差,可直接按式(8.3)、式(8.4)或式(8.5)进行分析计算,设计仪器参数。

对于随机误差分量,则应按统计学的方法给出其表征参数(标准差或区间估计)。各参数按照基于误差线性关系的方差合成方法合成。

对于批量生产的仪器,未知的系统误差表现出随机不确定性,精度分析也应按统计学的方法处理,即仪器的各项精度参数均以其区间估计表述,其合成关系依据方差合成的关系实施。

由误差线性关系式式(8.4),按方差合成法则,当各项误差互不相关时,可得到标准差的合成关系(这与不确定度的合成方法一致)。对式(8.4)两端求方差并开方,得仪器的示值总标准差为

$$s_y = \sqrt{(a_1 s_{h1})^2 + (a_2 s_{h2})^2 + \cdots + (a_n s_{hn})^2} \tag{8.6}$$

式中　$s_{h1}, s_{h2}, \cdots, s_{hn}$——$h_1, h_2, \cdots, h_n$ 各环节的标准差(相应于随机的或系统的误差分量);

$a_1, a_2, \cdots, a_n$——$s_{h1}, s_{h2}, \cdots, s_{hn}$ 相应的传递系数,可按微分法求得,也可按其他方法获得。

一般,测量仪器的精度参数常按误差的区间估计给出,各环节精度参数表示为

$$\Delta_{h1} = k_1 s_{h1}$$
$$\Delta_{h2} = k_2 s_{h2}$$
$$\vdots$$
$$\Delta_{hn} = k_n s_{hn}$$

式中　$k_1, k_2, \cdots, k_n$——相应于置信概率 $P_1, P_2, \cdots, P_n$ 的系数。

仪器示值总误差的最大允许值可表示为

$$\Delta_y = k s_y$$

式中,k 相应于一定的置信概率 P。

则当各项误差服从正态分布,且互不相关时,由式(8.6)可得仪器示值的最大允许总误差的合成式为

$$\Delta_y = \sqrt{(a_1 \Delta_{h1})^2 + (a_2 \Delta_{h2})^2 + \cdots + (a_n \Delta_{hn})^2} \tag{8.7}$$

则可依式(8.7)分析计算各环节精度参数与总示值误差(最大允许值)之间的关系,从精度要求的角度出发,用以指导测量仪器的设计、生产、检验和使用。在仪器的设计工作中,用以指导各测量环节的设计安排、调整,指导测量方案的拟订和完善。

由式(8.7)可以给出各环节误差因素对示值精度的影响,其传递系数 $a_i = \dfrac{\partial f}{\partial x_i}$ 反映了测量原理的影响,可以指导设计中如何确定测量链,如何规定各环节参数。

对于仪器的某一环节,将 Δ_y 视为仪器该环节的最大允许误差,Δ_{hi} 视为影响 Δ_y 的各项

分量,则(8.7)可用于该环节的精度设计。

设计安排和精度分析需要反复进行,不断修正设计,直至满足计量特性要求。

可以看出,合成仪器各环节误差区间估计的关系式(8.7),与按正态分布合成扩展不确定度的关系式(3.38)是一致的。因此,可认为不确定度的分析、合成关系适用于仪器测量系统设计中的精度分析。

应指出,在测量系统或仪器装置设计中,进行精度分析不宜引用按 t 分布合成扩展不确定度的方法。这是因为:

①设计过程的精度分析用于指导设计,按正态分布合成扩展不确定度的关系式已足够使用,没有必要采用 t 分布的合成方法。须知按 t 分布合成扩展不确定度手续繁琐,分析计算困难。

②由于按 t 分布评定不确定度需要掌握更为详细的原始信息,如各不确定度分量的包含因子、自由度等。但实际上这些信息在设计之初并不会十分明了,这样即便按 t 分布去分析扩展不确定度也不会获得预期的效果,所以实践上在设计过程中难以应用按 t 分布的方法合成扩展不确定度。

8.2　仪器特性参数的设计

测量仪器特性参数设计是仪器设计中的首要工作。特性参数的设计包括:参数项的确定、参数允许值的规定、参数影响因素的分析、参数评定方法、参数引用等方面。要求特性参数项目的选择能确切地反映仪器的计量特性,其允许值的规定应满足使用的精度要求。

仪器特性参数的设计方式如下:

①成型仪器设计。对于成型仪器,应按相应标准执行。

②按用户要求设计。对于用户有明确要求的,根据用户要求,按合同规定设计。

③参照设计。对于研制的新型仪器,参照类似标准或按设计要求设计。

8.2.1　仪器精度参数的规定

仪器的精度参数常以相应误差的区间估计 ks 给出,这是该项误差的最大允许值,可认为是相应于一定置信概率的误差范围。

测量仪器的诸项参数中,示值误差是决定仪器计量性能的关键参数,具有指标性意义。现以示值误差为例,说明仪器精度参数的确定原则及方法。

第 5 章中已说明,规定的示值误差参数是其最大允许值,可视为统计学意义上的误差的区间估计 ks,或理解为示值误差的分布范围。示值误差最大允许值的规定既要满足仪器的精度要求,又要顾及经济性。对示值误差有明确要求时,按要求做出规定;如无明确要求,则要根据被测量的精度要求规定。

规定示值误差最大允许值的原则是:仪器的示值误差对被测量值的测量结果的影响足够微小。

由分析可知,示值误差允许值不大于被测量允许误差的 1/3,则示值误差对被测量测量结果的影响是微小的,这就是 1/3 原则。这是因为按统计学理论,示值误差允许值与被测量允许误差都可视为相应误差的区间估计,具有方差合成的关系(平方和的关系)。这种合成关系与代数和的关系不同,对于较小的量值会有抑制作用。

　　设示值允许误差表示为 Δ_S,被测量允许误差表示为 Δ_B。考虑到仪器所给被测量的结果受到示值误差的影响,这一影响应按方差合成的关系估计,则仪器所给出的被测量误差区间可估计为

$$\Delta_Z = \sqrt{\Delta_B^2 + \Delta_S^2}$$

　　当按 1/3 原则确定仪器的示值误差允许值,即

$$\Delta_S = \frac{1}{3}\Delta_B$$

则

$$\Delta_Z = \sqrt{\Delta_B^2 + \left(\frac{1}{3}\Delta_B\right)^2} = \sqrt{\Delta_B^2 + \frac{1}{9}\Delta_B^2} = 1.054\ 1\Delta_B$$

　　测量仪器示值误差对所给被测量的结果的影响只有 5.4% ,可见影响不显著。

　　若按 1/10 原则确定示值误差允许值,即

$$\Delta_S = \frac{1}{10}\Delta_B$$

则

$$\Delta_Z = \sqrt{\Delta_B^2 + \left(\frac{1}{10}\Delta_B\right)^2} = \sqrt{\Delta_B^2 + \frac{1}{100}\Delta_B^2} = 1.005\Delta_B$$

式中,测量仪器示值误差的影响仅为 0.5% ,影响十分微小。

　　实践上可按如下关系规定示值误差的允许值:

$$示值误差允许值 = (1/3 \sim 1/10)被测量允许误差 \qquad (8.8)$$

　　按式(8.8),根据实际情况确定示值误差的允许值。式(8.8)给出了示值误差允许值的经济的范围,既要考虑精度要求,又要顾及经济性。

　　例 8.1　加工零件尺寸偏差(最大允许加工误差)为 80 μm,检验该零件的仪器的示值误差应满足如下要求:

$$示值误差允许值 < \frac{1}{3} \times 80\ \mu m = 26\ \mu m$$

对于光滑圆柱零件,公差标准要求按 1/10 原则确定检验的不确定度,则有

$$示值误差允许值 < \frac{1}{10} \times 80\ \mu m = 8\ \mu m$$

　　例 8.2　电阻阻值的精度要求为 0.5 Ω,测量仪器的示值误差应满足

$$示值误差允许值 < \frac{1}{3} \times 0.5\ \Omega = 0.16\ \Omega$$

　　通常要求仪器的示值重复性对示值的影响是微小的,使仪器多次测量的示值稳定、波动小。一般仪器测量是取一次读数作为最后结果,对示值重复性的这种限制有利于提高测量精度。故应按如下要求规定仪器的示值重复性:

$$示值重复性 = (1/3 \sim 1/10)示值误差最大允许值 \qquad (8.9)$$

　　仪器的示值漂移反映在测量结果中具有系统误差性质,将全部引入测量结果,对测量结果有直接影响。更应严格控制,可考虑控制在如下范围:

$$示值漂移 = (1/3 \sim 1/10)示值误差最大允许值 \qquad (8.10)$$

仪器的长期稳定性误差对仪器示值有直接影响,具有系统误差性质,应严格控制。但考虑到过严的要求在实践上是难以满足要求的,故常规定如下:

$$长期稳定性 \leqslant 示值误差 \tag{8.11}$$

考虑到仪器精度与测量范围有关,有些测量仪器示值设置若干挡,测量范围小的挡位精度高,反之精度低。仪器设计中,各挡的示值最大允许误差需按以上方法分别分析计算。

8.2.2　示值误差的表示形式

仪器的示值误差以其允许值表征仪器的精确程度,示值误差允许值一般表示为一个确定的量值,该量值表示仪器示值的可能变动范围。

有时测量仪器的示值误差包含有与被测量值成比例的误差分量和与被测量值大小无关的误差分量两部分。示值误差的最大允许误差需写成两部分的和,即

$$\Delta_{max} = A + Bx \tag{8.12}$$

式中　x——被测量值;

　　　B——系数,与 x 有关;

　　　A——与 x 无关的量值。

这种表述方法可在仪器一定的测量范围内充分发挥其精度潜力,提高使用精度。将仪器示值误差最大允许值表示为上述示值的线性函数的形式,使用中引用该参数时,当被测量值不同时,示值误差不同。被测量值越小,示值误差越小;反之,被测量值越大,示值误差越大。使用时就可以充分发挥仪器的精度潜力,有利于提高测量精度。

有些文献将仪器的示值误差最大允许值的表达式写成随机分量和系统分量两部分,随机分量按方和根法合成,系统分量则按代数求和法合成。这与式(8.12)的意义完全不同,其概率意义含混,应避免使用。

利用相对误差的形式表示示值误差的最大允许值,其效果与上述精度表示方法效果一致,能确切地反映仪器精度与测量范围的关系,仪器使用中有利于发挥其精度潜力,特别有利于被测量值较小的情况。

因此,仪器示值误差最大允许值的相对法表示能恰当地反映仪器精度,测量结果的不确定度评定中引用这一参数时能更恰当地评定其精度。但应指出,仪器按引用误差表示示值误差时,则情形与此不同,不具有上述效果。

用何种方式表征仪器的示值误差,这要看实际的具体问题。

例 8.3　量程为 20 V 的电压表,示值误差表示为

$$\Delta = (0.2 + 0.3E)\ \mu V$$

式中　E——被测电压值。

设被测量值 2 V,则由仪器引入的测量不确定度分量为

$$U = \Delta = (0.2 + 0.3 \times 2)\ \mu V = 0.8\ \mu V$$

而按最大值表示,则引入测量结果的不确定度则为

$$U = \Delta = (0.2 + 0.3 \times 20)\ \mu V = 6.2\ \mu V$$

即不管被测量值多大,其测量示值的不确定度都应引用该最大值 $U = \Delta = 6.2\ \mu V$。这样的精度评价不利于仪器精度潜力的发挥,特别是被测量值较小时,更为不利。

例 8.4　国家计量检定规程 JJG 4—1999 规定:Ⅰ级标准线纹尺示值误差 $\Delta = \pm(0.1 +$

$0.1L)$ mm，Ⅱ级标准线纹尺示值误差 $\Delta = \pm(0.3+0.2L)$ mm，L 为被测长度，单位为 m。式中第一项与被测长度无关，第二项与被测长度成正比。可见，被测量越小，则标准线纹尺给出的精度就越高。

例 8.5 测长仪检定规程 JJG 55—1984 中规定：卧式测长仪示值误差不超过 $\Delta = \left(1-\dfrac{L}{200}\right)$ μm，L 为被测长度，单位为 mm。式中，第一项与示值大小无关，第二项与测长仪示值大小成正比。

式(8.12)可由(8.7)简化得到。式(8.12)中，A 与 B 也可分别由相应的影响因素按式(8.7)合成求得。

例 8.6 某测量系统的各环节的最大允许误差乘以相应的传递系数后按方和根法合成，得测量系统最大允许示值误差。经整理得

$$\Delta = \sqrt{0.262\,5+0.015L+0.000\,23L^2}$$

经设定一定条件，上式可简化为

$$\Delta = 0.5+0.013L$$

式中 L——被测量值。

其中第一项与被测量无关，第二项与被测量成正比。

例 8.7 激光测长机的误差因素（为讨论简单，只选择其具有典型意义的几项）：波长误差 $\delta\lambda$，温度误差 δt，变形误差 δb，测头误差 δd。它们对仪器示值产生的误差分量分别为

$$\delta L_\lambda = \frac{1}{2}K\delta\lambda = \frac{L}{\lambda}\delta\lambda,\ \delta L_t = \alpha L\delta t,\ \delta L_b = \sqrt{2}\,\delta b,\ \delta L_d = \delta d$$

当各环节误差为限定的最大允许误差 $\Delta_\lambda,\Delta_t,\Delta_b,\Delta_d$，其相应的示值误差各项分量分别为

$$\Delta_{L\lambda} = \frac{L}{\lambda}\Delta_\lambda,\ \Delta_{Lt} = \alpha L\Delta_t,\ \Delta_{Lb} = \sqrt{2}\,\Delta_b,\ \Delta_{Ld} = \Delta_d$$

在各项分量中，有些与被测量值大小有关，有些与被测量值无关，将其分别按方和根法合成相加得仪器示值的最大允许误差式

$$\Delta_L = \sqrt{(\Delta_{Lb})^2+(\Delta_{Ld})^2}+\sqrt{(\Delta_{L\lambda})^2+(\Delta_{Lt})^2} =$$
$$\sqrt{(\sqrt{2}\,\Delta_b)^2+(\Delta_d)^2}+\sqrt{\left(\frac{L}{\lambda}\Delta_\lambda\right)^2+(\alpha L\Delta_t)^2}$$

各项误差最大允许值和相关参数分别为

$$\Delta_b = 0.22\ \text{μm},\Delta_d = 0.5\ \text{μm},\Delta_\lambda = 0.582\times10^{-6},\Delta_t = 0.3\ \text{℃},\alpha = 11.5\times10^{-6}$$

代入上式得

$$\Delta_L = \sqrt{(\sqrt{2}\times0.22)^2+0.5^2}+\sqrt{\left(\frac{L}{0.632\,8}\times0.582\times10^{-6}\right)^2+(L\times11.5\times10^{-6}\times0.3)^2} =$$
$$(0.6+4.26L)\ \text{μm}$$

式中 L——被测量长度，m。

其中第一项与被测长度无关，第二项与被测长度成正比。按这种方法表述示值精度，被测量越小，精度越高。

8.2.3　示值误差与测量范围的关系

在精度设计中,要考虑各精度参数的关系及精度参数与其他计量特性的关系,如示值误差与测量范围的关系。

一般,测量范围越大,示值误差也越大,测量范围是限制仪器精度提高的基本因素之一。处理好测量范围与示值误差的关系对于仪器计量特性的提高具有决定性意义。对于示值误差与测量范围矛盾关系的处理,通常可采取以下几种方法处理。

(1)采取适当的技术措施。

采取适当的技术措施,在一定的测量范围条件下尽力减小示值误差;或在一定的示值误差的条件下增大测量范围,以有效地提高仪器计量性能。

例如,通过适当调整仪器的特性曲线可使仪器在确定的测量范围内减小示值误差,或在一定的示值误差要求下扩大测量范围。如图 7.4 所示,测量仪器的输入输出特性曲线为非线性的,而设计的分度线为直线,二者之差即为示值误差。为减少这一误差,可通过改进系统性能减小其非线性,这要求对非线性环节进行完善改造,在一定程度上是很有效的。

还可通过调整的方法改变分度线的斜率以减小最大误差。图中,a 线对应的最大示值误差最大,c 线对应的示值误差最小。当取 c 线作为仪器分度线,其示值误差最小;或在最大示值误差确定的条件下,其测量范围将有所扩大。这就要求设置适当的调整环节,如仪器测量传动机构中杠杆比的调整,电子系统中放大器放大比的调整,数据处理系统中输出特性线参数的调整等。

还可通过校准实现误差补偿,能最大限度地减小最大示值误差,误差补偿的方法有效地放松了对仪器测量范围的限制。设计中要考虑校准方法的误差,校准误差与测量范围有关,这是限制被校准仪器测量范围的主要因素。

(2)按不同型号规格设计。

为满足对测量范围的不同要求,设计的仪器可分为若干型号。测量范围较大的精度较低,测量范围小的精度较高。例如,测长机可有 1 m,3 m,5 m 等型号,质量测量电子秤可有以数克至数吨各种规格的产品。不同型号规格的仪器适应于不同的测量要求,为解决精度与测量范围的矛盾提供了广阔的空间。

(3)按测量范围分挡。

仪器测量范围(量程)分为若干挡,测量范围小的挡位,示值误差小,精度高;测量范围大,示值误差大,精度低。这样可适用于量程和精度的不同要求,常用于电子仪器,如各类电压表、电流表、电子测微仪、电子水平仪等。按测量范围分挡,扩展了仪器的适应性,是解决仪器精度与测量范围矛盾的有效方法。

(4)适当地规定仪器精度参数。

通过精度参数的恰当表述可在仪器一定的测量范围内充分发挥其精度潜力,提高使用精度(见 8.2.2 所述)。

8.2.4　仪器非线性误差设计

仪器的非线性误差常由器件、系统非线性或原理的非线性引入。设计中,该项参数的设计分析依其具体情况采用不同方法。

（1）分析计算。

对于原理性误差产生的非线性，一般可根据对其原理的分析给出，给出的非线性特性准确可靠、方法简便，用作精度分析十分方便。

（2）实验的方法。

对于系统特性的非线性，如传感器特性的非线性、转换环节特性的非线性等，难以通过理论分析的方法获得，通常要利用校准实验的方法确定。

采用校准的方法，即应用高一级精度的校准仪器对于仪器相应环节比较测量，给出该环节的特性的非线性，校准仪器的示值误差应满足

$$\Delta_J \leqslant \left(\frac{1}{3} \sim \frac{1}{10} \right) \Delta_F \tag{8.13}$$

式中 Δ_F——被测试的仪器非线性误差。

8.2.5 重复性参数的设计

仪器的重复性是测量仪器的基本精度参数。重复性是由仪器的随机误差产生的，不能由理论分析得到。

测量仪器设计中，仪器的重复性应由统计实验给出（见第 9 章）。

仪器重复性误差因素是由各环节随机因素共同作用的结果，与系统误差因素（包括不确定的系统误差）无关。因此：

①仪器示值的重复性误差反映了仪器各环节全部随机误差的影响，且仅反映随机误差的影响；利用统计实验分析，可对其做出完整的估计。

②各环节的随机误差与仪器示值的重复性误差关系由仪器的传动关系决定，各环节的随机误差表征参数按方和根法合成为仪器的示值重复性。

③各环节的随机分布参数按统计实验估计，与标准不确定度或扩展不确定度的估计方法相同。

重复性参数量值应远小于示值误差允许值，见第 5 章式(5.7)。

8.3 仪器各环节的精度设计

仪器计量特性是由其各环节特性综合作用的结果，设计中当各环节的特性参数已确定，则测量仪器的精度参数就可按上述方法分析得到。反之，当给定了仪器的精度参数要求，则可按仪器量值的传递转换关系规定各环节的特性参数。

由于测量仪器有多项特征参数，而仪器各环节特性对这些参数的影响又各不相同，因此设计中如何依据仪器精度参数要求来规定各环节的特性参数是十分复杂的工作。设计结果不具有唯一性，需要反复调整、修改。

在设计中，仪器各环节参数设计通常以仪器的示值误差为核心进行精度分析。根据给定的示值误差允许值确定仪器各环节参数的定量要求，这是仪器设计工作中的具有指导意义的核心内容，分析的结果用于指导仪器原理方案的设计，为仪器各环节设计计算、参数确定、材料选择、元器件购置，以至关键环节的工艺方法设计、检测试验设计等提供依据。

如图 8.1 所示，被测量值的采样、比较、传递、转换诸环节构成测量仪器的测量链，被测

量值采样输入后,经各环节传递处理,最终获得测量示值、并输出。被测量值在仪器测量链测量转换过程的数学描述可表示如式(8.1),误差表达式如式(8.2),示值误差允许值的关系按式(8.7)给出。

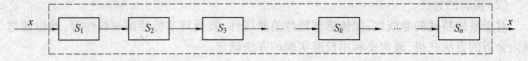

图 8.1　仪器量值传递环节

设计中,当已给定仪器的示值误差最大允许值,要确定各环节参数的精度要求,则依据式(8.7),按"等作用原则"规定各环节参数的精度要求,即令仪器各环节转换至仪器示值误差的分量的最大允许值都相等,并按平方关系等分仪器示值误差允许值,即

$$\Delta_{y1} = \Delta_{y2} = \cdots = \Delta_{yn} = \frac{\Delta_y}{\sqrt{n}} \tag{8.14}$$

式中　Δ_y——仪器示值误差最大允许值;

$\Delta_{y1}, \Delta_{y2}, \cdots, \Delta_{yn}$——仪器各环节误差折合至仪器示值的各项分量(各环节误差允许值分量);

n——影响仪器示值的环节数目。

各项分量由各环节误差参量传递引入,按线性关系有

$$\Delta_{y1} = a_1 \Delta_1$$
$$\Delta_{y2} = a_2 \Delta_2$$
$$\vdots$$
$$\Delta_{yn} = a_n \Delta_n$$

式(8.14)可进一步写成

$$a_1 \Delta_1 = a_2 \Delta_2 = \cdots = a_n \Delta_n = \frac{\Delta_y}{\sqrt{n}} \tag{8.15}$$

式中　$\Delta_1, \Delta_2, \cdots, \Delta_n$——各环节误差参数;

$a_1, a_2, \cdots, a_n$——各环节误差的传递系数(转换至示值误差的系数)。

则各环节的精度参数可写为

$$\Delta_i = \frac{\Delta_y}{a_i \sqrt{n}} \tag{8.16}$$

应注意如下关系

$$\Delta_{yi} = a_i \Delta_i \tag{8.17}$$

式中,Δ_{yi} 与 Δ_i 的含义是不同的,按等作用方法规定各分量系指 Δ_{yi},而非 Δ_i。

各环节误差的等作用配置原则具有统计学理论基础。按这一规则规定各环节精度有利于充分发掘各环节的精度潜力,具有最好的效益。这是因为各环节误差允许值是按方差合成的方法合成为仪器示值误差的允许值,该方法的特点是大误差的影响突出,小误差的作用微小。这样,大的分量在仪器示值中的影响占主要地位,是控制仪器示值误差的瓶颈,主要地限制了仪器的精度。其他分量在仪器示值中的影响较小,特别是小的分量其影响微小,相应环节所做努力,所花费的代价未起到应有的效果。因此,控制大的分量,放宽小的分量,使之各环节的误差分量均衡一致,才能在精度设计中获得最经济的效果。

当然,由于各环节精度控制的难易并不相同,考虑到精度要求和经济性,实践上按等作用原则规定各环节精度还需做进一步调整,并经验算证明,直到仪器示值误差满足设计要求为止。由于调整带有主观性,调整结果不是唯一的,需要反复调整,直至满足要求为止。这一调整需要根据实际情况确定,依据仪器的设计要求,实际的工艺技术,现有条件及经验数据等因素实施。

应指出,由于各环节精度参数是按方差合成关系合成的,故量值调整并不是成比例的。当各分量相差较大时,进一步调整的效果将不明显。因此,各环节精度参数的调整是有限度的。

综上所述,规定仪器各环节精度参数的等作用原则的实施方法可归纳如下:

①按等作用原则规定仪器示值误差允许值的各项分量,即按平方关系等分给定的示值误差允许值。

②根据实际情况对各项分量进行适当的调整。

③重新核算仪器的示值误差允许值。

按等作用原则规定各环节参数,适用于仪器的示值误差参数设计,原则上也适用于重复性、稳定性等其他参数的设计分析。

例 8.8 水银温度计参数精度设计(为简化叙述,本例不计玻璃的热变形)。

解　如图 8.2 所示,设水银温度计毛细管直径为 d,0 ℃时的水银体积为 V_0,t ℃时水银柱相对 0 ℃时的度高变化为 h_t,水银的体膨胀系数为 β,则有

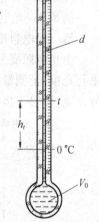

$$\beta V_0 t = \frac{1}{4}\pi d^2 h_t \tag{1}$$

得测量方程式

$$t = \frac{\pi d^2 h_t}{4\beta V_0} \tag{2}$$

若给定毛细管直径 d,则可得

$$V_0 = \frac{\pi d^2 h_t}{4\beta t} \tag{3}$$

设刻度值为 1 ℃,即分辨力为 0.5 ℃,按人眼的视觉分辨能力,确定刻度间距 $h_{t=1} = 0.8$ mm/℃,则有

图 8.2　水银温度计工作原理

$$h_t = th_{t=1} = 0.8t \tag{4}$$

已知 $\beta = 1.82 \times 10^{-4}$/℃,并给定 $d = 0.1$ mm,可得水银体积为

$$V_0 = \frac{\pi d^2 h_t}{4\beta t} = \frac{\pi \times 0.1^2 \times 0.8t}{4 \times 1.82 \times 10^{-4} \times t} = 34.52\,299\,619 \text{ mm}^3$$

现分析各参数的精度要求。由式(2)可得误差式为

$$\delta t = \frac{\pi d h_t}{2\beta V_0}\delta d + \frac{\pi d^2}{4\beta V_0}\delta h_t - \frac{\pi d^2 h_t}{4\beta^2 V_0}\delta\beta - \frac{\pi d^2 h_t}{4\beta V_0^2}\delta V_0 \tag{5}$$

将式(3)代入式(5)得

$$\delta t = \frac{2t}{d}\delta d + \frac{t}{h_t}\delta h_t - \frac{t}{\beta}\delta\beta - \frac{t}{V_0}\delta V_0 \tag{6}$$

其示值误差最大允许值可表示为

$$\Delta_t = \sqrt{\left(\frac{2t}{d}\Delta_d\right)^2 + \left(\frac{t}{h_t}\Delta_{ht}\right)^2 + \left(\frac{t}{\beta}\Delta_\beta\right)^2 + \left(\frac{t}{V_0}\Delta_{V0}\right)^2} \tag{8}$$

其测量范围为-20～50 ℃,并将各参数代入,得

$$\Delta_t = \sqrt{\left(\frac{100}{d}\Delta_d\right)^2 + \left(\frac{t}{0.8\times t}\Delta_{ht}\right)^2 + \left(\frac{50}{\beta}\Delta_\beta\right)^2 + \left(\frac{50}{V_0}\Delta_{V0}\right)^2} \tag{9}$$

设要求 $\Delta_t = 0.5$ ℃,按等作用原则规定各项参数的精度如下:

$$\frac{100}{d}\Delta_d = \frac{50}{0.8}\Delta_{ht} = \frac{50}{\beta}\Delta_\beta = \frac{50}{V_0}\Delta_{V0} = \frac{\Delta_t}{\sqrt{4}} = 0.25 \text{ ℃}$$

有

$$\Delta_d = 0.25\times10^{-2}d$$

$$\Delta_{ht} = 0.25\times0.8 = 0.2 \text{ (mm)}$$

$$\Delta_\beta = \frac{0.25}{50}\beta = 5\times10^{-3}\beta$$

$$\Delta_{V0} = \frac{0.25}{50}V_0 = 5\times10^{-3}V_0$$

当确定了参数 d, V_0,即可给出 $\Delta_d, \Delta_{ht}, \Delta_\beta, \Delta_{V0}$。

再根据具体情况做适当调整。

例8.9 光电自准直仪参数精度设计。

解 光电自准直仪用于测量小角位移,其原理如图8.3所示。

由光源照亮分划板,分划板刻划标记发出的光由半反半透分光镜反射后,经透镜出射为平行光束,至测量反射镜。由测量反射镜反射而返回,再经物镜成会聚光束,透过半反半透分光镜,投射于接收光信号的光电器件,在光电器件受光面上形成分划板刻划标记的像。

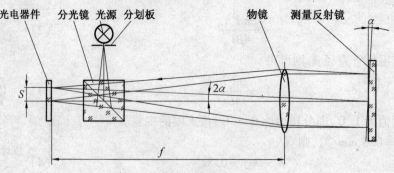

图8.3　光电自准直仪工作原理

当测量反射镜随被测目标转过 α 角,则反射光偏转 2α 角,分划标记在光电器件成像位移为 S,有如下关系

$$\tan 2\alpha = \frac{S}{f}$$

式中　f——物镜的焦距。

考虑到 α 为微小角度,可线性化为

$$\alpha = \frac{S}{2f}$$

由光电器件测得 S 值,则可按上式获得 α 值。

设 CCD 光电器件像素数 800×600,像素尺寸 $8\ \mu m \times 8\ \mu m$,采用 10 细分,则光电器件的分辨力为 $0.8\ \mu m$。

(1)分辨力与物镜焦距。

要求在 $10''$ 范围内示值误差不大于 $0.3''$,则按 $1/3$ 原则,其测量分辨力应不大于 $0.1''$,光电器件分辨力决定了仪器的测量分辨力,据此决定物镜的焦距。

由测量方程 $\alpha = S/2f$,得

$$f = \frac{S}{2\alpha}$$

将光电器件的分辨力值 $S = 0.8\ \mu m$,预定的仪器测量分辨力值 $\alpha = 0.1'' = 4.848 \times 10^{-7}$(弧度)代入,得光学系统焦距

$$f = \frac{0.8 \times 10^{-3}}{2 \times 4.848 \times 10^{-7}}\ mm = 825\ mm$$

(2)示值线性度。

在全程内,非线性误差为

$$\delta\alpha = \frac{S_{\alpha M}}{2f} - \frac{1}{2}\arctan\frac{S_{\alpha M}}{f} = \frac{3.2}{2 \times 825} - \frac{1}{2}\arctan\frac{3.2}{825} = 2.1'' \times 10^{-3}$$

可忽略不计。

(3)示值范围。

仪器的示值范围决定于光电器件尺寸范围 S_M 和物镜焦距 f。由测量方程,得准直仪的两坐标的示值范围分别为

$$\alpha_{xM} = \frac{S_{xM}}{2f} = \frac{6.4\ mm}{2 \times 825\ mm} = 3.88 \times 10^{-3} = 13'$$

$$\alpha_{yM} = \frac{S_{yM}}{2f} = \frac{4.8\ mm}{2 \times 825\ mm} = 2.91 \times 10^{-3} = 10'$$

测量的示值范围与分辨力相矛盾,在相同的结构参数条件下,分辨力值小,则测量范围小,分辨力值大则测量范围大,在结构参数(S_M , f)尽力改进之后,按要求的分辨力 $0.1''$,则测量的示值范围就限定了。

(4)示值误差。

由测量方程得误差式

$$\delta\alpha = \frac{1}{2f}\delta S - \frac{S}{2f^2}\delta f$$

式中　δS——光标在光电器件成像面上位移的测量误差;

　　　δf——准直仪物镜焦距误差。

δS 包含如下几项分量:

δS_1:光电系统分辨误差,主要取决于像素细分能力。

δS_2:物镜系统像差,主要是畸变产生的影响。

δS_3:电路漂移的影响。

考虑到物镜焦距 f 需经校准使用,因此焦距误差 δf 应为焦距的校准误差 δf_j。

于是,示值误差式可表示为

$$\delta\alpha = \frac{1}{2f}\delta S_1 + \frac{1}{2f}\delta S_2 + \frac{1}{2f}\delta S_3 + \frac{S}{2f^2}\delta f_j$$

则写成示值误差最大值(误差区间)的关系式为

$$\Delta_\alpha = \sqrt{\left(\frac{1}{2f}\Delta_{S1}\right)^2 + \left(\frac{1}{2f}\Delta_{S2}\right)^2 + \left(\frac{1}{2f}\Delta_{S3}\right)^2 + \left(\frac{S}{2f^2}\Delta_{fj}\right)^2}$$

式中　Δ_{S1}——光电系统分辨力;

　　　Δ_{S2}——光学系统像差引起的位移 S 测量的误差区间估计;

　　　Δ_{S3}——电路漂移引入的 S 误差区间估计;

　　　Δ_{fj}——物镜焦距校准的不确定度。

已知: $f = 825$ mm, S 取最大值 $S_M = 6.4$ mm,代入上式有

$$\Delta_\alpha = \sqrt{\left(\frac{1}{2f}\right)^2(\Delta_{S1}^2 + \Delta_{S2}^2 + \Delta_{S3}^2) + \left(\frac{S}{2f^2}\Delta_{fj}\right)^2} =$$

$$\sqrt{(6.06\times10^{-4}\Delta_{S1})^2 + (6.06\times10^{-4}\Delta_{S2})^2 + (6.06\times10^{-4}\Delta_{S3})^2 + (4.70\times10^{-6}\Delta_{fj})^2}$$

设在全量程范围内示值误差最大允许值 $\Delta_\alpha = 1'' = 4.848\times10^{-6}$,现确定各环节精度要求。按等作用原则,令

$$6.06\times10^{-4}\Delta_{S1} = 6.06\times10^{-4}\Delta_{S2} = 6.06\times10^{-4}\Delta_{S3} = 4.70\times10^{-6}\Delta_{fj} =$$

$$\frac{1}{\sqrt{4}}\Delta_\alpha = \frac{1}{\sqrt{4}}\times4.848\times10^{-6} = 2.424\times10^{-6}$$

则各项精度要求分别为

$$\Delta_{S1} = 4 \ \mu m$$

$$\Delta_{S2} = 4 \ \mu m$$

$$\Delta_{S3} = 4 \ \mu m$$

$$\Delta_{fj} = 0.52 \ mm$$

上述要求实际系统能满足,可按此规定相应环节工艺要求、调整要求及器件要求,以保证仪器全量程的示值误差要求。

对于 $10''$ 范围内的示值误差允许值也按类似方法设计。

(5)其他参数设计。

漂移、长期稳定性、可靠性、抗干扰性等需借助于实验分析确定。

例 8.10　激光测长系统精度设计。

解　(1)设计要求。

测量长度: $L = 3$ m。

测量不确定度: $U_L = 3 \ \mu m$, $P = 99\%$。

测量形式:考虑测量系统的总体安排,采用如图 8.4(b)所示测量形式,不符合阿贝原则。

(2)测量原理。

如图 8.4(a)所示测量原理符合阿贝原则,但考虑系统操作等因素,本设计拟采用图 8.4(b)所示原理。该原理不符合阿贝原则,但可考虑采取相应措施予以补偿。

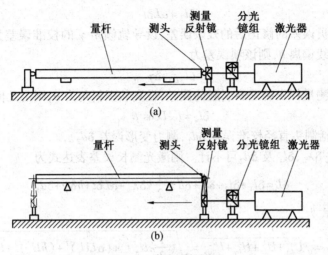

图 8.4　激光测长原理

如图 8.4(b)所示,由激光器发出的测量激光投向分光镜,由分光镜分光,一路反射至参考反射镜再反射回分光镜分光面;另一路透过分光镜投向测量反射镜,并由测量反射镜返回至分光镜分光面,与由参考分光镜返回的参考光干涉,产生干涉的明暗图像。

当测头由被测量杆一端移至另一端,测量反射镜随之移动距离 l。在测量反射镜移动过程中,测量光束和参考光束的光程差发生变化,则干涉图像出现明暗变化。测量反射镜移动 1/2 波长,干涉图像明暗变换一次。由激光器的光电接收器接收该明暗变化,转化为电信号并计数这一明暗变化数目,即可得到测量反射镜的移动距离 l。

由此可得测量方程

$$L = l - d = \frac{1}{2}k\lambda - d$$

其中

$$l = \frac{1}{2}k\lambda$$

式中　λ——测量激光波长,$\lambda = 0.632\ 8\ \mu m$;

　　　k——计数的激光波数,即激光干涉场明暗变化的计数。

为克服阿贝误差,本例中采用准直仪监测测量头部件运动过程中的角位移用于修正测量结果中的阿贝误差。

(3)误差因素与不确定度。

由测量方程式,得误差表达式

$$\delta L = \delta l_1 + \delta l_2 + \delta l_3 + \delta l_4 - \delta d$$

式中　δl_1——激光波长误差引入的长度测量误差,包括波长校准误差 $\delta\lambda_0$ 和环境误差 $\delta\lambda_h$,

　　　　　按干涉测长原理有

$$\delta l_1 = \frac{1}{2}k\delta\lambda_0 + \frac{1}{2}k\delta\lambda_h$$

　　　δl_2——被测量杆的热变形误差,令 α 为量杆的线膨胀系数,δt 为温度的误差,按热变形原理有

$$\delta l_2 = \alpha L \delta t$$

δl_3——阿贝误差的修正后的残余误差,设导轨倾角 γ 的校准误差为 $\delta \gamma$,测量线与被测线偏离 h,则该项误差为

$$\delta l_3 = h \delta \gamma$$

δl_4——被测量杆安装歪斜引起的误差,设安装歪斜角为 θ,则由几何关系得

$$\delta l_4 = L - L \cos \theta$$

δd——包括测头直径校准误差 δd_1,测力变形误差 δd_2。

经分析,误差 $\delta \lambda_0$,δl_4 及 δd_2 可不计。则激光测长误差表达式为

$$\delta L = \delta l_1 + \delta l_2 + \delta l_3 + \delta d = \frac{1}{2} k \delta \lambda_h + \alpha L \delta t + h \delta \gamma + \delta d_1$$

其不确定度表达式为

$$U_L = \sqrt{U_{L\lambda}^2 + U_{Lt}^2 + U_{L\gamma}^2 + U_{Ld1}^2} = \sqrt{\left(\frac{1}{2} k U_\lambda\right)^2 + (\alpha L U_t)^2 + (h U_\gamma)^2 + U_{d1}^2}$$

式中　U_L——量杆中心长度测量的扩展不确定度(由设计要求给定);

U_λ,$U_{L\lambda}$——测量波长扩展不确定度及折合至 L 的不确定度分量;

U_t,U_{Lt}——温度的扩展不确定度及折合至 L 的扩展不确定度分量;

U_γ,$U_{L\gamma}$——测头倾角扩展不确定度及折合至 L 的扩展不确定度分量;

U_{d1},U_{Ld1}——测头校准的扩展不确定度及折合至 L 的扩展不确定度分量。

(4)各环节的精度设计。

按等作用原则,规定各项分量为

$$U_{L\lambda} = U_{Lt} = U_{L\gamma} = U_{Ld1} = \frac{1}{\sqrt{4}} \times U_L = \frac{1}{\sqrt{4}} \times 3 \ \mu m = 1.5 \ \mu m$$

①波长修正的精度要求。

波长误差为

$$\delta L_\lambda = \frac{1}{2} k \delta \lambda$$

得不确定度关系

$$U_{L\lambda} = \frac{1}{2} k U_\lambda$$

有

$$U_\lambda = \frac{2}{k} U_{L\lambda}$$

式中

$$k = \frac{2L}{\lambda} = \frac{2 \times 3 \times 10^6}{0.632\,8} = 9.48 \times 10^6$$

则

$$U_\lambda = \frac{2}{k} U_{L\lambda} = \frac{2}{9.48 \times 10^6} \times 1.5 \ \mu m = 0.316 \times 10^{-6} \ \mu m$$

又由波长误差式

$$\delta \lambda = \frac{-\lambda_0}{n} \delta n =$$

$$[588(t-20)-1.7(p-101\ 325)+0.354(f-1\ 333.22)]\times10^{-9}\ \mu m =$$
$$[588\delta t-1.7\delta p+0.354\delta f]\times10^{-9}\ \mu m$$

不确定度表达式为

$$U_\lambda=\sqrt{(588U_t)^2+(1.7U_p)^2+(0.354U_f)^2}\times10^{-9}\ \mu m$$

按等作用原则规定温度、气压、湿度的测量不确定度为

$$588U_t=1.7U_p=0.354U_f=\frac{1}{\sqrt3}U_\lambda\times10^9\ \mu m=\frac{1}{\sqrt3}\times0.316\times10^{-6}\times10^9\ \mu m=1.82\times10^2\ \mu m$$

则对温度、气压、湿度的测量不确定度要求应为

$$U_t=1.82\times10^2/588=0.31\ ℃$$
$$U_p=1.82\times10^2/1.7=107\ Pa$$
$$U_f=1.82\times10^2/0.354=514\ Pa$$

②热变形的测量。

热变形引入的测量不确定度为

$$U_{L\alpha}=\alpha LU_T$$

温度的测量不确定度为

$$U_T=U_{L\alpha}/\alpha L=1.5/(11.5\times10^{-6}℃^{-1}\times3\times10^6)=0.043\ 5\ ℃$$

即通过测量现场温度,对热变形予以修正时,温度测量的不确定度应满足上式要求。

③阿贝误差补偿。

阿贝误差引入的测量不确定度为

$$U_{L\gamma}=hU_\gamma$$

故

$$U_\gamma=\frac{1}{h}U_{L\gamma}=\frac{1}{80\ mm}\times1.5\ \mu m=1.88\times10^{-5}=3.9''$$

即在通过测量导轨倾角进行修正时,测量不确定度应不大于 3.9″。

④测头直径校准要求。

测头直径校准误差直接影响测量结果,校准不确定度应不大于

$$U_d=U_{Ld}=1.5\ \mu m$$

以上分析所得各项要求,应再按实际情况做适当的调整,最后对总不确定度进行核算,保证满足设计要求。

8.4　本章小结

(1)仪器精度参数设计的基本依据是方差合成关系式,仪器精度参数通常按相应误差的分布区间评定,故应以方差合成关系合成各项分量。

(2)仪器精度参数设计以示值误差为主参数,按其最大值为限定值规定各环节的精度要求。

(3)其他各参数的设计按示值误差要求均衡设置。

8.5　思考与练习

8.1　讨论仪器精度参数合成的基本关系式的应用问题。

8.2　讨论仪器精度参数的设计问题。

8.3　如何理解仪器示值误差与重复性的关系？设计中如何处理其量值关系？

8.4　说明仪器示值误差的表达形式。

8.5　如何处理示值误差与测量范围的关系？

8.6　设计中如何处理非线性误差？

8.7　如何设计重复性参数？

8.8　如何考虑仪器各环节的精度设计？

8.9　怎样理解仪器各环节的精度参数应按等精度原则规定？

8.10　要求设计线膨胀系数测量系统，被测试件长度 $L=600$ mm，当改变试件温度 $\Delta T=6\ ℃$，测得试件的变形量 ΔL，则线膨胀系数可表示为 $\alpha=\dfrac{\Delta L}{L\Delta T}$，式中 α 约为 $10\times10^{-6}/℃$。要求线胀系数测量的扩展不确定度 $U_\alpha=\alpha\times10\%$，试恰当地规定测量系统各环节的精度要求。

8.11　准直仪工作原理如图 8.5 所示，被测角 θ 与物镜焦距 f 及分划板在 CCD 光电器件上成像位置的偏移 S 有如下关系：$\theta=S/2f$，已知：焦距 $f=860$ mm，线阵 CCD 光电器件像素尺寸为 $14\ \mu m$，若要求 θ 的测量不确定度不大于 $0.1''$，问 CCD 的细分倍数应是多少为宜？

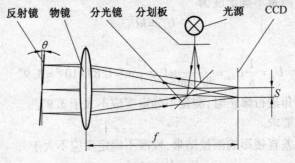

图 8.5　准直仪工作原理

8.12　如图 8.6 所示，离心机旋转工作时，标定处 A 产生标准加速度 a。若运行前测得半径 R 值，运行中测得角速度 ω 值，则所给加速度应为 $a=\omega^2R$。

（1）试分析影响测量的误差因素，并写出误差表达式。

（2）已知：$R=2\,500$ mm，$\omega=4\pi/s$，要求测量的相对不确定度为 $\dfrac{U_a}{a}=1\times10^{-6}$，试恰当地规定角速度和半径的允许的最大测量误差量。

8.13　要求测频的相对误差不大于 0.01%，问可否用频率计测量名义值为 5 kHz 的信号频率（要做出分析计算）？

8.14　由标准电压 V 与标准电阻 R 给出标准电流 I，用以检定直流电流表的示值误差 Δ。若将标准电流 I 输入电流表，电流表的示值为 I_x，则该电流表的示值误差为

$$\Delta=I_x-I=I_x-\frac{V}{R}$$

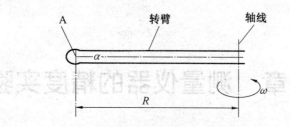

图 8.6　离心机旋转工作示意图

已知:标准电压 $V=1$ V;标准电阻 $R=0.2$ Ω;需要满足:电流表的示值误差 Δ 的检定的扩展不确定度 $U_\Delta(P=95\%)$ 不大于 1.1×10^{-3} A。要求:

(1)试规定标准电压 V 和标准电阻 R 的精度要求(扩展不确定度 U_V 和 U_R)。

(2) 设电流表示值取其 10 次测量的平均值 $\bar{I}_x=\dfrac{1}{10}\sum\limits_{i=1}^{10}I_{xi}$,试规定 U_V 和 U_R。

8.15　要求用频率计测量名义值为 5 MHz 的信号频率,测频的相对误差不大于 1×10^{-5},其测量方程式为 $f=\dfrac{N}{T}$,式中 T 为信号通过时段,N 为 T 时段内检测的信号频数。试确定 T 值及其不确定度(基准源精度)。

第9章 测量仪器的精度实验

9.1 概　　述

这里所指精度实验,泛指有关仪器精度的实验。精度实验是测量仪器设计、评价的基本手段,精度实验为研究仪器精度提供基本的前提条件。

仪器精度设计中常需要通过实验分析给出关键误差分量的量值估计、规律性、特征参数、误差的传递关系、误差间的相关性等原始信息,这是做进一步精度分析的依据。测量仪器设计中以精度参数为主的计量特性需经理论分析作出判断,而这种分析是以实验为基础完成的。

测量仪器的精度实验是以仪器精度为核心的计量特性实验,仪器精度实验可分为以下两类:

①纳入计量管理系统的精度实验,包括前述的型式评价、检定和校准,其实验设备、实验方法、精度要求都已规范化,由相应的计量部门按相应的规范实施。

②未纳入计量管理系统的其他精度实验,包括仪器的精度设计、器件、材料选择和工艺过程的精度分析、验收检验、仪器检修中的精度实验、使用过程的性能校验等。可由仪器设计者、工艺师、仪器用户、维修者等实施,或委托相应的机构实施。

本书仅讨论未纳入计量管理系统的精度实验。涉及误差量值的实验分析,误差分布参数的实验分析,测量误差传递系数的实验分析,误差间的相关系数实验分析,仪器计量特性的测试实验(如测量仪器的重复性检测、仪器示值误差检测、仪器示值稳定性检测等),误差分离与补偿实验及仪器的可靠性实验等。

仪器的精度实验必须具有量值溯源性,即在一定的精度要求的条件下保证量值统一。基准及量值传递系统为此提供了基本条件。对于纳入量值管理系统的精度实验,量值溯源已由法制规范予以保证。对于未纳入计量管理系统的精度实验,则要做溯源性分析,建立实验的量值溯源链,满足相应的精度要求。这是实施精度设计的基本要求。

仪器精度实验应以精度理论为基础进行设计和实施。需要进行实验方法的设计、拟定正确的原理、实验方法、实验的程序和数据处理方法,选择实验设备,构建实验系统,这一工作需按精度理论进行设计和实施。

可见,精度实验和精度分析是辩证统一、密不可分的。

仪器的精度实验的实施要求一定的条件,包括实验的仪器设备、实验环境条件以及具有一定技术能力的人员。

9.2　实验环境

实验环境是实施仪器精度实验的保证条件。仪器误差因素的性质、特性参数等方面的实验与环境条件密不可分,测量仪器的计量性能也是在某一确定环境条件下表现出来的,因此仪器计量性能的测试实验也应满足相应的环境条件。实验的环境因素很多,但对于不同的测试实验,其影响因素也不相同,应在精度分析的基础上,依据对测试实验的影响做出规定,并采取适当的措施予以控制。

环境条件的控制有两类情形:实验室环境控制和测试现场环境控制。

9.2.1　影响测试实验的环境因素

实验的环境因素包括:环境温度、湿度、大气成分、大气压力、气流波动、尘埃、电磁干扰、各种辐射、光的干扰、振动等。其中,环境温度、湿度、电磁干扰、振动等因素影响最为普遍,最为显著。

1. 大气参数的影响和控制

大气参数包括温度、气压、湿度、大气成分、气流、尘埃等。其中影响最大的是温度。

(1)温度的影响与控制。

温度是影响测量仪器和测试精度的最大、最广泛的环境因素,任何仪器的测量工作都会不同程度地受到温度因素的影响。在不同的温度条件下,仪器表现出不同的计量特性,测试实验会给出不同的结果。为避免由此引起的歧义,在计量技术中规定,测量环境的标准温度为 20 ℃。量值传递,测量仪器的校准、检定,标准条件下的测试计量活动等,都应在标准温度条件下进行。偏离标准温度就会带来相应的测量误差。环境温度对仪器计量性能的影响分析如下。

①环境温度影响机械构件的尺寸,产生热胀冷缩的影响。热变形的影响在测试技术中的影响是极为广泛的。这一影响涉及机械系统、光学系统甚至电学系统。

构件材料的热稳定性用线膨胀系数反映,材料的线膨胀系数通过测试实验得到,工程上已给出各种材料的线膨胀系数的数值,可查取使用。

对构件尺寸的影响通常按下式计算:

$$\Delta L = \alpha L \Delta t$$

式中　ΔL——构件尺寸的热变形量;

　　　α——构件材料的线膨胀系数;

　　　L——构件长度;

　　　Δt——构件的温度变化,若指相对标准温度的变化,则为 $\Delta t = t - 20$ ℃。

在对称布置的测量系统中,如相对测量中,标准件与被测件的热变形具有抵偿作用,则此时的热变形影响应为

$$\Delta L = \alpha_2 L_2 \Delta t - \alpha_1 L_1 \Delta t$$

式中　α_1——标准件的线膨胀系数;

　　　L_1——标准件的长度;

　　　α_2——被测件的线膨胀系数;

　　　L_2——被测件的长度。

对于液体的热变形,如水银温度计中的水银因温度变化产生的体积变化则按体膨胀系数的关系计算。

为克服这一影响,除在仪器设计、测量方法设计时考虑采取相应的措施外,还需要考虑

采取温度控制措施,根据不同的情况,按相应的精度要求控制测试实验的环境温度。

②环境温度影响仪器材料、器件的性能变化,使其输入输出特性产生偏差。如各种测量传感器、电子仪器等,环境热影响使其示值产生漂移。环境温度对仪器或器件特性的影响需通过测试实验确定,给出温度特性曲线及温度系数。特性曲线或温度系数可用于分析温控精度要求。

例 9.1　已知某精密电阻阻值 $R = 1\,000\ \Omega$,其温度系数 $k_R = 1 \times 10^{-3}/℃$,若要求阻值变化 δ 不大于 $5 \times 10^{-3} R$,现确定该电阻工作的环境温度要求。

解　按要求应有

$$R \cdot k_R \cdot \Delta t \leqslant \delta$$

有

$$\Delta t \leqslant \frac{\delta}{R k_R} = \frac{5 \times 10^{-3} R}{R \cdot k_R} = \frac{5 \times 10^{-3}}{1 \times 10^{-3}/℃} = 5\ ℃$$

即该电阻的工作环境温度应为

$$t = 20 \pm 5\ ℃$$

仪器、器件的温度系数需通过测试实验确定,有时也可从相应的技术资料中引用。如例 9.1 中精密电阻的温度系数可从产品技术文件中查得。

③环境温度影响空气折射率,进而影响激光干涉测量的精度。空气折射率对温度的变化十分敏感,在高精度激光干涉测量中,必须克服这一影响。

干涉光路空气温度对折射率的影响可由艾伦(Edlen)公式给出:

$$\Delta n_{t,p,f} = \frac{\partial n}{\partial t} \Delta t + \frac{\partial n}{\partial p} \Delta p + \frac{\partial n}{\partial f} \Delta f = \frac{\partial n}{\partial t}(t - t_0) + \frac{\partial n}{\partial p}(p - p_0) + \frac{\partial n}{\partial f}(f - f_0)$$

式中　n——实验光路的空气折射率,标准条件下的空气折射率为 $n_0 = 1 + 2.765\,175 \times 10^{-4}$;

　　　$\Delta n_{t,p,f}$——空气折射率相对其标准条件下的变化;

　　　t——实验条件下的空气温度;

　　　t_0——标准条件下的空气温度,$t_0 = 20\ ℃$;

　　　p——实验条件下的大气压力;

　　　p_0——标准条件下的大气压力,$p_0 = 101\,325\ Pa$;

　　　f——实验条件下的空气水蒸气压;

　　　f_0——标准条件下的空气水蒸气压,$f_0 = 1\,333.22\ Pa$。

折射率的偏导数值分别为

$$\frac{\partial n}{\partial t} = -92.9 \times 10^{-8}/℃$$

$$\frac{\partial n}{\partial p} = 0.269 \times 10^{-8}/Pa$$

$$\frac{\partial n}{\partial f} = -0.042 \times 10^{-8}/Pa$$

则

$$\Delta n_{t,p,f} = [-92.9(t - 20) + 0.269(p - 101\,325) + 0.042(f - 1\,333.22)] \times 10^{-8} \qquad (9.1)$$

由折射率的变化引起的测量波长的变化为

$$\Delta\lambda = -\lambda\,\frac{\Delta n_{t,p,f}}{n} = \left[\,588(t-20) - 1.7(p-101\,325) + 0.354(f-1\,333,22)\,\right]\times 10^{-9} \qquad (9.2)$$

波长的温度系数为

$$k_t = 0.588\times 10^{-6}\ \mu m/^\circ\!C$$

为控制该项影响,按上式对温控精度提出相应的要求。当已知温度偏差时,可按上式进行数据修正。

(2)其他大气参数的影响与控制。

大气的其他参数对于精密测量的影响仅是个别的、局部的。

①大气压力。影响空气折射率,对激光干涉测量有影响。其影响按艾伦公式的第二项给出,其影响系数为

$$k_p = -1.7\times 10^{-9}\ \mu m/Pa$$

当给定大气压力的变化区间,可按 k_p 值分析计算相应的激光波长的变化区间。当测得大气压力的确切数值时,可按 k_p 值求得波长的修正值,进而可对测量数据进行修正。

②大气湿度。影响空气折射率,对激光干涉测长有影响。其影响按艾伦公式的第三项给出,其影响系数为

$$k_f = 0.354\times 10^{-9}\ \mu m/Pa$$

当给定大气湿度的变化区间,可按 k_f 值分析计算相应激光波长的变化区间。当测得大气湿度的确切数值时,可按 k_f 值求得波长的修正值,进而可对测量数据进行修正。

与温度和大气压力相比较,空气湿度的影响相对较小。

此外,空气湿度过大会使仪器锈蚀,光学仪器镜头镀膜起雾、发霉;空气湿度过低,影响测试人员的生活环境。这些因素也要求控制空气湿度。

③气流。光学测量中,气流使光路中的空气产生不均匀变化。当光路较长时会产生显著影响,测量示值会产生波动。高精度光学测量,如激光干涉测长,准直测量中的长光路都需采取隔离措施控制气流。

④空气中的尘埃。在高精度机械测量机构中,空气中的尘埃落在导轨、轴承、测量接触面上,会差生误差。灰尘落于光学镜头上,会影响成像质量,影响高精度测量。室内空气中的灰尘主要来自于外界通过门、窗缝隙进入的尘埃,地面、座椅等处因空气流动引起的扬尘,空调送风滤除不净带来的尘埃,工作人员衣服鞋帽携带的灰尘、纤维及头发、皮削等。

其中,工作人员给空气带来的尘埃量虽然微小,但由于其接近测量仪器,常会给测量仪器带来直接的影响,这对于某些精密仪器是不可忽视的。灰尘的影响具有偶然性,无法分析计算。为克服灰尘影响,须采取一定的除尘措施。

2. 电磁干扰、光辐射

(1)电磁干扰。

空间的电磁辐射是无处不在的,特别是在一些电气设备运行的周围的空间,如大型电机、变压器、电弧放电设备、无线发射塔等运行工作时,都会产生电磁辐射。甚至邻近的电子设备工作辐射的电磁波都会对电子仪器造成干扰,产生噪声及其他形式的干扰信号。

为克服电磁干扰,在仪器设计上要考虑其电磁兼容性,还要考虑仪器使用环境,避免强辐射干扰,并采取适当的屏蔽措施。

(2)光辐射干扰。

　　仪器受热辐射产生温度变化,产生的热变形是不均匀的,这一影响包括红外辐射与可见光辐射。当测试实验系统附近有热源会受到热辐射,太阳光也会产生热辐射。为避免热辐射的影响,应排除热源,遮断阳光,设置良好的恒温系统。当热源不能排除时,应考虑设置遮热板避免其影响。

　　环境的杂散光(包括阳光在内)对光学仪器造成不利影响,如视觉测量系统中,杂散光影响成像质量,对测量结果产生干扰。除设计时考虑采取环境杂散光的影响的抑制措施外,还应对实验环境提出相应的要求。

　　太空环境中工作的仪器,受到宇宙射线的辐射,要考虑其工作可靠性。

3. 震动的影响及控制

　　震动影响到机械仪器、光学仪器及电学仪器的稳定性、可靠性。精密仪器工作条件要求有平稳的工作环境,须采取适当的防震措施避免震动干扰。

　　震动来自两方面:外部震动和仪器自身震动。外部震动包括:各种原因引起的大地震动,这种震动是不可避免的,如大地活动、各种机械的冲击、车辆的运动及人的各种活动等,经地基、支架传至仪器。人在实验室内的活动也会引起震动并通过支架传递给仪器,因为距离近,其影响有时也很显著。为抑制这类震动的影响,实验室地基采取防震结构,仪器支架采取隔震措施,仪器本身设计采取减震技术。内部震动是指仪器自身产生的震动,如仪器测量过程的机械运动、电磁振荡引起的机械振动等。为避免这类影响,仪器设计时要考虑测量采样时避开震动过程,设置减震、隔震结构。

9.2.2　实验室环境

　　精密仪器的校准、检定等测试实验工作一般是在精密实验室内进行的,在计量传递系统中,计量检定实验室通常称之为计量室,各大型机电工厂、企业一般都有自己的中心计量室。这些精密计量实验室提供恒温、恒湿、隔震、除尘等条件,为精密仪器的测试实验提供良好的环境条件。

1. 实验室的恒温

　　温度对精密测试具有全局性的影响,因而受到极大的关注,实验室的恒温精度常具有指标性意义。

　　(1)实验室的温度控制要求。

　　精密实验室的温度控制应考虑如下要求,按测试实验的精度要求恰当地予以规定。

　　①标准条件下的实验室温度为20 ℃,这是计量工作的标准温度,通常的测试实验结果都是指这一条件下的测试结果。

　　②实验室的温度按相应的精度要求予以控制,特别是测试实验的工作区域必须严格保证温度控制满足精度要求。一般较好的计量室温控精度在±1 ℃,较高的可达±0.5 ℃、±0.2 ℃,甚至为±0.1 ℃。

　　③温度梯度满足精度要求,即空间位置上各处温度均衡,温度梯度的要求应与温度偏差的要求相匹配。

　　(2)温度控制的实现。

　　实验室温度的控制方式是靠空调机与室内空气交换流动实现温度的调节。图9.1(a)

所示通常的单机空调,空调机内空气经加热(或制冷)使之达到预定要求后吹送至室内,室内空气则返回空调机内调节其温度。经由这样的交换流动使室内空气调节至要求的温度。这种单机式的空调方式控制精度低,温度梯度大,均衡性差,难以获得理想的温度控制效果。

　　精密计量实验室所采用的是工业空调机,其送风口和回风口的安排都经过缜密设计,确保空间温度的均衡。如图 9.1(b) 所示,经空调机调节了温度和湿度的空气由置于顶棚的送风口吹入室内由上而下流动,至下部墙体的回风口返回,补充新鲜空气后送入空调机调节其温、湿度,再次往复循环。

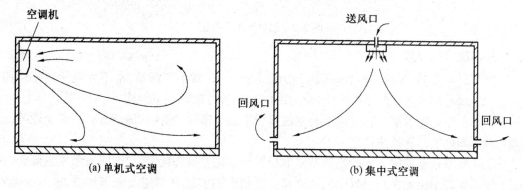

图 9.1　空调的形式

　　为了获得好的温控效果,实验室不设窗户、暖气,温度、湿度完全由空调系统控制。为实现高精度的要求,有时在实验室内再设一层空调室或空调箱,以便获得更为稳定的温度环境。例如,一等量块的检定不确定度为 $U_L = (0.02 + 0.2L)\ \mu m$,热变形是影响其中第二项 $(0.2L)$ 的主要分量之一。若按 1/2 计,量块因热膨胀引起的长度误差的最大限度为

$$\Delta_b \leqslant \frac{1}{2} U_L = \frac{1}{2} \times 0.2L\ \mu m = 0.1L\ \mu m$$

由热膨胀关系,当温度偏差为 Δ_t,有

$$\Delta_b = \alpha L \Delta_t$$

当 L 最大为 $L = 1$ m 时,热变形影响最大。此时温度误差应不大于

$$\Delta_t = \frac{0.1L}{\alpha L} \times 10^{-6} = \frac{0.1}{10.5 \times 10^{-6}} \times 10^{-6} = 0.01\ (℃)$$

可见要求是很高的,必须采取多项措施才有可能达到这一要求,国内只有少数实验室才具备这样的条件。

　　温控系统方框图 9.2 所示,实验室温度由温度传感器采样后送入控制器,经处理后给出控制信号控制空气处理器,令空气处理器按要求的温度和湿度给出调节空气,经送风管送入实验室。为节省能源,由回风管排入空气处理器再次循环使用。中间适量补充新鲜空气,以保证人员活动需要。

2. 实验室的恒湿

　　湿度是精密实验室的重要技术指标之一,湿度影响到仪器的使用、养护,并为人提供适宜的生活环境,一般精密实验室的标准相对湿度为 60%。

　　通常湿度与温度由空调机同时完成,空调机应包含加湿和除湿功能。

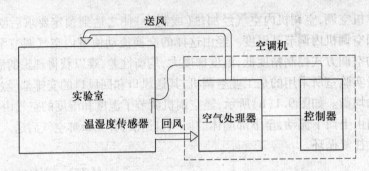

图 9.2　温控系统方框图

3. 实验室的隔震

精密测量实验室的活动对震动是十分敏感的,些许微小的震动,常不为人所察觉,但对精密测量却有不可忽视的影响。为减小震动的影响,可采取如下措施。

①实验室远离震源。高精度实验室的建设应远离市区,远离铁路、公路、厂矿企业等,这是克服震动影响的有效途径之一。

②实验室地基隔震。实验室地基采取设置隔震沟及其他隔震结构,可有效实现隔震,其隔震要求应控制振幅在几微米之内或更高。高精密的实验室都建设隔震地基,采取这类隔震措施能有效地控制高频震动分量。

③仪器工作台隔震。精密仪器常需放置于隔震台上,这也是有效的隔震措施。隔震台与隔震地基配合使用具有更好的隔震效果。

④仪器本体隔震,仪器设计时采取隔震措施,如设置弹性支撑结构、震动部位的隔离等。对于某些现场使用的仪器,常难以依赖于上述隔震措施,为避免地基震动带来的影响,常需要在仪器本体上采取隔震措施。

隔震工作台为弹性体支承的大质量台体,如图 9.3 所示。依弹性体的不同有多种形式,有弹簧支承、弹性橡胶支承、气浮支承等。依赖于这一质量块-弹性体系统可有效地隔离大地传来的震动。弹性体刚度越小,台体质量越大,则隔震效果就越好。经质量块-弹性体系统隔震以后,可滤除大部分的高频震动分量,有利于消除因震动引起的噪声,好的隔震台的固有频率甚至仅为几赫兹。

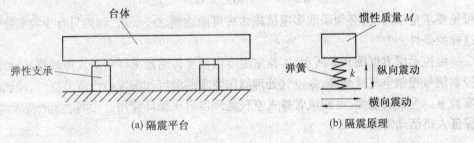

(a) 隔震平台　　　　　　　　　　　　(b) 隔震原理

图 9.3　隔震工作台

精密仪器的隔震系统示意如图 9.4 所示。

4. 实验室的除尘

空气中的尘埃是无处不在的,很难去除干净。根据不同的要求,采取不同的除尘方法。

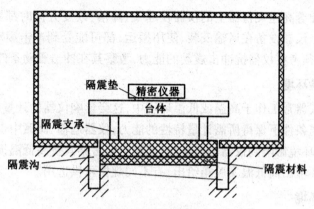

图9.4　隔震系统示意

除尘方法如下。

①封闭除尘。一般实验室均采用封闭门窗的方法隔绝外面的灰尘进入室内,可大量地减少室内灰尘。

②空调除尘。空调系统送风管口放置滤尘器滤除灰尘,这一方法简单、有效,可滤除大部分灰尘。

③工作人员除尘。工作人员所带来的尘埃量虽然微小,但影响不可忽视。为减少这类灰尘,一般计量实验室工作人员都要求穿戴专用鞋帽和工作服,以防止带入灰尘。严格的精密实验室,则要求工作人员必须经过除尘间除尘才能进入实验室,并严格管理工作服的穿戴使用。

④专门的除尘罩。现有专门的除尘罩,为仪器工作提供清洁环境,这种方法简单,易于实现,适合为小型仪器提供除尘环境。

⑤超净实验室建设。对于某些需要超净环境的场合,则要求建设专门的超净实验室,从房间的密封性,空调系统的除尘,到工作人员的除尘都做了精细安排、设计,并有相应的设施建设和制度管理。

9.2.3　测试的现场环境

在更广泛的场合下,仪器是在非标准的环境条件下工作的,对于非标准条件下仪器的工作性能测试实验,常需模拟相似的环境条件。一些典型的模拟实验环境是经常用到的,如电磁屏蔽实验环境、冲击震动环境、高低温实验环境、潮湿实验环境等。

1.电磁屏蔽实验环境

为检测仪器的电磁兼容性,常需要提供电磁屏蔽实验环境。

电磁屏蔽实验室以电磁屏蔽网将电磁辐射阻止于室外,保证实验室的电磁辐射几乎接近于零。电磁屏蔽实验室现有组装式结构,类似于活动房。电磁屏蔽实验室造价昂贵,用处单一,一般单位并不设置,做电磁兼容性实验可借助相应的电磁屏蔽实验室。

2.冲击震动实验环境

某些自动测量仪器和动态测量仪器在测量工作过程中可能受到过载力、冲击和震动,影响其正常测量工作,降低仪器寿命,甚至损伤仪器。例如,车间、工地的场合工作的仪器,车辆、船舶、飞机、武器装备等运动器具上的仪器都不可避免地要承受冲击、震动。超音速飞机、航天飞船、导弹等高速飞行器上的仪器在起飞、降落、改变方向时都要受到冲击震动,承受巨大的加速度。仪器设备在运输安装、使用搬运,都可能受到冲击震动,甚至碰撞、跌落。对于上述情况,必须考察仪器抗冲击震动的能力,考察其在冲击震动条件下的可靠性。

3. 高低温实验环境

野外作业的仪器常工作于高温或低温环境中,这会影响仪器的计量性能,此时需要考核仪器在高温或低温条件下保持所需计量特性的能力;仪器运输、储藏中也会遇到高温或低温环境,高温或低温环境影响到仪器的可靠性,此时需要考察其抗高低温损坏的能力。

高温和低温环境由高低温实验箱给出,有不同规格可供选用。

4. 潮湿实验环境

过度潮湿的环境会使机械零件生锈,光学零件表面发霉,电子元器件特性变化。长期存放于潮湿环境的测量仪器甚至会丧失其原有的计量特性。应考察在一定潮湿程度条件下,仪器的可靠性。

通常使用商品的实验箱提供潮湿环境,按相应的要求选择不同的规格。

9.3　仪器误差因素的实验分析

对某些误差因素常通过实验分析获得其特征参数,用于仪器设计和使用中的精度分析。

误差因素的实验分析常针对影响仪器计量性能的关键因素,其特性参数无法通过其他方法获得,但又具有重要甚至关键性影响。

误差因素的特征参数包括:单项误差量值、误差的分布和分布参数、误差作用的不确定度及相关参数、误差的传递系数、误差间的相关系数等。

针对不同的误差因素、不同的特征参数,需采取不同的实验方法,实验方法的设计应考虑实验的精度、可操作性和经济性。

9.3.1　误差量值的实验分析

对系统误差需要掌握其量值及其变化规律。已知仪器示值中的系统误差时,可对其示值进行修正。获得仪器或仪器的某个环节的系统误差值可有两种方法:理论分析方法和实验测试方法。实验测试的方法原则上是普遍适用的,是获得修正值的基本手段之一。但实践上受到诸多具体条件的限制,必须具有相应的实验手段,保证必要的精度水平,才能实施。

实验方法通常是对于相应环节或系统采用校准的方法,即以高一级精度的计量器具为标准作比较测量,来获得该环节的误差量值。

实验条件必须贴近实际工况,实验误差以不影响获得的误差量值可靠性为度,需要按精度分析的方法分析设计。

对于单值误差,测试实验后给出误差的实际值,通常针对仪器中的标准量系统的量值误差,如标准电阻阻值、晶振频率、标准尺长度等标准器件参数误差,关键元器件的性能参数误差,以及仪器中关键环节、关键系统的参数误差等。

对于工作范围内的误差曲线,则要按逐点测量实验的方法给出,例如,线纹尺的各刻线位置误差则要一定间距逐点测量获得其刻线位置误差。

对于变化的系统误差,则在一定时间内测试其变化,在相应于仪器一次开机工作时段内的变化主要影响仪器漂移。在相应于仪器稳定性评价的时段内的变化则主要影响仪器的长期稳定性。给出的误差曲线为随时间而变的曲线。

对于随其他量(如环境温度、供电等环境参数及被测量等)而变化的系统误差则要依仪器的实际工作状态做模拟实验。例如,考察某传感器的非线性,则需在其工作范围内输入被测量 x,测量其输出信号 y,则可得出反映其非线性的特性曲线。图 9.5 为电感传感器的输入输出特性线。

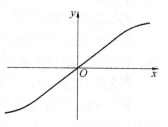

图 9.5　电感传感器的输入输出特性线

考察某环节对环境温度的敏感性,在考虑的温度范围内逐次改变温度,测试其性能参数的变化,则可得依温度变化的曲线。

精度实验中,首要的工作是实验方法的设计。而实验方法设计的核心内容是实验方法的精度设计。这是指导实验方法设计的基本依据。

例 9.2　电阻温度系数测试实验的精度设计。

解　图 9.6 为电阻随温度而变的曲线,由此可得精密电阻的温度系数。实验方法如下:将被测电阻放置于恒温箱中,按一定的温度间隔 Δt 改变恒温箱的温度,并保持一定的稳定时间,以保证被测电阻具有稳定的温度。测量相应于 Δt 的电阻值变化,得测量结果 ΔR,逐点测量,可得电阻随温度而变的曲线。则精密电阻的温度系数应为

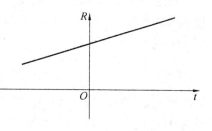

图 9.6　电阻随温度而变的曲线

$$\rho = \frac{\Delta R}{\Delta t}$$

设电阻的温度系数量级为 $\rho = 0.1\%$,要求给出的温度系数的扩展不确定度不大于

$$U_\rho \leqslant 0.1\rho = 0.1 \times 0.1\% = 1 \times 10^{-4}$$

现对实验方法进行精度设计。由测量方程可得扩展不确定度的表达式为

$$U_\rho = \sqrt{\left(\frac{1}{\Delta t} U_{\Delta R}\right)^2 + \left(\frac{\Delta R}{\Delta t^2} U_{\Delta t}\right)^2}$$

式中　　$U_{\Delta R}$——ΔR 的测量不确定度;

　　　　$U_{\Delta t}$——Δt 的测量不确定度。

按等作用原则规定 $U_{\Delta R}$ 及 $U_{\Delta t}$,有

$$\frac{1}{\Delta t} U_{\Delta R} = \frac{\Delta R}{\Delta t^2} U_{\Delta t} = \frac{U_\rho}{\sqrt{2}} = \frac{1 \times 10^{-4}}{\sqrt{2}} = 7.071 \times 10^{-5}$$

$$U_{\Delta R} = \frac{\Delta t}{\sqrt{2}} U_\rho = \frac{\Delta t}{\sqrt{2}} \times 10^{-4} = 7.07 \times 10^{-5} \Delta t\,(\Omega)$$

$$U_{\Delta t} = \frac{\Delta t^2}{\Delta R \sqrt{2}} U_\rho = 7.07 \times 10^{-5} \frac{\Delta t^2}{\Delta R}\,(\text{℃})$$

设 $\Delta t = 10$ ℃,$\Delta R = 0.5$ Ω,则

$$U_{\Delta R} = 7.07 \times 10^{-4}\ \Omega$$

$$U_{\Delta t} = 1.41 \times 10^{-2} \, ℃$$

根据要求,按实际情况作调整后,即可依此选择电阻测量仪器和温度测量仪器构成相应的测量系统。

类似的性能随温度变化而变化的情形很多。

实验数据按回归分析方法给出拟合曲线。拟合曲线可用作仪器设计中精度分析的依据,当拟合曲线精度满足要求时,则可作为修正曲线使用。

例 9.3　准直仪像素当量常数校准的精度设计。

解　准直仪测量系统中,被测角度通过光学系统转换为光电器件上的光标影像的位移。利用光电系统测得光标影像的位移量则可求得相应的被测角度的量值。按设计要求,在全量程内($\alpha = 3'$),准直仪的测量不确定度为 $U = 0.5''$,则按 1/3 原则,校准仪器在相应的示值范围内的不确定度应为

$$U_J = \frac{1}{3} U = \frac{1}{3} \times 0.5'' = 0.17''$$

按这一精度要求选择校准仪器进行校准实验。由校准仪器给出被测角度 $\alpha = 3'$,光电系统测得的光标位移量的平均值为 $l = 503.25$ 个像素,则像素当量(单位像素对应的被测角度值)为

$$k = \frac{\alpha}{l} = \frac{3'}{503.25} = 0.357\ 675\ 111''/像素$$

即光标一个像素的距离,相应的测量角位移为 $0.357\ 675\ 111''$,考虑到准直仪的测量不确定度为 $0.5''$,为不影响其有效数字,则像素当量的不确定度应满足

$$U_k \leqslant \frac{0.05''}{l} = \frac{0.05''}{503.25} = 9.935\ 419\ 7''\times 10^{-5}/像素$$

即像素当量有效数字截取至小数点后第五位以上,取

$$k = 0.357\ 68''/像素$$

9.3.2　误差的分布参数

随机误差因素影响仪器示值的重复性,使其示值产生随机波动,这种影响以其分布或分布参数表征,通常给出其标准差或区间估计。

这类误差的实验分析采用统计学的方法,做统计实验,按统计学原理分析其分布特征及其对测量仪器的影响。

显然,统计实验给出的数据只能用于精度估计,用于分析或评定仪器的精度参数,但不能用于误差补偿。

对任何仪器、任何误差,只要其属性为随机的,就都按统计方法进行实验分析。各随机分量都表现出统计特性,可按统一的统计方法分析处理。因此这类误差在实验分析上更易于实现。

限于实验条件,实践上通过实验获得误差的分布参数的情形也仅限于上述情形。

在某些情况下,可用统计模拟实验代替测试实验,可避免实验条件的限制。利用统计模拟实验可以分析给出标准差、误差的区间估计、分布概率、统计直方图等,且可对系统误差的分布做出分析(详见第 4 章)。

9.3.3　误差参数的评定

设计中测量仪器的示值误差是按区间估计分析计算的,即引用不确定度的分析计算方法进行设计计算。这就需要估计仪器测量链各环节的相应分量,随机误差的分量通常按统计实验获得(详见第 3 章)。

一般来说,系统误差的区间估计通过直接实验获得是困难的。为获得系统误差的区间估计,常采用前次实验结果,即前次的经验数据。

各类标准器具的误差属于系统误差,就某一确定的标准器具而言,这类误差相应的区间估计无法通过实验获得。但可通过加工、生产或销售中的抽样检测获得的数据,按统计方法得到其分布参数,进而得到其误差区间估计。在测量使用中,标准器具的影响就以这一参数表征。

例如,用户使用的量块中心长度的误差属未知的系统误差,应以其中心尺寸的最大允许偏差表征其影响。该最大允许偏差不能通过统计实验给出,因为对某一确定的量块,其系统误差恒定不变,不能由统计数据反映出来。该误差相应的最大允许偏差也不能通过校准给出,校准(或检定)只能给出该具体量块的系统误差值,但不可能给出其相应的最大允许偏差。一般,这种情况可由前次实验环节给出。当按"级"使用时,由加工环节确定,即通过对加工的一定数量的量块的统计测量实验给出其概率分布,获得其加工误差的概率分布,从而得到量块尺寸的按"级"使用的最大允许偏差。这一最大允许偏差表征了按"级"使用时量块尺寸的分散特性,可用于评价用户手中的量块按"级"使用的精度。当按"等"使用量块时,决定测量精度的是量块中心长度的检定精度,此时应按量块检定不确定度评价其对测量的影响,即以检定不确定度表征量块的尺寸精度。

9.3.4　测量误差的传递系数

通常测量仪器各环节误差可视为线性关系,即总误差为各项误差与其传递系数乘积之代数和。在测量仪器精度设计中,误差分量的传递系数是决定误差影响大小的因素之一。一般情况下可通过测量的数学模型导出,或通过仪器的测量链分析得到。有时这些分析的方法都不能奏效时则可借助实验的方法获得传递系数。

这里所指传递系数(灵敏系数)是指某项误差经测量链传递至最后结果所乘的倍数(或分数),如图 9.7 所示。

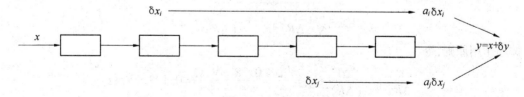

图 9.7　传递系数的测量链分析

图示的传递链中,传递系数为该环节量值放大比 k_i 的倒数,即

$$a_i = \frac{1}{k_i}$$

据此,若通过测量链传动关系的分析或实验测试获得 k_i,则可得传递系数 a_i。

按定义，误差 δx_i 的传递系数为

$$a_i = \frac{\delta y_i}{\delta x_i}$$

据此，也可拟定如下实验方法获得传递系数，如图 9.8 所示。

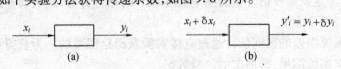

图 9.8　传递系数实验

图 9.8(a)中，为获得第 i 环节 δx_i 的传递系数，实验中使实验条件不变，其他误差分量 δx_y 恒定不变。输入数据 x_i 并测得相应的实验系统的输出数据 y_i，改变第 i 环节的输入数据为 x_i'，同时记录系统的输出数据 y_i'，则误差 δx_i 的传递系数为

$$a_i = \frac{y_i' - y_i}{x_i' - x_i} = \frac{\Delta y_i}{\Delta x_i}$$

例 9.4　为确定某电路中调节电阻的精度要求，须通过实验确定电阻误差的传递系数，现对实验做精度分析。

解　实验中保持电路参数及环境条件恒定的条件下，精确地改变电阻值 ΔR，测量仪器输出电压变化 ΔV。则 ΔR 的传递系数为

$$a_R = \frac{\Delta V}{\Delta R}$$

测得 $\Delta R = 5\ \Omega$，$\Delta V = 28\ \text{mV}$，则 ΔR 的传递系数为

$$a_R = \frac{28\ \text{mV}}{5\ \Omega} = 5.6\ \text{mV}/\Omega$$

设要求所得传递系数的误差不大于 5%，现确定电压变化量 ΔV 与电阻变化量 ΔR 的测量精度要求。

按要求，所给数据精度以扩展不确定度表示为

$$U_{aR} = a_R 5\% = 5.6\ \text{mV}/\Omega \times 5\% = 0.28\ \text{mV}/\Omega$$

则所给电阻变化和电压变化的测量精度可规定如下。由误差传递关系得

$$\delta a_R = \frac{1}{\Delta R} \delta \Delta V - \frac{\Delta V}{(\Delta R)^2} \delta \Delta R$$

不确定度表达式为

$$U_{aR} = \sqrt{\left(\frac{1}{\Delta R} U_{\Delta V}\right)^2 + \left[\frac{\Delta V}{(\Delta R)^2} U_{\Delta R}\right]^2}$$

按等作用原则，令

$$\frac{1}{\Delta R} U_{\Delta V} = \frac{\Delta V}{(\Delta R)^2} U_{\Delta R} = \frac{U_{aR}}{\sqrt{2}} = \frac{0.28\ \text{mV}/\Omega}{\sqrt{2}} = 0.198\ \text{mV}/\Omega$$

则

$$U_{\Delta V} = \frac{\Delta R U_{aR}}{\sqrt{2}} = \frac{5\ \Omega \times 0.28\ \text{mV}/\Omega}{\sqrt{2}} = 0.990\ \text{mV} \approx 1\ \text{mV}$$

$$U_{\Delta R} = \frac{(\Delta R)^2 U_{aR}}{\Delta V \sqrt{2}} = \frac{(5\ \Omega)^2 0.28\ \text{mV}/\Omega}{28\ \text{mV} \sqrt{2}} = 0.177\ \Omega \approx 0.18\ \Omega$$

这一结果指出,若要确定电阻误差的传递系数,为保证其传递系数精度满足 5% 的要求,输出电压测量的扩展不确定度应不大于 1 mV,电阻的调整、测量误差应控制在 0.18 Ω 范围内。

9.3.5　误差间的相关系数实验分析

测量仪器各项误差间的相关关系会影响到仪器的精度评定。在仪器设计中对于这种误差间的相关关系的分析,实验方法是最基本的手段。按统计学原理,为找出测量仪器中误差 δx 与 δy 的相关系数,设计相应的实验方法,令 δx 按预定要求改变,测量 δy,得系列成组数据

$$\begin{pmatrix} \delta x_1 \\ \delta y_1 \end{pmatrix}, \begin{pmatrix} \delta x_2 \\ \delta y_2 \end{pmatrix}, \cdots, \begin{pmatrix} \delta x_n \\ \delta y_n \end{pmatrix}$$

则 $\delta x \sim \delta y$ 的相关系数按下式估计:

$$\rho_{ij} = \frac{\sum_1^n \left(\delta x_i - \frac{1}{n} \sum_1^n \delta x_i \right) \left(\delta y_i - \frac{1}{n} \sum_1^n \delta y_i \right)}{\sqrt{\sum_1^n \left(\delta x_i - \frac{1}{n} \sum_1^n \delta x_i \right)^2 \sum_1^n \left(\delta y_i - \frac{1}{n} \sum_1^n \delta y_i \right)^2}}$$

9.4　仪器计量特性的测试实验

生产的测量仪器装配、调整(或调整中)以后,需对其计量特性做全面的测试实验才能出厂。研制的新仪器也应参考相应技术规范,通过测试实验确认其计量特性合格与否。

仪器的计量特性的测试实验需要备有相应的测量仪器和计量标准,也可借助于法制计量部门的计量仪器和计量标准。

实验的内容及方法对于不同的测量仪器是不同的,需依据相应的技术规范或技术标准实施,测试实验应是全面的、严格的。为保证以后用户验收有更高的合格率,出厂检测要求更为严格。

9.4.1　测量仪器的重复性检测

测量仪器的示值重复性反映仪器各环节中,各项随机误差的综合影响,而与系统误差无关。测试实验中,这是必须考察的关键项目之一。

检测方法:完全按统计学方法实施(详见第 5 章)。在仪器测量范围内,对一恒定的被测量进行等精度的重复性测量(测量方法,测量条件不变),得系列测量结果 $(x_1, x_2, \cdots, x_n)$,则测量的标准差按下式估计:

$$s = \sqrt{\frac{\sum_{i=1}^n \left(x_i - \frac{1}{n} \sum_{j=1}^n x_j \right)^2}{n-1}}$$

这就是统计估计方法,估计量的自由度为 $v = n-1$。

重复性的区间估计为

$$\Delta = ks$$

式中,系数 k 相应于一定的置信概率。仿照扩展不确定度的评定,当要求较为严格时,k 可取 t 分布系数,按自由度 v 和给定的置信概率 P 由 t 分布表查得 t 值,取 $k=t$,则仪器重复性应评定为

$$\Delta = ts$$

并应给出自由度 $v=n-1$ 和 t 值或置信概率 P,以便于以后的引用。

对于一般情况,k 可按正态分布取值,当 $k=3$ 时,$P=99.73\%$;当 $k=2$ 时,$P=95.45\%$。

为使所得结果具有较高的可信度,n 应尽可能大,以使所得 s 值稳定可靠,一般 n 应不少于 10。

重复性检测方法简单、方便,只须备有相应的恒定的被测量和稳定的检测环境即可实施,反映的随机误差全面。

检测结果只用作仪器重复性评定,不能用作误差修正。

由于重复性是反映仪器示值的随机变化,实验时仅对某一恒定的量值进行多次重复测量,因此不涉及仪器的示值误差,故其实施是十分方便的。应注意避免系统误差的影响,为此应考虑如下各项要求。

①被测量值恒定。在测量过程中,被测量值应恒定不变。为此,被测尽可能选取高一级精度的标准量,以提供稳定的被测量。

②仪器零点漂移足够小。测试过程中仪器的零点漂移要足够小,特别是测试时间较长时,更应控制其漂移,保证测试数据中所含零点漂移的成分可忽略不计。

③排除干扰因素。例如,接触测量中接触面的灰尘、油膜,测力的不均衡,工作台的震动,光学测量中的杂散光的扰动,气流的波动,电学仪器测量中的电磁干扰等。

④完善实验的环境条件,应选取精密计量实验室、稳定的工作台等,以避免环境因素的干扰,如灰尘、震动、电磁干扰等。

例 9.5 电阻测量仪的示值重复性测试。

解 选定某一阻值的电阻,由被评定的仪器对其进行多次重复测量,得到系列测量数据:500.021 Ω,500.015 Ω,500.018 Ω,500.012 Ω,500.016 Ω,500.010 Ω,500.023 Ω,500.017 Ω,500.019 Ω,500.008 Ω。按贝塞尔公式求得标准差为

$$s = \sqrt{\frac{\sum_{i=1}^{n}\left(R_i - \frac{1}{n}\sum_{j=1}^{n}R_j\right)^2}{n-1}} = \sqrt{\frac{20.4}{10-1}} = 1.5 \ \Omega$$

其自由度为 $v=10-1=9$,令置信概率取 $P=99\%$,查 t 分布表得系数 $t=3.25$。则示值重复性按区间估计应为

$$\Delta = ts = 3.25 \times 1.5 \ \Omega = 4.75 \ \Omega \approx 4.8 \ \Omega$$

测量过程需保持被测电阻阻值稳定,仪器零点漂移足够小。由于测量时间短,易于保证测量要求。

若令其不确定性为 0.01Δ,则被测量值的变化或仪器的零点漂移应不超过

$$\Delta_\Delta = 0.01\Delta = 0.01 \times 4.8 \ \Omega = 0.048 \ \Omega$$

9.4.2 仪器示值误差检测

仪器示值误差反映系统误差,是各环节系统误差的综合反映。

检测方法:采用高一等级精度的测量仪器或计量标准进行比较测量,并利用相应的数据处理获得检测结果,测量仪器或计量标准的误差不能显著影响检测结果。

检测要求的条件较高,实验室环境要求较高,检测使用的标准仪器或计量标准的精度应高于被检测仪器一个等级,检测的不确定度应不大于仪器示值误差的允许值的 1/3,这应在检测方法设计中予以保证。

由于检测示值误差要求有较高精度等级的测量仪器和测量方法等条件,实现起来较为困难。也可借助计量技术机构完成示值误差检测。

仪器示值误差的检测结果作为仪器的性能参数之一,用于仪器计量特性的评定。对于成批量的仪器,抽样检测结果可用于评价该批仪器的示值误差是否合格。对于具体的单台仪器的检测结果可用于指导该仪器的修理和调整,也可用于仪器示值误差补偿,该数据可存贮于计算机中,供仪器工作中误差的自动补偿,也可将在测量范围内的检测数据列表给出或绘成曲线交给用户查取使用。

仪器示值误差的检测方法的拟定,依据相应的计量标准或校准规范。

示值误差的测试实验可在仪器设计、生产过程、出厂验收、用户验收检验、使用中的维护和维修以及使用中实施。

①仪器设计过程中的精度实验是为获得精度设计中所需要的原始误差参数,如有关的材料、器件特性,系统的性能参数等,为仪器的精度设计提供依据。

②仪器生产过程中的检测实验结果用于指导仪器的装配、调整,确保装配调整工作经济有效,而具有积极意义。

③出厂验收确保出厂的仪器符合标准要求,一般这种验收检测要求较严,验收指标要高于标准要求,以确保产品的符合性。这一验收检测通常由生产厂的计量检测部门实施。

④新仪器的研制过程的检测对于研制工作具有关键性的意义,交付使用前的验收检测确保交付的仪器满足研制要求。通常研制单位具有相应的检测能力,可自行组织实施检测,也可委托法定计量机构实施。

⑤用户的验收检验。确保接收的仪器的计量特性符合标准要求,满足预定的计量性能。这是用户最关键的一项工作。一般,这类验收检测需委托法定的计量技术部门实施,以确保检测结果具有法定效力。

⑥用户使用中的检测。包括验证仪器的计量性能;通过检测,实现误差补偿或修正;维修中和维修后的检测,确保维修后的计量性能。

例 9.6　已知离心机所给加速度的不确定度为 1×10^{-5},试确定检测仪器的精度要求。

解　离心机的测量工作的数学模型为

$$a = r\omega^2$$

式中　a——离心机产生的向心加速度;

　　　r——离心机的工作半径;

　　　ω——离心机的旋转角速度。

由数学模型可得加速度的误差区间估计(误差范围)为

$$\Delta_a = \sqrt{(\omega^2\Delta_r)^2 + (2r\omega\Delta_\omega)^2}$$

式中　Δ_a——加速度的误差范围;

　　　Δ_r——离心机半径的误差范围;

Δ_ω——离心机旋转角速度的误差范围。

按等作用原则,令

$$\omega^2 \Delta_r = 2r\omega\Delta_\omega = \frac{\Delta_a}{\sqrt{2}}$$

设 $r=2$ m, $\omega=4\pi/s$,则 $a=r\omega^2=2\times(4\pi)^2$,有

$$\Delta_r = \frac{\Delta_a}{\omega^2\sqrt{2}} = \frac{2\times(4\pi)^2\times10^{-5}}{(4\pi)^2\sqrt{2}} = 1.414\times10^{-5} = 0.0141 \ (\text{mm})$$

$$\Delta_\omega = \frac{\Delta_a}{2r\omega\sqrt{2}} = \frac{2\times(4\pi)^2\times10^{-5}}{2\times2\times4\pi\sqrt{2}} = 4.44\times10^{-5} = 9.2''$$

离心机工作半径值由检测结果直接给出,用于计算加速度,其工作半径测量的不确定度应满足 $U_{\Delta R}=\Delta=0.014\ 1$ mm。而离心机的旋转角速度由光栅系统给出,该光栅系统的示值误差应不大于 $\Delta_\omega=9.2''$。为检测光栅系统的示值误差是否满足要求,采用高精度的角速度测量系统检测。检测误差应按 1/3 原则确定,即 ω 测量系统的检测不确定度应为

$$U_{U\omega} = \frac{1}{3}U_\omega = \frac{1}{3}\times9.2'' = 3.1''$$

9.4.3　仪器示值稳定性检测

测量仪器的稳定性包括对时间的稳定性和对其他量的稳定性。一般所指的稳定性是对于时间的稳定性。

仪器的零位漂移检测方法简单,无需其他标准仪器,直接读取零位示值即可。检测时,在考察时段内观测仪器的零位变化即为仪器的零位漂移。

例如,考察电压表在 4 h 范围的零位漂移,开机预热后,在无电压输入情况下调整电表指示为 0,经 4 h 通电工作后再观测其零位变化,零位的最大变化即为电表的零点漂移。

再如,考察测微仪零位漂移,开机预热后用标准件校准测量仪器,待连续工作以后再用标准件校准测微仪,看其示值偏离原零位的量值,即为测微仪的零位漂移。

仪器长期稳定性指较长时期内保持示值不变的能力,考察的时间通常为一年。仪器长期稳定性反映仪器示值的缓慢变化。仪器长期稳定性的检测方法与示值误差检测方法一致。在考察时段内,按仪器校准方法检测示值的变化,这种示值的最大变化为仪器的长期稳定性评定值。

如考察标准量块的尺寸稳定性,在考察周期之初用校准的方法测量量块尺寸,以后在考察周期内检测其尺寸变化,其最大变化即为量块的尺寸稳定性评定值。

长期稳定性的检测需要精度高一等级的标准仪器或计量器具,其检测不确定度应小于仪器示值误差的 1/3。检测系统设计时应满足这一要求。

该检测结果可用于指导调整测量仪器,也可用于仪器的示值误差修正,或作为稳定性数据评定测量仪器的稳定性。

相对于其他量的稳定性的检测方法类似,但手续较为复杂。例如,仪器的热稳定性表示仪器示值随温度变化的示值稳定性。测试实验中,须利用具有一定精度的温控系统改变并稳定环境温度,观测仪器示值变化,以每摄氏度仪器示值变化表示仪器的热稳定性。

9.4.4 误差分离与补偿

借助于一定的实验方法和数据处理方法,将仪器的不同误差分解开来,这就是误差分离技术。误差分离的目的:一是找到确切的误差因素用以指导改进仪器的设计,提高仪器性能;二是针对已知的误差因素采取补偿措施,消除其影响。

将误差补偿程序存于仪器的计算机中,作为仪器的组成部分,可有效地提高仪器的精度。

误差分离实验设备、方法及数据处理通常较为复杂,技术要求高,实验设计需考察效率、效果及经济性。

9.5 仪器的可靠性实验

在保持计量性能的条件下,可靠性实验考察:仪器无故障寿命;对环境的抗干扰能力;极限条件下的抗损坏能力。可靠性实验常是破坏性试验,需要考虑经济性的因素,应用于仪器零、部件或整机的可靠性考察。

仪器长期保持其计量特性符合要求,不出现故障,这是对测量仪器的基本要求,是仪器可靠性的基本含义。仪器长期工作的可靠性实验需要使测量仪器长期连续通电运转工作,考察其使用寿命。由于考察时间长,难以实现,常用替代的方法考察。例如,通过超限工作考察其寿命。

环境干扰是不可避免的,如电磁干扰、温度波动、冲击震动等。考察仪器对环境的抗干扰能力,对保证测量仪器可靠工作有重要意义。仪器的抗电磁干扰能力——仪器的电磁兼容性实验需在专门的实验室进行。有时也可自设干扰源考察仪器的抗电磁干扰能力。对于其他干扰也应在设定的干扰条件下,考察仪器计量性能是否正常。

测量仪器在运输、保存、工作中常会出现不利条件及其他超限条件,使之不能正常工作甚至损坏。因此考察测量仪器在超限条件下抗损坏的能力是十分重要的。涉及仪器可靠性的环境因素有温度、湿度、冲击振动、电压冲击波动、射线辐射等。

考察温度、湿度对仪器的影响需要对仪器做高、低温实验,湿度实验,按仪器特性及使用要求,将仪器置入恒温、恒湿箱,按预定温、湿度放置一定时间,看其性能是否保持良好。

考察冲击、振动影响时,需要将被检仪器放置冲击或振动实验机,按预定的冲击、振动大小和时间,考察仪器的性能是否保持不变。也可人为考察仪器落体实验,模拟运输振动,甚至直接在汽车运输振动条件下考察其性能。冲击加速度的要求随不同仪器而有差别,对于武器系统、航天技术等仪器往往要承受很大的冲击,是要着重考察的项目。

航天仪器设备对于抗宇宙射线的要求是十分严格的,应予以考察。

9.6 本章小结

(1)仪器的精度实验是仪器精度评价的基本手段,是仪器设计、生产、使用中精度分析的基础。

(2)精度实验的设计应具有量值溯源性。

（3）实验环境是仪器精度实验的条件保证,实验环境包括:大气环境参数(温度、气压、湿度等)、电磁环境、光辐射、震动、空气灰尘等。

（4）实验环境的控制分为实验室环境控制和实验现场环境控制。

（5）通常的精度实验可在仪器的设计、生产、验收、使用中按实际需要提出并实施。

9.7　思考与练习

9.1　在实验环境中有哪些因素影响仪器的计量特性?

9.2　说明环境温度对仪器计量特性的影响。可采取哪些措施克服这些影响?

9.3　说明实验室环境控制的意义。精密实验室环境控制要求有哪些?

9.4　说明测试的现场环境对仪器计量特性的影响。如何克服这些影响?

9.5　仪器设计中如何对误差量值进行实验分析?

9.6　仪器设计中如何通过实验确定仪器特性参数?

9.7　仪器设计中如何通过实验确定误差的传递系数?

9.8　说明仪器相关系数的实验分析。

9.9　说明仪器重复性的实验分析。

9.10　说明仪器示值误差的测试分析。

9.11　说明仪器示值稳定性的实验分析。

9.12　说明仪器可靠性的实验分析。

参考文献

［1］国家质量监督检验检疫总局.测量不确定度评定与表示:JJF 1059.1—2012［S］.北京:中国质检出版社,2012.

［2］国家质量监督检验检疫总局.用蒙特卡洛法评定测量不确定度:JJF 1059.2—2012［S］.北京:中国质检出版社,2012.

［3］国家质量监督检验检疫总局计量司.测量不确定度评定与表示指南［M］.北京:中国计量出版社,2000.

［4］国际标准化组织.测量不确定度表达指南［M］.肖明耀,译.北京:中国计量出版社,1994.

［5］ISO/IEC Guide 98-3:2008 Uncertainty of measurement—Part 3:Guide to the expression of uncertainty in measurement（GUM:1995）［S］.http://www.iso.org/iso/iso_catalogue/catalogue_tc/catalogue_detail.htm? csnumber=50461.

［6］ISO/IEC Guide 98-3/Suppl.1:2008 Uncertainty of measurement — Part 3:Guide to the expression of uncertainty in measurement（GUM:1995）Supplement 1:Propagation of distributions using a Monte Carlo method［S］.http://www.iso.org/iso/iso_catalogue/catalogue_ics/catalogue_detail_ics.htm? ics1=17&ics2=20&ics3=&csnumber=50462.

［7］ISO/IEC. Guide 99:2007 International vocabulary of metrology—Basic and general concepts and associated terms（VIM）［S］.http://www.iso.org/iso/iso_catalogue/catalogue_tc/catalogue_detail.htm? csnumber=45324.

［8］李慎安,李兴仁.测量不确定度与检测辞典［M］.北京:中国计量出版社,1996.

［9］丁振良,袁峰.非统计方法估计的不确定度分量的自由度［J］.仪器仪表学报,2000,3:310-312.

［10］DING Z L,YUAN F,CHEN Z. Investigation of the description method for the experimental uncertainty［C］. ISMTII,1993,10:713-716.

［11］全国计量标准、计量检定人员考核委员会.测量不确定度评定与表示实例［M］.北京:中国计量出版社,2001.

［12］上海市计量测试技术研究院.常用测量不确定度评定方法及应用实例［M］.北京:中国计量出版社,2001.

［13］DING Z L,YUAN F,CHEN Z. Uncertainty of least square estimation［C］. ISMTII,1993,10:1404-1407.

［14］王沫然.MATLAB 与科学计算［M］.北京:电子工业出版社,2003.

［15］张善钟.精密仪器精度理论［M］.北京:机械工业出版社,1993.

［16］中国计量出版社.中华人民共和国国家计量技术规范汇编"术语"［M］.北京:中国计量出版社,2001.

［17］李慎安.新编法定计量单位应用手册［M］.北京：机械工业出版社,1998.

［18］国家质量监督检验检疫总局. 通用计量术语及定义：JJF 1001—2011 ［S］.北京：中国质检出版社,2012.

［19］国家质量监督检验检疫总局,国家标准化管理委员会. 仪器元器件 术语：GB/T 13965—2010 ［S］.北京：中国质检出版社,2010.

［20］国家质量监督检验检疫总局.计量标准考核规范：JJF 1033—2001 ［S］.北京：中国计量出版社,2001.

［21］中国计量出版社. 中华人民共和国计量检定规程汇编"温度计"［M］.北京：中国计量出版社,2002.

［22］国家质量监督检验检疫总局.中华人民共和国国家计量技术规范：JJF 1094—2002"测量 仪器特性评定"［S］.北京：中国计量出版社,2003.

［23］陈莉杰,丁振良.对测量仪器"示值重复性"评定方法的探讨［J］.仪器仪表学报,2004, 6：760-762.

［24］国家质量监督检验检疫总局计量司.测量仪器特性评定指南［M］.北京：中国计量出版社, 2004.

［25］中华人民共和国国家计量技术规范 JJF1015—2002"计量器具型式评价和形式批准通 用规范"［S］.

［26］洪生伟.计量管理［M］.北京：中国质检出版社,2012.

［27］赵若江.计量器具许可证及新产品定型工作指南［M］.北京：中国计量出版社,1990.

［28］国家监督检验检疫总局.仪器仪表运输、贮存基本环境条件及实验方法：GB/T 25480—2010 ［S］.北京：中国质检出版社,2011.

［29］施昌彦.现代计量学概论［M］.北京：中国计量出版社,2003.

［30］中国质检出版社.中华人民共和国国家计量检定系统表框图汇编［M］.2 版.北京：中 国质检出版社,2011.

［31］FLUKE CORPORATION.校准——理论与实践［M］.汪铁华,译.北京：中国计量出版 社,2000.

［32］国家质量监督检验检疫总局,国家标准化管理委员会.国际单位制及其应用：GB 3100—93 ［S］.北京：中国计量出版社,1993.

［33］王承钢,边才长.量块计量技术［M］.北京：中国计量出版社,1998.

［34］陆元九.惯性器件［M］.北京：宇航出版社,1990.

［35］李孝辉,杨旭海.时间频率信号的精密测量［M］.北京：科学出版社,2010.

［36］任德祺.电学计量［M］.北京：中国计量出版社,2004.

［37］王川.电子测量技术与仪器［M］.2 版.北京：北京理工大学出版社,2014.

［38］戴莲瑾.力学量计量［M］.北京：中国计量出版社,1992.

［39］杨照金,王小鹏.当代光学计量测试技术概论［M］.北京：国防工业出版社,2013.

［40］李立功.现代电子测试技术［M］.北京：国防工业出版社,2008.

［41］黄清渠.几何量计量［M］.北京：机械工业出版社,1981.

［42］"角度计量"编写组.角度计量［M］.北京：中国标准出版社,1984.

［43］国防科工委科技与质量司.热学计量［M］.北京：原子能出版社,2002.

［44］翟造成,张为群.原子钟基本原理与时频测量技术［M］.上海:上海科学技术文献出版社,2009.

［45］WILSON J S.传感器技术手册［M］.林龙信,邓彬,译.北京:人民邮电出版社,2009.

［46］林玉池.测量控制与仪器仪表前沿技术及发展趋势［M］.2 版.天津:天津大学出版社,2008.

［47］张善钟.精密仪器结构设计手册［M］.北京:机械工业出版社,2009.

［48］关信安.双频激光干涉仪［M］.北京:中国计量出版社,1987.

［49］万德安.激光基准高精度测量技术［M］.北京:国防工业出版社,1999.